AF466259

A TRAVERS

LES ESPAGNES

CHEZ MICHEL LÉVY FRÈRES, ÉDITEURS

DU MÊME AUTEUR

Format grand in-18

LES HORIZONS PROCHAINS
SIXIÈME ÉDITION. — Un volume

LES HORIZONS CÉLESTES
HUITIÈME ÉDITION. — Un volume

VESPER
QUATRIÈME ÉDITION. — Un volume

LES TRISTESSES HUMAINES
QUATRIÈME ÉDITION. — Un volume

BANDE DU JURA — LES PROUESSES
DEUXIÈME ÉDITION. — Un volume

BANDE DU JURA — PREMIER VOYAGE
DEUXIÈME ÉDITION. — Un volume

BANDE DU JURA — CHEZ LES ALLEMANDS — CHEZ NOUS
Un volume

BANDE DU JURA — A FLORENCE
Un volume

CAMILLE
TROISIÈME ÉDITION. — Un volume

LE MARIAGE AU POINT DE VUE CHRÉTIEN
TROISIÈME ÉDITION. — Trois volumes

JOURNAL D'UN VOYAGE AU LEVANT
DEUXIÈME ÉDITION. — Trois volumes

AU BORD DE LA MER
DEUXIÈME ÉDITION. — Un volume

A CONSTANTINOPLE
DEUXIÈME ÉDITION. — Un volume

CLICHY. — Impr. de Maurice LOIGNON et Cie, rue du Bac-d'Asnières, 12

A TRAVERS

LES ESPAGNES

CATALOGNE — VALENCE — ALICANTE
MURCIE ET CASTILLE

PAR

L'AUTEUR DES *HORIZONS PROCHAINS*

(Mme de Gasparin)

DEUXIÈME ÉDITION

PARIS
MICHEL LÉVY FRÈRES, ÉDITEURS
RUE VIVIENNE, 2 BIS, ET BOULEVARD DES ITALIENS, 15
A LA LIBRAIRIE NOUVELLE

1869

A vous qui aimez le ciel sans bornes, à vous qui aimez la libre pensée, à vous que le soleil égaye et qu'enchantent les belles nuits ; à vous encore dont le cœur palpite quand passe la caravane, à vous rêveur qu'entraînent après elles les fées aux grelots mutins. Des horizons lointains se sont ouverts, le printemps m'invite, Dieu m'a donné la volée, je pars, et c'est à vous que j'écris.

A TRAVERS

LES ESPAGNES

---

6 avril 186...

Mon ami, nous allons en Espagne. Nous y allons tous, nul ne reste, sinon des heureux à qui notre plaisir ne coûte pas une larme.

Que de fois l'humeur voyageuse, cette bohème du logis, traîne après elle un pauvre cœur défaillant. Tandis que sans regrets et sans soucis elle s'élance, lui regarde en arrière; il voit des visages pâlir, il sent des solitudes se faire, il voudrait rebrousser, l'autre tire, on suit, mais que c'est triste et que de mélancoliques images se déroulent avec les fumées qui marquent notre chemin.

Aujourd'hui rien de pareil; des adieux pleins de gaieté nous accompagnent. Nous avons laissé les neiges, laissé le Jura sombre, laissé la Provence dont le sol blanchâtre se déroidit sous les haleines d'avril, et maintenant notre convoi, pareil à un crocodile dont les naseaux jetteraient du feu, rase les étangs salés du Languedoc. Leur claire surface que jamais ne remua la tempête luit doucement au soleil; par delà bleuit la mer ; chaque matin six cents barques emportent les pêcheurs vers le large ; il est des voiles carrées, il en est de latines, les unes semblent des ailes d'ange, les autres des pétales de fleur, quelque brise amoureuse les caresse, la rosée de terre qui les a trempées se sèche au vent qui vient d'Afrique, et les lourds bateaux et les péniches effilées, tout quitte le rivage.

Je ne vois pas cela sans une sorte d'émotion. C'est le matin de la vie. Ainsi l'on va, quand on a vingt ans, au-devant du radieux avenir ; on y va toutes voiles gonflées, sous les zéphyrs propices, dans un air frais et sain ; on est fort, on est bon, la foi tient le gouvernail, les doux espoirs enflent nos toiles, notre vigueur juvénile lance les avirons : en avant ! Ce qui arrive là-bas, dans la haute mer, vous le savez, moi aussi. Le soir, ah ! le soir on revient, non plus tous ensemble, comme à l'aurore ; on rentre égrenés, les vergues affaissées, les rames couchées le long du bordage ; parfois on rapporte grosse cargaison, parfois on ne rapporte rien ; n'importe, on est las, les ombres sont descendues, les humidités de la nuit ont alourdi la voilure, elle obéit mal, on glisse dans l'obscurité, le matelot debout à la proue prépare ses ancres, il s'essuie le front, et quand sa main s'est abaissée on voit des rides et l'on surprend des pleurs.

Non, le soir n'a pas les grâces du matin, il n'en a ni les promesses ni la chaste innocence, surtout il n'en a plus les sublimes élans. Le soir, quelle qu'ait été la journée, sereine ou travaillée d'orages, calme et joyeuse ou sombre et tout attristée de brouillards, le soir garde ses mélancolies qu'ignore l'aube et que ne rencontra jamais l'heure radieuse de midi. La nature est fatiguée, les hommes ont souffert, l'herbe s'est flétrie, des ardeurs l'ont brûlée ; les bêtes des champs, mornes, inquiètes, cherchent où se cacher; toutes choses connaissent le faix des douze heures, ce que pèse un jour, et je ne sais que le rossignol pour chanter ses amours d'un cœur joyeux alors que le dernier crépuscule a sombré dans la nuit.

Quant à moi, si j'aime le soir c'est qu'il marque l'étape franchie ; un jour de moins, l'éternité s'est avoisinée. Eh bien oui, j'ai soif du ciel et je ne m'en cache pas. A tout prendre, cette folie suprême est le suprême bon sens d'une créature immortelle. Voir Dieu, posséder le vrai, me mêler à ses triomphes, adorer de toute mon âme le Seigneur qui m'a rencontrée au désert, ne plus faillir, rejeter le péché comme on repousse du pied un serpent venimeux, refouler le temps des deux mains pour embrasser l'éternité tout entière, aimer et ne plus voir mourir, vivre et ne plus entendre le bruit sinistre des jours qui tombent dans l'abîme, ne plus ouïr le murmure effrayant des jours qui s'approchent voilés et pleins de menaces ; le bonheur enfin, sans tache, sans limite, splendide d'un bout à l'autre des cieux, voilà ce que rapproche de moi le soir, et voilà par où je l'aime.

En attendant, ce matin d'avril a des grâces enchanteresses. La terre s'est réchauffée, les jeunes pousses font sauter les vieilles écorces, les pêchers en fleur mettent partout leurs bouquets, et chaque alouette qui traverse l'air laisse après elle une traînée de notes éblouissantes.

Béziers a glissé loin de nous avec son canal aux transparences vertes; ses fortes écluses se sont effacées ; nous avons cessé de voir sa vieille église devant laquelle semble crépiter encore la flamme qui consumait les albigeois. Je ne longe point les bords de cette rivière tranquille, mes regards ne rencontrent pas la fière silhouette des tours plantées là-haut sans qu'un frisson ne parcoure mes veines et que je n'entende la voix d'Arnaud, le bon abbé, crier d'un ton railleur : « Tuez les tous! Dieu reconnaîtra les siens. »

Et ce qui m'épouvante, c'est que parmi ces diables incarnés il y avait d'honnêtes gens. Oui, tel tigre est un tigre honnête. Ma conscience proteste; le besoin que j'ai de liberté se révolte ; car ces hommes, j'entends les sincères, ne furent des bourreaux que parce qu'ils étaient des esclaves : asservis aux opinions reçues, obéissants aux préventions banales, des âmes qui prenaient de seconde main.

Ah! tenez, ne me parlez ni du *gros de l'arbre,* ni *du côté de la cire et des sceaux;* plutôt que de me faire l'écho des grosses cloches du troupeau, je m'enfuirais au fond des bois, et plutôt que de hurler avec les loups, je me laisserais dévorer par eux.

On dit, on pense, on a décrété ; il se faut mettre à genoux! Pas moi. Je ne connais qu'un maître, celui qui règne au ciel. Tout au plus détournerai-je les yeux, par manière de politesse, quand passe le cortége des idoles de ce monde; mais dès que la procession devient un auto-da-fé, dès que traversant le peuple prosterné, dès qu'encensée sur son chemin tout pavé de lâchetés humaines, elle mène étrangler un malheureux hérétique affublé de quelque hideux sanbenito pour empêcher la compassion, je me redresse alors ; les bras étendus je m'avance vers la victime : tu es mon frère, courage, défends-toi, brisons tes chaînes ; et si nous n'y parvenons point, nous mourrons tous les deux.

Pourquoi vous ai-je ainsi parlé ? Je ne sais. Il me fallait de l'air et respirer à pleins poumons.

Le soir est venu ; d'autres cités se sont évanouies comme des ombres ; une barre de nuages que déchiraient à l'aventure des stries incarnates, a fermé le couchant.

Nous courons dans cette gloire qui descend des vitraux du ciel sur la terre recueillie pour la transformer en une cathédrale immense.

Sur le tard, Perpignan nous a ouvert ses portes. Des bastions protégent la ville, des herses défendent ses ponts-levis, les voûtes résonnent sous le pas des sentinelles ; tout ce hérissement sent le voisinage de l'Espagne. Et quand nous considérons nos chambres, celle-ci avec son plafond en catafalque éclairé par une lanterne à trente pieds du sol, celle-là dont l'escalier secret va perdre ses spirales dans l'épaisseur du mur pour aboutir à je ne sais quel réduit peuplé d'images patibulaires, nous croyons avoir mis le pied dans le royaume de Philippe II, et que la Sainte-Hermandad étend vers nous sa main sanglante.

7 avril 186...

La porte Notre-Dame laisse tomber devant elle sa grande ombre; mâchicoulis, tours et lanterne d'un ton rougeâtre baignent dans les fraîcheurs du matin; des deux côtés s'en vont les murailles, et derrière leurs créneaux quelque clocher qui s'élance profile dans l'azur sa dentelle de fer.

Longtemps nous avons erré sous les platanes dont la feuille cotonneuse commence de s'entr'ouvrir; chaque bouffée d'air tiède nous apportait le printemps; au bord du chemin fleurit la bourrache, le narcisse étale à côté sa petite couronne d'or, les coquelicots balancent leur capuchon écarlate; par delà les remparts qui verdissent, le Canigou neigeux arrondit son dos blanc; une brume légère voile à demi les vieux donjons, restes du moyen âge, et l'âge moderne, sous la forme de gentilles paysannes à califourchon sur leurs ânes, entre d'un pas conquérant dans la cité qui s'éveille.

Que vous dirai-je, Perpignan ressemble aux meilleures villes de notre Provence. Arles ne présente ni plus de netteté, ni des rues plus étroites, ni plus de soleil dans ses places, ni en vérité de plus jolies filles, rangées l'amphore sur les bras autour de ses fontaines.

Telle quelle nous la laissons, tous emmagasinés dans une diligence qu'a louée pour nous M. David Ravey, notre courrier.

J'aime les chemins de fer lorsqu'en un clin d'œil ils nous conduisent d'une frontière à l'autre; j'aime les diligences alors qu'elles vont à notre fantaisie, et que, portant César avec sa fortune, elles trottinent doucement vers les belles régions de l'inconnu.

Voilà que des agavés dressent leur profil monumental parmi l'épine blanche, des essaims d'abeilles butinent à l'entour, les oliviers étendent leur feuillage glauque sur la terre fraîchement remuée, et la chaîne tout entière des Pyrénées, d'un bleu léger, avec ses cimes adoucies, ses teintes caressantes, son grand Canigou d'argent mat, embrasse la plaine d'un vaste cirque dont les extrémités mollement abaissées viennent s'effacer dans la mer.

Ne demandez pas à ces montagnes les fières arêtes, n'en attendez point l'audace, n'y cherchez pas cette rigidité des glaces vives par où nos Alpes suisses montrent leur caractère indompté. Ici la grâce domine ; des transparences aériennes enlèvent et transfigurent le massif; il s'épanouit sous des lumières éthérées; jusqu'aux neiges pénétrées du soleil ont perdu leur âpreté ; et les cerisiers en fleurs qui secouent leurs corolles sur la base rosée des premiers plans, achèvent la poésie du tableau en lui prêtant d'indicibles sourires.

Avez-vous vu le col? L'Espagne est là. Croyez-moi, laissons grimper notre carrosse ; nous, marchons ; il faut être à pied pour prendre possession des montagnes et du bonheur.

Le site est médiocre, aucun arbre n'y verdit, nul piton ne s'y redresse, mais le torrent bondit et son écume est blanche, parmi les pierres voici des touffes d'ajoncs à la fleur d'or, le romarin projette ses verges bleues ; *la hierba de las siete sangrias*[1] nous parle espagnol, dans l'air flottent des aromes, la joie rayonne, et puis c'est bien perdu ; de telles aridités, un peu farouches, conviennent aux abords de l'Espagne ; et ce berger aussi, debout, un sayon brun jeté sur les épaules, le bonnet rouge, *la Gorra*, abaissé sur ses cheveux noirs, contemplateur sauvage qui s'appuie au bâton recourbé, immobile et tout songeur devant ses moutons éparpillés dans la bruyère.

Comme nous cheminions ainsi, une muraille s'est levée. Ruinée par places elle jette aux flancs des ravines ses bizarres dessins. Ce sont les fortifications des Maures ; des Maures, entendez-vous, et nos mains les ont touchées. A cette place même chevauchaient les cavaliers arabes. Ils

[1] *L'herbe des sept sangs.* Une infusion de cette plante, disent les Catalans, équivaut à sept saignées.

exécutaient au fond des vallées leurs fantasias pleines de caprices ; ils lançaient le djérid, ils galopaient, ils pirouettaient, les naseaux de leurs étalons se sont trempés dans les bouillonnements du Gave ; je vois passer les turbans, bleuir le cimeterre, le croissant flamboyer; j'entends hennir les chevaux andalous, le cri d'Allah retentit ; tout ce bien faire, toute cette vaillantise, le cor des guerriers chrétiens, le choc de leurs pesantes armures, et les chants murmurés le soir à voix plaintives sous les miradors, et cette fantasmagorie des siècles héroïques adoucis par l'amour errent et planent autour de moi.

Je vous l'avoue, mon cœur va du côté des Maures.

Les nobles hommes d'Espagne ne possédaient pas plus de bravoure, leur traîtrise en revanche a plus d'une fois dépassé la félonie des mécréants : voyez le comte Julien qui vendit son pays ; regardez Ruy Velasquez quand il égorgea l'écrivain dont le roseau, sous sa dictée déloyale, traçait sur parchemin la promesse de livrer au roi de Cordoue les sept infants de Lara. Ces preux chevaliers, tout comme les infidèles, avaient leurs heures atroces et scélérates : souvenez-vous d'Alphonse le Chaste, roi des Asturies et de Galice. Ximène sa sœur, ainsi disent les romanceros, éprise d'amour, venait d'épouser en secret le comte de Saldaña. Alphonse jette le comte au cachot, il l'y tient tout une vie; à chaque ville gagnée par Bernard du Carpio, le fils de cette triste union, don Alphonse jure sur les Évangiles de rendre au vainqueur son père méchamment détenu ; autant de serments, autant de trahisons ; et lorsqu'à bout d'astuce, don Alphonse donne le comte au capitaine, c'est les yeux arrachés, c'est torturé, c'est assassiné, et j'entends encore à travers les montagnes la voix de Bernard qui s'écrie, baisant les mains pâles de son père : « Ah !

bon comte de Saldaña ! dans une male heure vous m'avez engendré ! »

Nul plus que moi n'estime les fils de l'Ibérie ; je tiens leur âme pour forte et leur courage pour bien trempé. Premier peuple barbare qu'ait attaqué Rome, ceux-là fournirent l'exemple d'une résistance tenace que ni les légions n'épouvantèrent ni les défaites ne parvinrent à lasser. Vaincus, ces sujets donnèrent des empereurs à leurs maîtres. Toujours la conquête les a trouvés rebelles. Si le flot musulman vint se briser contre les Pyrénées, c'est que le bras des Espagnols l'arrêta. Les agressions des temps modernes ont réveillé chez eux l'héroïsme antique. Quand tout ployait devant César, ils ont fait voir à l'Europe assouplie de quelle sorte, en expirant, on tue l'ennemi. Mais sur ces mains énergiques je vois trop de sang innocent. Elles ont défendu le sol contre l'invasion étrangère, elles ont tardé trop longtemps à renverser l'idole sacrée qui demandait des sacrifices humains ; trop longtemps ces fiers patriotes ont supporté les crimes nationaux ; les auto-da-fé trouvèrent trop longtemps chez eux des spectateurs complaisants; les combats de taureaux en ont encore. Je ne l'ignore point, l'Espagne qui produisit les bourreaux donna les martyrs, elle les donne toujours, le sang qu'on voit sur sa robe est du sang espagnol. Je le sais encore, sa conscience éveillée va chasser les fantômes du moyen âge ; elle fermera les cirques, elle proclamera les libertés, c'est là que je l'attends ; et c'est parce que je veux la nation grande que je lui parle vrai.

Au surplus, voici la frontière.

Deux piliers portent les armoiries d'Espagne. Pertus assied son fort au-dessus ; le sol planté de chênes-lièges déroule vers la plaine ses pentes caillouteuses qui mènent perdre nos regards en des lointains infinis.

Sitôt notre coche signalé, un carabinier du poste a sauté sur son cheval ; il nous escortera jusqu'à la Jonquières, première douane royale. Trottant et galopant tour à tour, son petit genêt couleur d'ébène, lustré, la queue follement déployée, s'enlève pressé par les jarrets du cavalier. Cette étreinte, un mot, le corps incliné, redressé, il n'en faut pas plus ; la bride flotte et le soldat souple et gracieux, grave toujours, fait la voltige en franchissant l'espace.

Des douaniers terribles, dit-on, nous attendent ici pour bouleverser nos bagages. Déjeunons et laissons faire David.

Cette fois, c'est l'Espagne ; hautes murailles, balcons de fer, je ne sais quel air hautain et gueux. Une matrone qui porte sur son plat divers échantillons du métier, œufs, lard, ciboules et pois chiches, nous arrête dans la rue pour nous demander : si nous voulons de tout cela ! Oui certes. On entre au café, car la posada où se prépare notre festin ne reçoit pas les voyageurs. Trois marches vermoulues nous conduisent en une salle basse, quelques tables de bois longent les murs, quelques escabeaux se cachent sous les guéridons, le sol est nu, sordide est l'aspect, sur cette estrade trône un piano, et tandis que de nobles figures drapées dans le manteau brun devisent à l'écart, l'une d'elles s'est détachée pour nous souhaiter la bienvenue.

Ce gentilhomme a les façons courtoises, non sans quelque juste sentiment de valeur personnelle ; son élocution facile, légèrement pompeuse, nous remet en mémoire le mot expressif de la langue espagnole : *hablar*, parler.

Don X. nous prédit une révolution prochaine ; il la voit venir d'un œil assez dédaigneux. Tant que l'esprit de progrès, dit-il, n'aura pas embrasé le cœur de la nation, ce sera toujours : *los mismos perros con differentes colares*[1]. Or ce proverbe une fois lâché, la révolution n'a plus de chances ; le bon sens populaire, qui d'avance en a fait justice, attend pour s'associer à la révolte qu'elle émane d'un vrai besoin de liberté.

Sur ces entrefaites on apporte la collation. Notre interlocuteur désigne un homme jeune et silencieux assis dans son coin : — Monsieur est musicien, dit-il, pendant que vous prendrez l'*almuerzo*[2], il vous jouera quelque chose. — Le jeune homme a d'une main négligente rejeté son manteau sur l'épaule, il ouvre le piano, et là, simplement, bonnement, sans plus de fausse honte que de mauvaise assurance, il exécute en virtuose des ouvertures, des marches, des airs du pays tant qu'on veut. Vous m'avouerez que nous voilà franchement entrés dans un monde nouveau.

Tout en écoutant nous avons expédié notre déjeuner, même nous sommes repartis ; non sans remercier cordialement le gentilhomme disert et le gentilhomme artiste.

A Figuerra, seconde ligne de douanes ; David, après quelques instants de pourparlers, se présente à la portière :

— Ces messieurs ne savent pas !

— Non.

— Les douaniers n'ont rien ouvert.

— Tant mieux, cela.

— Je leur ai dit : c'est un sénateur qui voyage avec sa famille.

— Comment, vous les avez trompés !

[1] Les mêmes chiens avec des colliers différents.
[2] Déjeuner.

— Trompés ! je voudrais bien savoir s'il n'y a pas ici du bois pour en faire, des sénateurs, et dix plutôt qu'un.

Pérorez, argumentez, vous perdrez vos peines. David, vrai comme l'or, garde sur ce point du mérite intrinsèque de ses voyageurs des idées à lui, tant soit peu larges, que toute votre éloquence ne modifiera pas.

— Bien plus ! — poursuit David dont le front se redresse — je leur ai demandé : Connaissez-vous l'*Abies Pinsapo*[1] ? — Oui, nous le connaissons. — Eh bien, c'est ce monsieur-là, le beau-frère du sénateur, qui l'a trouvé ; et pis que ça, il a fait la flore d'Espagne ! — Alors les douaniers m'ont tiré leur bonnet : Ne touchez pas aux malles ! s'est écrié le chef. — David, d'un rire silencieux montre deux rangées de dents blanches ; et c'est ainsi que, transformés en marquis de Carabas, du premier coup nous *hablons* comme si de notre vie nous n'avions fait autre chose.

Sur cette place, la même, une pauvre petite personne qui n'avait nul besoin de *habler* pour être grande dame, la reine d'Espagne, la fille du duc de Savoie, cette enfant âgée de treize ans qu'on menait au petit-fils de Louis XIV pour qu'il en fît sa femme, arrivait jadis avec sa suite, et c'est à Figuerra qu'elle rencontra son premier chagrin.

Par les ordres du vieux monarque dont le despotisme puéril gouvernait de Versailles jusqu'aux plus intimes détails du palais de Madrid, on ôta ses compagnes à la jeune souveraine. En vain supplia-t-elle Philippe V, son mari, de lui laisser une suivante, une seule, afin de pouvoir avec elle parler de sa mère, de ce beau fleuve du Pô qui coule

[1] Nouvelle espèce de sapin découverte en Espagne, 1837, par M. E. Boissier.

à pleins bords dans les prairies piémontaises, et des coteaux de la Superga tout enguirlandés de vignes, et des Alpes étincelantes qui dentellent si fièrement les horizons de Turin; l'époux royal, roidi par cette ponctualité d'obéissance, vigueur des âmes débiles, se maintint inflexible; les dames italiennes, après qu'elles eurent baigné de leurs larmes les mains de la triste princesse, quittèrent le sol d'Espagne, des duègues de grand nom et de prestance rigide remplacèrent le gai cortége, Marie pleura, bouda, puis elle se consola; et ce nuage, disons-le, vint seul projeter son ombre sur une union paisible à tout prendre, dont le charme avec la virile tendresse appartenaient l'un et l'autre à cette reine enfant, qui tant qu'elle vécut se montra courageuse en face du péril, égale aux plus mauvaises fortunes.

Ici les soldats espagnols, vêtus de carricks marrons à grande pèlerine et coiffés de shakos évasés par le haut, manœuvrent d'un pas vif ; des señoras traversent la place, ployées dans leur mantille dont le voile transparent se rabat un peu sur le visage ; autour de notre voiture se groupent maintes figures couleur d'acajou, en vestes rondes, en culottes courtes, les pieds nus chaussés d'alpargates, la ceinture pourpre autour des reins, et la *Gorra*, ce long bonnet catalan couleur de feu, posée sur leurs cheveux noirs, plats et lisses.

Cependant la journée a marché. Diligence, charrettes, piétons et cavaliers, tous viennent de guéer *la Fluvia*, un torrent qui noie son monde à l'occasion. Les voitures inondées vident leur contenu sur la plage ; chaque plancher percé d'un trou se décharge à gros bouillons pendant que ce poste de gardes civiques, escopette à l'épaule, assure notre passage. Vous les rencontrez partout, ces braves gens, le tricorne planté de travers, un baudrier jaune en bandoulière, la tunique strictement boutonnée, et la guêtre longue remontée sur le genou. C'est un corps d'élite ; on n'y entre point sans un irréprochable état de services. Grâce à cette gendarmerie itinérante, vous pouvez parcourir l'Espagne d'un bout à l'autre, nul ne vous mettra le couteau sur la gorge.

Tandis que nous causions, le pays s'est accentué, il a grandi ; des plis immenses vont égarer leurs lignes mollement ondulées au fond des horizons ; point de fermes, à peine si quelque *pueblo*[1] s'assied de distance en distance sur un sommet dénudé ; les Pyrénées qui s'abaissaient vers le nord ont bientôt fini de disparaître, et l'étendue se déroule sans mesure, tantôt fleurie de romarin, tantôt égayée de bruyères blanches.

Cette terre a de l'ampleur ; quelque chose de grave en émane qui surprend le regard et laisse l'âme rêveuse. Parfois un paysan, seul dans sa grande jachère, accourt, nous rejoint, saute lestement sur notre marchepied, détourne la tête pour n'être point indiscret, se penche dehors afin d'exhaler en plein air la fumée de sa cigarette, puis il nous quitte à l'entrée du premier hameau, un autre prend sa place, un autre encore, et voici qu'aux abords de Girone ce jeune homme, un caballero de bonne mine, vient à son tour percher derrière notre carrosse. On échange quelques mots, lui dans sa langue, nous en italien. Digne sans roideur, à l'aise sans familiarité, il garde un sérieux d'hidalgo. Et tandis que son profil bientôt effacé se dessine au crayon noir sur les murs blanchis par les clartés lunaires, cette figure, cet

[1] Village.

être humain que les hasards du voyage ont jeté sur notre route m'inspire un de ces élans fraternels dont vous aussi, j'en suis bien sûre, vous avez senti la pression. Il vous est arrivé, n'est-ce pas, de recommander à Dieu cet homme que votre regard effleurait pour la première et pour la dernière fois. La vieille solidarité humaine s'est tout à coup émue en vous ; par un mouvement spontané vous avez présenté cette âme au Seigneur. Vous n'êtes point de ceux, je me le persuade, qui voient dans l'intercession un acte cérémoniel et rare ; il n'exige à vos yeux ni l'encens, ni les orgues, ni je ne sais quelle mise en scène à grand fracas ; une pensée qui du cœur jaillit vers Jésus ne vous scandalise point ; vous comprenez ces relations faciles et simples incessamment nouées entre l'enfant et son père.

Au fait, il n'est pour juger d'une telle question que deux espèces de gens : ceux qui croient, ceux qui ne croient pas. Si je ne crois pas à l'efficacité de la prière, toujours la prière me blesse, car toujours elle me paraît absurde ; plus elle se fait naïve, mieux elle me déplaît. Tant qu'elle se maintient dans les banalités du culte, je la tolère : il faut bien accorder quelques formes à la sottise des masses. Dès que, sortant du cadre officiel, elle prétend aux droits de la vie, je ne la souffre plus, elle m'est insupportable, je la trouve ridicule. Prier qui, prier quoi ? autant vaudrait frapper à grands coups sur une calebasse, comme les nègres imbéciles devant leur fétiche aveugle et sourd.

Mais je crois, et sitôt que j'ai cru, la prière devient ma respiration. Ne pas prier, ne pas vivre, pour moi les deux termes se valent.

Quoi, j'ai des aspirations, j'aime, je ne puis rien, et je ne m'adresserais pas au Maître de l'univers. Je vois souffrir, je vois mal faire, je suis le spectateur paralysé de tragédies lamentables; la vérité s'obscurcit, les grandes causes vont périr, on écrase le faible, il est d'étranges agonies, voici le troupeau des désolés, voici la lugubre phalange de ceux qui ont perdu plus que la vie, et je ne prierais point, et quand tel inconnu me frôle au passage, quand un homme, par conséquent un être qui a pleuré, qui souffrira, traverse mon chemin, je ne lui donnerais pas ma prière; quoi, mes mains s'étendent tout émues vers les mains suppliantes du mendiant, elles vont chercher des misères plus discrètes, et mon cœur, ce cœur qui palpite, ne ferait point l'aumône, la grande aumône, celle qui va largement puiser au trésor de Dieu. Ah! je le comprends, je l'ai compris du jour où j'ai vraiment prié, le mot excessif de Jésus : priez sans cesse. Et cette autre parole que de forts esprits regardent en pitié : demandez tout ! je l'ai recueillie comme un joyau. Oui je prierai sans cesse, oui je demanderai tout; je prierai dans les grandes circonstances et je prierai dans les petites, et qu'est-ce que ce petit, et qu'est-ce que ce grand, dites-le-moi, devant le créateur des mondes et le créateur d'un atome.

Mon ami, je vais achever ma confession; aussi bien faut-il que vous me connaissiez pour ce que je suis. Ma foi fait davantage et mon intelligence descend plus bas. J'en viens à cette niaiserie de prier pour les créatures, car la créature éprouve des affections aussi, elle subit des maux; par la faculté qu'elle a de souffrir, par le pouvoir d'aimer elle me confine. Le cri des tortures que ma race inflige aux races inférieures, cette clameur partie du fond des âges m'arrive dans son amplitude sinistre, je l'écoute; le sanglot monte jusqu'au trône de Dieu, je l'accompagne de ma pitié; ces asservis, ces martyrisés soupirent après la délivrance, je demande la paix pour eux. Allez ! toutes les fois que je les verrai se tordre sous la douleur, ces misérables, j'intercéderai, je supplierai, car je sens dans ma chair humaine une parenté qui m'oblige... et riez si vous voulez.

Cependant nos roues font trembler les vieilles vitres de Girone. Le caballero, qui s'est élancé sur le trottoir, chemine gravement, son poing sur la hanche pour soutenir les plis du manteau. D'autres silhouettes, d'autres manteaux portés du même geste gracieux et fier, ont glissé le long des murs.

A peine installés, c'est bientôt fait de courir vers *San Martin*. Les rues étroites et noires qui nous y mènent, semblent des crevasses taillées dans le roc. Parfois une petite place vient rompre les défilés ; la lune y donne en plein, ses clartés qui frappent les hautes façades, en marquent les balcons de fer ; puis les murs se rapprochent, la nuit s'obscurcit, et les grands escaliers de San Martin apparaissent touchés de lueurs bizarres, selon que se découpent les toits, tandis qu'une tour puissante prête à la cathédrale ce caractère de château fort que reproduisent les plus antiques *Iglesias* du pays.

Au sein de la solitude, dans ces fonds ténébreux, avec ces clartés rencontrées en d'extrêmes hauteurs, l'aspect est étrange. Sur une des faces de San Martin s'échelonnent les statues des apôtres ; devant, un parvis de dalles funéraires miroite sous des traînées pâles ; notre pied se heurte aux écussons en relief ; un puits arrondit dans ce coin sa margelle orientale; le palais de l'évêque, grande muraille percée de fenêtres dépareillées, se dresse à l'écart ; et les soubassements gothiques, le travail merveilleux des enroulements, mille détails à demi voilés, révélés à demi, ajoutent une grâce inattendue aux sévérités du tableau.

Je ne l'oublierai pas, cette Girone à la vieille prestance ; si bien espagnole, avec ses ruelles profondes, ses échancrures en plein ciel, sa tour de San Feliù dont le profil tantôt coupe les rues, tantôt les emplit d'obscurité, et les *capas*[1] qui passaient dans l'ombre, et cette couleur austère, et nos premières émotions.

8 mai 186..

Aimez-vous le chocolat? Si vous l'aimez, venez à Girone, descendez dans notre posada, espèce de basse-cour sordide où tant bien que mal chaque oiseau trouve son perchoir, faites-y l'*almuerzo*, en français le déjeuner, et je vous réponds que de votre vie cacao quelconque, cuit, cru, en plaques ou en tablettes, n'approchera de vos lèvres.

Voyez-vous sur cette longue table dix coquetiers remplis d'une bouillie noirâtre; mettez autour des gens bien endentés, ajoutez aux coquetiers une assiette d'*azucarillos*, (du blanc d'œuf battu dans du sucre), vis-à-vis placez une assiette de biscuits (autre sucre fouetté dans d'autres blancs d'œufs), vous aurez votre affaire. Point de pain, en revanche de l'eau fraîche à pleines cruches. Avec cela les Espagnols vont jusqu'à midi. Nous voilà donc lestés.

[1] Manteaux.

Devant l'hôtel une patache s'apprête à partir, elle porte en exergue autour de ses flancs : *Pou y compania!* c'est sous cette invocation qu'elle marche. Miséricorde !

Heureusement le chemin de fer nous prendra ce matin. Nous avons payé notre écot, dédommagé notre hôte : *para el ruido de casa*[1], un article digne des hôtelleries du seigneur Don Quichotte ; et tandis que nous considérons le profil héroïque de Girone appuyée contre un renflement du sol, et que nous songeons à la belle défense qu'elle fit contre les armées de Napoléon, un homme qui regarde comme nous, la *Gorra* rejetée en arrière, murmure entre ses dents : — Il n'y a pas ici un olivier qui ne soit engraissé de sang français !

Ah ! je les plains, les Français qui vinrent mourir dans ces vergers, et je les pleure, les jeunes vies qu'une ambition sans entrailles jetait par milliers sous le couteau des Espagnols ; mais, voyez-vous, la liberté est la liberté.

Je hais les conquêtes ; la conquête fait pis que méconnaître un droit, elle insulte à l'âme.

Vous êtes grand, je suis petit ; vous vous trouvez beau, vous me jugez laid ; dès lors me prendre, moi chétif, c'est bien de l'honneur pour ma personne. Ainsi pensent les forts ; pas les faibles. Le cœur a partout sa taille ; la dimension des frontières n'y fait rien. C'est par le dedans qu'on vaut, par le respect de soi, par la volonté de n'accepter aucun maître. Fussiez-vous lion, je ne vous reconnais point la licence d'étendre votre ongle impérial sur le patrimoine d'une fourmi ; sa fourmilière lui appartient comme à vous votre couronne. Fourmi, lion, qui décidera d'ailleurs lequel des deux vaut plus. Le peuple qui se défend le

[1] Le trouble de la maison

mieux, la nation qui dépecée se maintient patriote, l'homme qui exhale son souffle mais ne lâche pas son droit, voilà le plus fort.

On dit : les abus de pouvoir sont dans l'ordre, les fortes bêtes dévorent les moindres, ainsi le veut la nature ! — Je nie le fait. Non, grâce à Dieu, les lourdes pattes n'ont pas toujours le dernier mot. Contre les géants, les pygmées gagnent plus d'une bataille ; plus d'un insecte tient tête aux taureaux. Les fines tenailles, les limes flexibles, les résistances puériles mais indomptables ont raison des griffes pesantes, et là triomphe la sagesse du créateur. Sans cette loi d'égalité suprême, on n'entendrait bientôt plus sur la terre asservie que le bruit des grosses mâchoires qui broient les petites gens.

Au bout du compte, les vieux Castillans pensaient sur ce point comme leurs frères d'aujourd'hui, et lorsque, alliés avec les Maures, ils s'élançaient vers la frontière pour sauver leur patrie que le traître don Alphonse venait de vendre à Charlemagne : « Ils ne veulent pas, disait le Romancero, ils ne veulent pas être soumis aux Français, les Castillans ! » Or Bernard le fit bien voir à Roland, quand, au vallon de Roncevaux, il lui enfonça son fer dans la gorge.

Nous avons retrouvé la mer, une mer qui regarde l'Orient et que les lumières matinales caressent de tons laiteux. La route ferrée court sur le sable, les lames déferlent, de petits villages lavés à la chaux tracent parmi les jardins d'orangers un réseau de murailles blanches ; quelques boutons écartent les feuilles, les beaux fruits d'or brillent au milieu de la forte verdure ; çà et là des bateaux renversés abritent une troupe d'enfants nus, les pieds dans l'eau, qui badinent avec la vague, tandis qu'accroupies, les femmes des pêcheurs raccommodent leurs filets. Et ces cases ont des péristyles mauresques, elles s'épanouissent à côté des nopals, l'agavé projette au travers sa hampe démesurée, je viens de voir un palmier.

Chaque fois que notre convoi s'arrête, les hommes entortillés d'écharpes rayées de bleu, de rouge ou de jaune, les femmes coquettement enveloppées dans leurs mouchoirs de mousseline, se groupent aux barrières ou viennent offrir la galette arabe avec ces grosses dragées, les *mendres*, qui rappellent les sucreries de Stamboul.

Si notre regard s'enfonce aux jardinets, s'il remonte les vallées, le vert vif des jeunes blés, ce premier vert exubérant, tout gonflé de séve, charmant et radieux chez nous, ici nous étonne et nous froisse. Que voulez-vous, dans les belles contrées du soleil on le trouve bizarre ; un instant l'œil s'en égaye, car c'est avril et la terre pousse son germe, mais après que l'âme s'en est réjouie on va chercher les bois de chênes aux couleurs solides, on s'arrête aux pins parasols d'un ton ambré, on interroge cette gamme des nuances harmonieuses, j'allais dire classique, la seule qui convienne aux régions du Midi.

Maintenant la baie s'est arrondie, Barcelone vient d'apparaître, son port s'est dessiné, la mâture des vaisseaux se découpe sur le ciel, le Monjuich assied en pleine lumière son rocher qui ferme l'horizon du sud ; tout fourmille, tout est splendeur et tout est joie, tout, excepté ce cercueil sous un dais emplumé, que six chevaux caparaçonnés de velours, mènent en grand gala joindre sa dernière demeure.

Que de fois ces rencontres soudaines aux heures fortunées, et cette royauté du sépulcre au sein même de la vie, ont brutalement placé devant nous les questions finales, les sombres et les définitives. Notre légèreté les refoulait à l'arrière-plan ; l'activité légitime de notre esprit les faisait taire ; mais la mort, qui ne parle guère, cette grande silencieuse a des mots inattendus, et lorsqu'ils éclatent, les plus durs d'oreille sont bien forcés d'entendre.

Barcelone cependant, brillante et magnifique, s'étend devant nos pas. Voici la Rambla. Rien que ce nom, sonnant dans la bouche espagnole avec son *r* mordante, me fait tressaillir de plaisir. Elle s'étale, cette Rambla, sous le soleil qui rayonne ; dallée de pierres plates, elle s'élargit au milieu des contre-allées où courent les voitures ; elle monte, elle va, belle, gracieuse et royale jusqu'aux derniers faubourgs ; des palmes ondoient sur tout son parcours, car c'est demain le dimanche des Rameaux. A chaque pas, quelque femme de la campagne, quelque *muchito*[1] nous arrêtent pour nous offrir tantôt la feuille du dattier simplement infléchie, tantôt le tyrse habilement orné d'étoiles scintillantes ou de brindilles d'argent. Jeunes et vieux, chacun achète, les balcons eux-mêmes portent un rameau sacré, les chevaux ont leur branche bénite qu'ils secouent fièrement, et dans cet embrasement d'un beau jour, sur ce fleuve mouvant des têtes, celles-ci coiffées du *sombrero*, celles-là ployées dans la mantille, les palmes se balancent et les rubans se déroulent avec lenteur.

Regardez ces *labradores*[2] drapés dans la *capa* de Valence. Aux plis qu'elle fait, au geste superbe dont ils la jettent sur l'épaule, vous reconnaissez les fils du soleil, et que l'Orient leur a prêté sa noblesse.

Les femmes sont brunes avec des yeux veloutés, elles ont

[1] Petit garçon.
[2] Laboureurs.

les cheveux noirs, toutes, sauf les blondes. Mon ami, je ne saurais qu'y faire, Chimène avait des cheveux d'or, Maria Padilla des boucles ensoleillées, mes chers poëtes espagnols donnent des tresses blondes à leurs beautés, et la jeune fille de blanc vêtue qui se présenta devant le roi don Ramire, pour lui reprocher le tribut des cent vierges que payait le lâche souverain aux Maures, cette gente demoiselle si hautaine et si radieuse, portait blonds cheveux qui retombaient en fils d'or sur ses chastes épaules. C'est la faute des Goths, d'Ataulf, de Théodoric, et de leur conquête. En Orient, les Goths ont laissé parmi les types indigènes, d'étonnants visages pâles qu'illuminent des prunelles d'un bleu dur et farouche ; ils ont doté l'Espagne de ces chevelures aux tons fauves tout ruisselants de lumière, qui vont si bien avec les yeux noirs.

Notre Rambla, du reste, ne manque pas plus d'abbés que de jolies filles. Le feutre des prélats, pointu, long, étroit et roulé des deux ailes, garde une proverbiale ressemblance avec les gauffres.

Quant aux hommes, le manteau ne les quitte point. Par le chaud, par le froid, qu'on étouffe ou qu'on gèle, l'Espagnol chemine bien *embozado*[1] dans sa capa. Ces figures régulières, décidées, ce front résolu, ce pas martial, nous présentent un caractère absolument nouveau. Les têtes d'Orient, d'une gravité plus rêveuse, ont plus de beauté, on y sent mieux la poésie et je dirais les profondeurs que met le désert aux prunelles de ses fils ; je trouve plus de charme aux physionomies italiennes, plus de laisser-aller leur donne plus de force, de plus vives étincelles jaillissent de leurs yeux noirs ; mais ici la virilité paraît mieux ; il y a du

[1] Enveloppé jusqu'au menton.

romain, du vieux romain de la république dans ces traits arrêtés ; ces yeux sombres où brûle un feu latent, ce geste sobre et définitif font pressentir le patriote, et rien qu'en voyant ceux-là, on dit : ce sont des hommes.

Nous avons pris la *calle*[1] San Fernando, principale artère de Barcelone ; elle nous conduit sur la *plaza de la Constitucion.* Aux palmes ont succédé les billets de loterie ; des mains fiévreuses nous tendent le chiffon de papier sale, ce cri : *un billeto!* nous harcèle jusque par devant *la casa de la Disputacion,* vieux palais impressif, avec sa cour aux arches surbaissées, ses fines galeries en dentelle de pierre, ses gargouilles, ses fenestrelles, et cette admirable alliance du mauresque avec le gothique dont nos yeux restent émerveillés.

Deux pas plus loin s'élève la cathédrale.

Venez, franchissons le seuil de cette porte qui s'est ouverte au milieu d'un grand mur sombre. Nous voici dans le cloître. Les arceaux, fers à cheval légèrement appointis par l'art gothique, vont découpant l'azur du ciel le long des allées ; des colonnettes que relient deux à deux un anneau de marbre, portent sur des animaux chimériques ; du coin sombre où nous nous sommes abrités on devine la richesse des ciselures, la liberté des feuillages et la grâce des rinceaux ; des lignes hardies, doucement infléchies par la science, entrelacent leurs courbes dans un demi-jour transparent ; et c'est si simple, c'est si génial, qu'une harmonie s'exhale, on le dirait, de toutes ces rencontres, et qu'elle chante des hymnes dont on écoute vaguement l'accord.

[1] Rue.

Tout un côté du cloître reste inachevé, de sorte qu'au-dessus du premier étage d'arcs élégants, dans ce grand vide lumineux, la tour de la cathédrale, puissante et rigide, s'élève avec son profil dur et son inébranlable muraille.

Je vais vous dire ce qui fait le charme de lieux si solennels ; c'est la vie, sous sa forme la plus naïve. D'ordinaire les cloîtres n'enferment que des ruines ; le temps les a démolis, l'indifférence les laisse déserts ; on y a froid, on y sent la mort. Ici, l'heure présente qui s'est débarrassée de ses proses répand la fraîcheur avec les épanouissements d'avril. Les galeries enchâssent un jardin d'orangers ; fleurs, verdures nouvelles, aromes printaniers, tout emplit l'air d'enchantements. L'eau s'épanche en filets limpides et discrets comme il convient à un tel recueillement et à un tel silence, elle tombe goutte après goutte de la *fuente de las Ocas* [1], parmi les enroulements du marbre et les traînes des scolopendres ; le *Lavadero* [2], cette urne à six pans posée sur un trépied classique, monument bizarre et charmant que le caprice arabe logea sous l'aile d'une cathédrale chrétienne, sort du milieu des anémones ; une grande héliotrope jette ses mouchets lilas sur les vieux murs, et les sourires de la nature se mêlent avec les sourires de la pensée humaine en un rayonnement plein de douceur. Mais l'ensemble, ce concert qui plane aux régions élevées, ce quelque chose de supérieur à toutes les beautés, qui émane de la beauté même : l'air doré par le haut, assombri sous les voûtes, la paix des longs promenoirs, les tons chauds et moelleux des places touchées du soleil,

[1] La fontaine des Oies.
[2] Le lavoir.

ces caresses des courbes, cette lumière que volontiers j'appellerais le jour mauresque tant elle emprunte son attrait aux délicatesses et à la simplicité de l'art sarrasin, voilà qui me transporte par delà notre terre; moi aussi j'ai conquis le pays de l'idéal, j'y étends librement mes ailes, je possède, car j'ai compris.

Tout était grave sous les portiques du cloître, tout se fait austère dans la nef. L'éternité y règne, l'ombre y domine. A travers le crépuscule des faisceaux de colonnes jaillissent du sol, coupent fièrement l'espace et vont porter au faîte leurs galeries, leurs trèfles et leurs arcs où se jouent des lumières qui jamais n'effleurèrent le marbre du parvis.

Je voudrais vous rendre en un mot cette impression multiple, la grandeur, le volume d'air, les limpidités de l'ombre; je voudrais vous faire saisir ce caractère tourmenté de l'art gothique : efforts de l'âme en peine qui se traîne vers les cieux, l'enfer d'un côté, le purgatoire de l'autre, harcelée par les démons, tiraillée par les saints, souffrante, dolente, épouvantée; je voudrais exprimer le contraste merveilleux que forment avec de telles agonies les clartés arabes, la sobriété musulmane, ce dessin calme e tpur dont la froide unité repose l'âme, dont la chaste élégance ravit les yeux. Mille détails, retable, sculptures, et ce chœur que la coutume espagnole assoit au centre de la nef, sollicitent nos regards. Un instant la curiosité s'arrête aux richesses du vase, puis tout remonte vers les hauteurs suprêmes. Là, dans l'abîme suspendu, là où se nouent des lignes que l'œil n'avait point rêvées, là où vont les prières, là où l'infini semble commencer, je trouve mon Dieu; et quelque chose de cette paix que Jésus, en montant vers son Père, laissa descendre sur la terre, m'a pénétré le cœur.

Faut-il m'arrêter, faut-il vous dire adieu? pourquoi; un pas succède à l'autre, les images vont changeant, les pensées font de même, et je m'en reviens avec vous le long de la *Plateria* [1]. Nous musons un peu sous le porche historié de *Santa Maria de la mar ;* nous flânons devant les boutiques des joailliers, nous contemplons les girandoles étincelantes de pierreries que se pendent aux oreilles les dames espagnoles, et nous voici dans le Jardin.

Je n'ai jamais tant vu d'anémones aux pétales incarnats, blanc de perle, bleu vif, avec toute la gamme des nuances intermédiaires, pencher leur belle tête d'un port nonchalant, comme si la tige ne parvenait pas à soutenir ce luxe de formes et cet éclat des couleurs. Des buissons de coronilles plantés en bouquets splendides épandent leurs effluves printaniers; l'eau jaillit partout; dans toutes les vasques les callas ont ouvert leurs amphores, et sous les orangers qui sèment leurs fruits à l'aventure quelque femme du peuple s'assied et songe, tandis que son enfant ramasse les pommes d'or.

J'aime notre siècle pour de telles libéralités faites aux pauvres. Naguère, le soleil avec les verdures n'appartenaient qu'aux grands et aux paysans; ou seigneur ou vilain, vous ne respiriez qu'à ce prix. L'eau, l'air, les feuilles et les fleurs, notre siècle a tout saisi dans ses bras nerveux; il a renversé les vieilles bastilles bourgeoises des vieux quartiers moisis, il a repoussé les moellons, il a conquis l'espace, il y a versé l'azur, il y a fait sourdre les fon-

[1] *Plata*, argent; rue des Orfèvres.

taines, l'herbe croît, la séve monte, on voit des rameaux pousser, et les petits du peuple savent pour la première fois ce que c'est qu'une fleur qui sent bon, un oiseau qui bat de l'aile, les cieux en fête et la terre transfigurée par les miracles de mai.

Est-ce le voisinage de la mer, est-ce l'emploi qu'elle donne aux forces, on ne rencontre pas ici de mendiants. A peine si, profitant des bonnes fêtes, quelque enfant court à reculons devant les promeneurs, armé d'un petit violon qu'il tient du haut en bas appuyé sur sa poitrine, et dont il racle les cordes à tour de bras. Point de guenilles ; vous demanderiez en vain à Barcelone quelques-uns de ces beaux haillons dont s'enorgueillit l'Italie. L'indigent est vêtu pauvrement, mais il est vêtu ; le manteau râpé n'a ni trous ni taches ; la superbe Espagnole, qui le porte avec tant de noblesse, le raccommode et le nettoie avant d'en draper sa misère.

Cependant le Mur de la mer, où nous venons de monter, oppose un long rempart aux flots du large. Jadis cette muraille n'existait pas. Lorsque Don Quichotte, le preux chevalier qui vit ici finir ses aventures, promenait sa mélancolie sur le bord de l'eau, c'est le sable de la plage que foulait son pied éperonné. Alors Barcelonette, près de nous, vers le nord, n'enfermait point comme aujourd'hui de vaisseaux derrière son môle ; on les voyait tous, felouques, balancelles, tartanes et caravelles, croiser leurs vergues dans le port de la ville, presque désert à cette heure. Les galères rangées en bataille et pavoisées, car c'était le jour de la Notre-Dame de septembre, faisaient au seigneur de la Manche l'accueil qu'on réserve aux souverains. Sonnant les fanfares, elles jetaient sur l'immensité ce terrible : Hoù ! hoù ! qui arracha je ne sais quel frisson au grand cœur du héros. Ici, le pauvre Sancho, passé de main en main, exécuta dans les airs, lancé par les bras vigoureux de la chiourme, le tour de toutes les galères du roi. Ici, son bon maître, voyant les coups pleuvoir comme grêle sur le dos des galériens, exhorta l'écuyer fidèle à profiter d'une telle aubaine pour achever le désenchantement de la trop séduisante Dulcinée du Toboso. Ici... ah ! tenez, cette mer, ces galères, cette chiourme, tout m'ôte l'envie de rire, et s'il ne fallait vous laisser enfin, je vous dirais que de ces flots embrasés par les feux du soir, que du fond de l'Orient qui s'éteint, que des flancs du Monjuich vêtu d'une chape violette, j'entends venir, j'entends monter, j'entends s'épandre une houle qui approche, qui se dresse, qui jaillit, et jette avec fracas son écume sur le rivage. C'est la voix des galériens, c'est le cri de cette chair déchirée, c'est le sifflement du fouet des comites, c'est le rire des beaux seigneurs qui disaient : — Tapez sur les chiens ! — Là, nous autres, les enfants de l'Évangile, nous avions des frères ; là il y avait des apôtres de Jésus ; et n'importe la croyance, là, durant des siècles, la bête féroce des cruautés humaines a tenu de pauvres corps palpitants sous ses ongles, elle a terrassé de pauvres âmes, elle s'est assouvie de sang, de larmes, d'infamies, et c'est assez pour que ce soir je ne vous en écrive pas plus.

9 avril 186...

Toute la nuit les *Serenos* ont chanté l'heure. Ce ne sont ni les notes plaintives, ni les lugubres intonations de nos veilleurs du Nord. Un accent vif, je ne sais quel couplet de bonne humeur, un rhythme ailé qui parle de la voûte étoilée, une voix dont le timbre clair fait penser aux limpidités du ciel, monte dans le silence et vient charmer nos rêves.

Voici le dimanche des Rameaux, la belle fête du printemps. Je l'ai toujours aimée d'une affection cordiale. D'autres solennités ont leur éloquence. Noël rapproche de nous les cieux; pourtant la nuit de Noël, dans nos régions, est une nuit froide : on y entend mugir les rafales neigeuses, des voix désespérées s'y promènent, à grand'peine se représente-t-on les bergers endormis aux champs, sous des constellations clémentes; et ce concert des anges qui retentissait par les campagnes vient s'éteindre, semble-t-il, dans l'âpreté de nos frimas. Pâques est un triomphe; bien rapproché toutefois des agonies de Jésus; le cœur reste ployé sous le faix de la croix, il entend encore ces paroles désolées : Mon Père, pourquoi m'as-tu abandonné! notre âme en garde une blessure, cette victoire au prix du sang laisse nos fronts dans la poussière. Mais le dimanche des Rameaux, le beau dimanche rayonnant des gloires pacifiques de Jésus, ce jour d'avril tout couronné de verdures nouvelles m'émeut d'une joie fraîche et jeune comme lui. La terre s'est réveillée, elle jonche de ses fleurs le chemin où va passer Jésus; elle verra marcher en roi son maître et son Sauveur. Et nous qui nous traînons par les poudreux sentiers de ce monde, nous si languissants, tout courbés sous le joug de nos misères, nous qui bataillons à chaque pas et qui trop souvent perdons la bataille, d'un tressaillement de joie nous l'avons salué.

Allez, je le sais de reste, l'humiliation nous convient. Il nous est bon de traverser la vie en petit état, contredits, froissés, le front mouillé de sueur et les yeux trempés de larmes; le chemin que fit notre Maître, cette voie douloureuse que marquèrent ses défaillances, il nous sied d'y marcher à genoux. Néanmoins la joie est saine, notre âme a soif de soleil, la royauté de Dieu raffermit notre foi. S'il fallait un Rédempteur sanglant à nos péchés, il faut un Sauveur triomphant à notre espérance, car nous sommes fils du ciel, faits pour la lumière, nous étouffons dans la nuit. Bien plus, nous avons besoin de voir une fois, de toucher, de recueillir en nous, ici-bas, les splendeurs de la gloire du Christ. Cela nous fortifie et cela nous donne courage. Nous l'avons tant contemplé chétif, honni, méconnu, blasphémé ; notre cœur se dilate au cri magnifique d'Israël : Hosannah ! fils de David ! La terre a tressailli, les rameaux s'inclinent ; voici venir le monarque béni, le compatissant, le prince de paix. Son regard est doux, la souveraine puissance rayonne sur son visage, ses lèvres sourient, et les petits enfants haussent vers lui leurs mains chargées de fleurs. Que je m'unis avec allégresse au saint cortége ; que je la reconnais bien, cette route, le sentier qui de Béthanie tournant sur le mont des Olives mène aux portes de Jérusalem, parmi les épines blanches et les grenadiers à la rouge toison. Moi aussi, des branches parfumées se balancent dans mes mains. Bien venue soit la halte, toute fleurie et tout embaumée, qui se dresse comme un tabernacle au milieu de nos jours mauvais.

Ce matin une multitude se porte vers la cathédrale, le peuple y va faire bénir les palmes; nos pas ont suivi le mouvement, et, parvenus à l'entrée du cloître, nous restons immobiles, car nos regards contemplent une de ces pages, notre fortune nous a fait rencontrer une de ces heures, instants fugitifs, où la poésie des cieux semble descendre sur la terre pour l'idéaliser.

Le long des galeries, sous les arceaux, derrière les colonnes, autour de ce jardin d'orangers où chantent les fontaines, dans ces clartés qui l'égayent, sur le fond sévère du grand mur d'église, chemine à pas lents une cohorte sacrée, des palmes aux mains. La phalange avance d'un mouvement égal, sans bruit; elle s'avoisine du portique ouvert dans la nef. Un crépuscule fauve emplit le temple. A mesure que passe la procession, les fines hampes, les feuilles des palmiers aux belles courbures se détachent de l'obscurité; elles blanchissent, elles frémissent sur ce fond rougeâtre. A travers les découpures du cloître on les suit, mollement inclinées, tantôt voilées d'ombre, tantôt émergeant dans la lumière; et nous croyons voir la procession triomphante des rachetés, alors que balançant leurs palmes ils entreront aux célestes parvis.

Des milliers de fidèles emplissent le vase. L'archevêque officie à l'autel; autour du chœur siégent les chanoines en chapes, en chasubles, dans toute la pompe romaine; une allée tendue de tapis, fermée de balustres, mène des stalles à l'autel; là passent et repassent les dignitaires d'église pendant que d'étranges personnages, les sacristains, fardés, emperruqués d'étoupe jaune, leur corps maigre et long ployé dans une robe écarlate, maintiennent l'ordre et servent les prélats.

Au surplus, ces détails dont s'amuse la curiosité laissent notre âme indifférente. Ce qui nous saisit, c'est le jour coloré dans les tons austères par les vitraux antiques, ce sont les lignes aériennes des voussures, des colonnettes, des dentelles portées aux dernières altitudes; c'est la fumée de l'encens suspendue à de telles hauteurs; c'est devant cette chapelle une tête de Goliath, colossale, avec sa grande barbe rousse, et l'accent énergique des âges grotesques et terribles; c'est encore, ce sont toujours les palmes, les belles palmes doucement agitées, comme en une forêt aérienne; c'est leur frisson passager sous des lueurs rapides qui glissent le long des tiges et les illuminent d'un éclair. Les unes entr'ouvertes avec langueur semblent épanouies sous un souffle mystérieux; d'autres reluisent, soudain rencontrées par quelque feu qui s'échappe du vitrail; toutes elles s'inclinent, toutes elles se relèvent lentement, et voilà qu'éclate un de ces vieux chants des vieux maîtres, une de ces admirables fugues, lancée à pleine poitrine, attaquée de front, enlevée d'un rhythme puissant, marquée de la griffe des forts, un de ces chefs-d'œuvre où le savoir se fait l'esclave de l'émotion, où l'art dont on suit le dessin merveilleux palpite sous l'étreinte du cœur. La gloire divine resplendit, on le dirait, à travers le rayonnement des accords, et pendant que vibre la cathédrale et que les vapeurs flottantes rendent en quelque sorte la lumière plus sensible, entendez-vous proclamer la victoire de Jésus! Tout s'est tu. Au fond du chœur un chanoine jeune, pâle, figure émaciée et rigide, avec de grands yeux tristes, s'est levé, il s'est venu placer dans la chaire. A côté de lui cet enfant debout, vêtu d'étoffe rouge, la tête blonde et bouclée, un de ces types comme les a devinés Murillo, le regard limpide, le front naïf, la carnation transparente, tient une palme dans sa main gauche ; la main droite porte un cierge qu'elle appuie au lutrin. Vous voyez, n'est-ce pas, ces deux visages; l'un qui a fini de vivre, l'autre qui n'a pas commencé ; celui-ci fatigué par les heures pesantes, celui-là qui fléchit sous le poids de la contrainte. Un panneau de chêne fait fond et semble modeler ces belles têtes, tandis que l'infléchissement lumineux de la palme recourbée les couronne de son nimbe d'or. Elles restent immobiles. Cependant vis-à-vis, un autre chanoine, robuste et tout fleuri, s'arrondit devant son pupitre. Celui-là commence d'entonner une litanie, sorte de récitation uniforme qui se maintient dans les tons bas. La note, très-large et très-sonore, scandée par les brèves et par les longues, écrase l'église sous son ampleur.

Quand c'est fini, le jeune prêtre lance en un cri déchirant sa voix, sa pure voix de ténor, qui fait tressaillir les multitudes. Il jette au travers de la nef, il jette au travers des brumes, il jette parmi les palmes qui frissonnent son chant navré.

La mélodie gémit, elle pleure, elle a des défaillances mortelles ; tout à coup des reprises d'une incomparable vigueur en ont relevé l'accent ; mais la tristesse domine, et l'on dirait l'âme humaine qui va se lamentant par les déserts de ce monde. L'énergie si juvénile et si franche rend plus poignante la douleur. Parfois le chant aborde aux régions de la joie, alors un soudain éclat l'illumine ; puis la voix s'enfle, grandit, elle demande à des registres presque inconnus des intonations plus désespérées, un dernier élan la brise, elle s'évanouit ; et l'autre reprend, monotone, pesante, semblable au faix des jours qui l'un après l'autre, l'un comme l'autre, égaux à eux-mêmes et d'un ennui pareil tombent sur le cœur.

Oui, c'est beau, je n'éprouve nulle gêne à le dire. Les accords désolés qui planent sur la foule tantôt debout, tantôt agenouillée, cette phrase récitée d'une superbe inouïe par le chanoine au lutrin, ce hautain défi qui termine tout, les nuages de l'encens, les gerbes lumineuses, cette richesse des marbres, ce jet des colonnes, l'ampleur avec la majesté forment un des grands spectacles qu'aient rencontrés mes yeux. Mais que ne donnerais-je pas, au sein de telles magnificences, pour un mot, un pauvre mot de mon Sauveur. Il ne me faut pas moins ; je veux une parole qui m'apporte la vérité ; je veux une goutte d'eau qui me rende la vie ; car enfin, tout pénétrants qu'ils soient, vos motets ne ressusciteront pas ma volonté, ils ne convertiront point mon cœur, ils ne diront pas à mon âme qu'elle est perdue, que Jésus l'a rachetée, et s'ils ne me disent point cela, que voulez-vous que j'en fasse?

Ah! si du milieu de vos concerts une bouche l'eût répété, le doux appel de l'Évangile ; si le mot divin, si le mot humain : Venez à moi ! fût descendu sur ce peuple que travaillent les douleurs et que chargent les péchés, quelle allégresse, et comme tous, au lieu d'une religion indéfinie, au lieu d'une tristesse énervante, nous eussions emporté le ferme espoir, l'amour, le courage, la liqueur divine en des vases d'or.

Ne me croyez pas hantée de préjugés huguenots. Partout où m'apparaît la beauté je lui rends hommage, partout où se montre une vérité je la saisis à deux mains. Toutefois on ne se défait point de sa conscience. Si la poésie de certaines rencontres laisse mon esprit émerveillé, mon cœur demande davantage, il soupire après la présence de Jésus ; je ne saurais me contenter plus bas; les splendeurs qui enchantent mes regards ne parviennent point à leurrer mon âme ; c'est de vérité que j'ai besoin, jamais les formes ne tromperont ma foi.

Au surplus, le mensonge des dehors se glisse partout. Entourés des pompes d'un culte qui n'est pas le nôtre, nous avons fait, croyez-le, de poignants retours sur nous-mêmes. Dans notre adoration, pour simple soit-elle, bien des froideurs s'abritent sous le faux semblant des attitudes ; l'oreille écoute et ce sont mille riens qui parlent ; les yeux se tiennent recueillis pendant que vont les rêveries ; on envoie à Dieu des ambassadeurs, même on présente des suppliques, les genoux ploient, le corps reste prosterné ; seulement l'âme, le cœur, ce que Dieu veut posséder parce qu'il l'a payé de son sang, on ne le donne point.

Nous avons senti cela ; réunis autour des Écritures, pénétrés de respect pour nos frères, d'humiliation pour nous-mêmes, nous avons cherché Jésus. Dieu veuille que nous l'ayons trouvé.

Le soir.

Les rues présentent aujourd'hui l'aspect qu'elles offraient hier ; le dimanche n'y fait rien ; on vend, on achète, pas une boutique n'est fermée ; toujours on propose le *billeto*, et toujours on colporte ces étonnants petits bonshommes en pâtisserie, un œuf enchâssé au milieu de la poitrine, qui symbolisent ici la résurrection pascale. Des musiques militaires parcourent les *calle* ; la troupe marche d'un pas vif; chacun des officiers qui escortent les bataillons étreint par la lame son sabre nu dont l'acier brille au soleil. L'air même est en fête; une grande procession aux flambeaux s'organise pour cette nuit; la Congrégation des Nobles nous en prépare le spectacle, et comme le soir est venu, que je ne veux pas vous faire languir, venez, prenons place dans la calle San Fernando.

Nous voici donc établis sur des chaises. Un caballero dûment *embozado*, le sombrero enfoncé jusqu'aux yeux, la cigarette aux lèvres, le verbe facile et la parole bienveillante, explique les cérémonies à mon frère qui *habla* espagnol comme un Castillan.

La *Funcion* [1], très-coûteuse, dit notre caballero, n'a pas été célébrée depuis trois ans. Elle s'apprête sur la place de la *Constitucion*, elle descendra notre rue, montera la Rambla, et fera le tour des murs.

Tout fourmille autour de nous : dignitaires de l'armée en grande tenue, soldats chargés de cierges énormes, femmes ployées dans la mantille, enfants jaseurs et rieurs. Les uns vont au-devant de la procession, d'autres se groupent et l'attendent. Jeunes filles, duègnes et matrones se sont assises par terre, tandis que les marchands de *mendres*, de noisettes, de pignons doux et de pepins rôtis circulent parmi la foule qui achète et qui croque.

Sur ces entrefaites, une main chétive, la seule qui ait mendié, s'étend vers nous : — *Yo pobrecita* [2] ! — On lui donne quelques *pesetas* [3]; alors la pauvre femme ravie : — *Para comprar un billeto* [4].

[1] Fonction.
[2] Moi, pauvrette!
[3] Monnaie d'argent.
[4] Pour acheter un billet.

— Non, pour acheter du pain. — Elle rit :

— *No pan! billeto*[1].

Plus tard elle se rapproche encore et me demande pourquoi j'écris?

— C'est afin de mettre ce que je vois dans ma *cabeza*[2].

— *Usted* en met trop. *Ella morira*[3]!

Mais là-bas des feux rouges ont embrasé l'air ; ce sont les cierges. Capitaines et colonels se hâtent. Les membres de la Congrégation, très-jeunes pour la plupart, vêtus d'étroites robes noires à longues traînes, font ranger le peuple. Il n'y a ni gendarmes ni agents de police; nul ne résiste, personne n'est foulé; un mot suffit : le fameux *Usted*, si courtois et si digne, ce mot que le plus grand seigneur ne marchande point au plus maigre personnage. La haie s'est formée, le parcours tout entier de la calle s'est déblayé. Et pendant que s'émeut au loin le cortége, je voudrais vous rendre l'urbanité de la race espagnole, cette aisance qui jamais ne dégénère en familiarité, cette retenue qui n'est pas de la roideur, ce bien dire et ce bien faire d'hommes qui se respectent et vous respectent.

On cause avec le premier venu; le langage reste ferme et poli; on s'entretient de tout un peu, de la révolution beaucoup; on en devise sans crainte, sans passion semble-t-il, comme on parlerait d'une averse, événement certain dont l'échéance demeure inconnue.

Tout à coup, du fond des perspectives qu'emplit une vapeur pourpre arrive le son du tambour ; coup sourd et grave par quoi les fanfares sont coupées. La procession s'avoi-

[1] Point de pain, un billet.
[2] Tête.
[3] Votre Grâce en met trop, elle mourra

sine, le silence s'est fait. Les têtes penchées en avant cherchent à saisir du regard ces formes indécises. Le cortége grandit, la flamme des cierges frappe des deux côtés les murs ; elle éclaire les croisées combles de femmes, elle illumine le peuple ; quelques autorités civiles précèdent à cheval ; et voici, bizarrement touché par le jet des torches, voici le sanhédrin. Les juifs marchent sur deux rangs, serrés dans leurs robes de brocart, la barbe grise et pointue, le nez recourbé, le profil anguleux, l'œil sinistre, coiffés de bonnets droits, comme nous les ont tant de fois représentés les vieilles estampes de nos Bibles. Un corps de musique vient après. Il va devant la cohorte romaine. Que je le trouve impressif, cet air antique, d'une mesure pesante, avec le trille farouche qui scande le pas des licteurs.

Ce pas et ces Romains, nous les aurons toujours devant nous. Les voilà, rudes, terribles, avec leur casque prodigieux où se relève une aigrette de plumes blanches. Ils portent la tunique, des sandales couvrent leurs pieds, le bouclier reluit au bras nu, leur main tient une hallebarde, des barbes plus noires que le jais descendent sur leurs poitrines ; ils avancent d'un mouvement rhythmé, balancés sur une hanche, jetés sur l'autre, et chaque fois qu'ils retombent leur pique frappe lourdement le sol. C'est entre le grotesque et le tragique. Considérés par le côté vulgaire, ces yeux fixes, ces crêtes de kakatoës, ces flots de crin noir, le coup des hallebardes, toute cette tenue d'ogre provoquerait au rire ; mais on ne rit point ; de bonne foi ceux-ci sont féroces, et bien sincèrement ils se prennent pour des soldats romains.

Cependant notre confrérie, enfants et jeunes hommes, serrés les uns comme les autres dans leurs gaines de taffetas, enveloppent le cortége. D'admirables têtes se détachent sur la fraise godronnée ; visages à la Vélasquez, délicats, lumineux, belles pâleurs, une dignité royale, et dès que s'entortillent les queues traînantes, dès que les robes s'échappent en sinuosités imprévues, quelque matrone prend l'étoffe du bout des doigts, la remet en bonne voie, et respectueusement baise les mains du jeune homme. Par-ci par-là, un congrégationiste espiègle se plaît à égoutter son cierge sur la traîne du confrère. Les petits, ficelés dans l'étui de soie noire, trouvent moyen de plonger les doigts au fond de leurs poches, d'en tirer les dragées qu'y fourrent des âmes pieuses, et de grignoter tout du long.

Ce sont des puérilités ; l'ensemble conserve sa grandeur.

La cohorte a passé, les aigles romaines avec les faisceaux proconsulaires se sont effacés dans la nuit. Une autre musique, mezzo voce, triste comme la mort se fait entendre. Et tandis que la mélodie aussi naïve qu'un Noël du treizième siècle redit sa plainte, les cloches s'ébranlent ; elles frappent à coups mornes, elles accompagnent la prière des agonisants. C'est la *Vera Cruz !* Femmes, enfants ont crié : — *Allí viene Nuestro Señor*[1] *!* — Bientôt les instruments se sont tus ; seule la cloche répète son appel lugubre, seul un cornet lui répond par une autre note, prolongée, lamentable, et dans les brumes jaunies apparaît un pénitent. Il sonne la trompe funèbre, les plis de sa robe balayent le sol, un bonnet pyramidal surmonte sa tête voilée, une lourde chaîne étreint son corps. Après s'avance l'image du Seigneur, *Ecce homo*, peint sur un drapeau noir que porte

[1] Voici Notre Seigneur !

un autre frère dont les traits se dérobent pareillement sous le capuce. Des deux côtés, les pénitents tiennent à bras levé les symboles de la passion ; cordes, clous, la couronne d'épines, la bourse de Judas.

Je vous l'ai dit, l'âme saisie d'impressions diverses ne sait où se prendre. La rougeur et la pâleur nous passent tour à tour sur le visage ; notre cœur bondit, des larmes vont jaillir de nos yeux ; et puis, l'avouerai-je, des souvenirs absurdes, provoqués par le spectacle même, quoi, le char de Montésinos, le bouquin des diables facétieux, les mitres de Dolorides et de ses compagnes, toute cette fantasmagorie qui égaya notre enfance nous hante et nous trouble. D'autres scènes encore, épouvantables, se réveillent et font brusquement invasion ; notre imagination enfiévrée nous les restitue ; nous voyons défiler l'*auto-da-fé* d'atroce mémoire ; des spectres se lèvent, des flammes jaillissent du fond des âges, notre chair frémit, notre indignation proteste, et toujours se succèdent les insignes du martyre de Jésus.

Regardez la lanterne fumeuse dont les rouges lueurs éclairaient la cour de Caïphe ; contemplez la main sacrilége qui frappa le visage du Sauveur. Le calice où trempèrent les lèvres de Jésus, le pilier qui vit brutalement lier ses membres meurtris, le vase où Pilate plongea des mains qui sont restées sanglantes ; le roseau, l'éponge, la branche d'hysope, l'écriteau en trois langues : Celui-ci est le roi des Juifs ! chacun des instruments du supplice, soutenu par un homme qu'enveloppent des serges noires, glisse lentement et se perd au sein de l'obscurité.

Pour moi je verrai toujours les figures mystérieuses de ces pénitents asservis par un vœu, qui cherchent dans l'humiliation quelque apaisement pour leur âme agitée, quelque consolation pour leur cœur endolori, peut-être le pardon d'un crime secret, et qui vont pieds nus, le visage caché sous un masque, traînant leur chaîne toute frissonnante sur le pavé. J'entends le bruit des anneaux de fer ; ces remords promenés dans la nuit, je les sens. Puis mes yeux mouillés de pleurs ont rencontré le cierge brisé, type des agonies de Jésus. Je contemple cette croix dérobée sous un linceul, bien plus expressive dans son deuil austère que les crucifix sanglants dont l'audacieux réalisme froisse toutes les délicatesses de ma foi.

Des musiques diverses continuent de séparer les actes étrangement variés de la *Funcion*.

Voici venir le Soleil et la Lune ; l'un resplendissant dans son auréole de laiton, l'autre effacée et blafarde, tous deux avec leur face débonnaire, portés au bout de longues perches par-dessus le fourmillement humain.

Un Christ colossal, les plaies béantes, ceint d'une écharpe en satin frangé d'or, nous fait baisser la tête sous cette émotion de la pudeur blessée, de l'adoration outragée, sous cette horreur du sacrilége dont je vous parlais tout à l'heure.

L'état-major, chaque officier tenant le cierge comme le sabre, horizontal, escorte le crucifix. On voit briller sur les uniformes la médaille du Maroc ; celle du Mexique y étincelle. Un orchestre de cuivre, énergique et triomphant, accompagne la force militaire, tandis que le général gouverneur de Barcelone porte, non sans peine, une bannière gigantesque dont sa piété vient de faire hommage à l'Église.

Encore des pénitents suivis de leur chaîne sonnante ; encore des traînes de soie. Hélas ! s'il est d'amples queues, s'il en est de moelleuses, il y en a de chétives et d'étriquées ; ici comme ailleurs la richesse dilate et la pauvreté rétrécit.

Vous montrerai-je le dernier acte de la *Funcion ;* vous ferai-je voir ce prodigieux catafalque de velours noir sur lequel une effigie du Sauveur, debout, roide, grotesquement travestie en monarque asiatique, trône au milieu d'une gloire de carton !

Tout est fini.

Quelques instants nous restons stupéfaits ; nous avons reculé de trois siècles ; nous sommes révoltés, attirés, repoussés. Cette candeur de tout un peuple nous émeut, cette grossièreté de réalisme nous épouvante ; les scènes qui tantôt font plonger notre âme aux mystères de l'amour divin, tantôt lui jettent des images profanes jusqu'au ridicule nous tiennent palpitants et mal à l'aise. Blessés par la puérile représentation d'un fait si terrible et si solennel, pénétrés d'affection envers une foule encore plus amusée que recueillie, mais naïve, mais sincère, nous n'éprouvons qu'un sentiment, le besoin de prier pour elle ; et pour nous aussi, car à tous il nous faut les clartés qui viennent de Dieu.

10 avril 186...

Quiconque met le pied en Espagne rêve mandoline et castagnettes ; nous ne prétendons pas à la mandoline, restent les castagnettes, chacun d'en aller querir.

Je cherche autre chose ; je voudrais retrouver les vieux

airs de la procession et posséder quelques chansons du pays.

Nous voici donc chez un luthier, homme grave, aux yeux perçants, qui accueille ma requête d'un air assez dédaigneux : — Nos *Rondeñas*, semble-t-il dire, et nos castagnettes, à cette étrangère ! — L'idée lui paraît outrecuidante. Il jette sur la table quelques paquets de ces coquilles de bois noir, à deux valves, polies et légères, que relient un cordon de soie et qui, sous les doigts des señoritas, mordent l'air de leur trille agaçant.

Toutes les castagnettes se ressemblent du plus au moins, toutes ne rendent pas. En voilà de plates dont le vulgaire babil distille un incomparable ennui ; en voici d'élégantes, des castagnettes à prétentions dont le son fêlé ne dit rien de bon ; les unes éclatent en grêle cassante, les autres restent muettes sous la main qui les presse.

— Monsieur, conseillez-moi ; il ne s'agit pas d'une niaiserie à placer sur mon étagère, je désire l'instrument même, le vrai.

Un éclair a jailli des prunelles de notre homme : — Le vrai ! moi aussi je le cherche, le *vrai !* je ne l'ai pas trouvé.

Vous comprenez par où l'on s'aborde. Le luthier est malheureux, son cœur le fait souffrir, l'existence l'a déçu, son âme endolorie voudrait être consolée ; mais que de difficultés pour démêler Jésus parmi le fouillis des traditions espagnoles ; comment deviner l'ami qui sympathise à nos douleurs, comment reconnaître le frère et le Dieu sous les déguisements ou puérils ou répulsifs dont on affuble ici sa personne sacrée.

Tantôt c'est le *Nino*, débile, passif, retenu sur les bras de sa mère dans une éternelle impuissance ; tantôt c'est le supplicié, un corps effrayant et presque hideux dont on promène les blessures par la ville. Le peuple, sans lecture et sans Évangile, ne connaît guère de Jésus que ces deux images. Que disent-elles à son cœur, que répondent-elles à ses doutes, quelles clartés peuvent-elles verser à son intelligence? l'homme, en face de telles parodies, ne demeure-t-il pas seul, abandonné dans les déserts de ce monde, sceptique et perdu après comme avant? Hélas! il n'y a pour s'en convaincre qu'à rencontrer le triste sourire par quoi l'on répond à tout espoir divin.

Oui, nous pouvons bien tremper de nos larmes le chemin de la procession ; tel aspect, tel accord, les plaies mêmes du Sauveur, cette main qui le frappa, cette main vivante, brutale, si impressive, peuvent nous émouvoir jusqu'au fond des entrailles; la poésie du spectacle peut nous arracher des sanglots, notre chair peut frissonner, notre orgueil défaillir, nous pouvons descendre aux abîmes, monter aux régions suprêmes, et notre âme peut rester une âme incrédule, et notre cœur garder ses révoltes, et tandis que nos nerfs frémissent pareils aux cordes bien tendues d'une harpe qu'interrogent des doigts habiles, notre être moral peut se conserver froid, dur, croyant s'il croyait, douteur s'il doutait, et notre ébranlement physique n'y change rien.

Dieu, je lui en rends grâce, n'a donné le droit de conversion ni aux arts ni à la poésie même ; c'eût été méconnaître notre dignité. Le trouble artistique n'a rien de commun avec cette intense émotion que la voix de Jésus fait naître aux profondeurs de notre âme. Les tressaillements que nous causent telle surprise des sens ne touchent par aucun bout aux sources de la vie ; ces attendrissements-là, qui compromettent rarement notre égoïsme, n'engagent point notre cœur. L'homme que fait pleurer un drame de Victor Hugo gardera fort bien des yeux secs devant les tragédies du monde réel; les plaintes de doña Sol, le cri de Marion Delorme ont jeté des pâleurs sur son front, ont fait trembler sa lèvre, et ce front opposera son marbre, et ces lèvres répondront par leur impassible silence aux supplications d'une femme au désespoir ou d'un enfant affamé.

Ah ! moi aussi, les accents du poëte me déchirent; loin de diminuer les belles émotions au profit des tendresses effectives, j'espère beaucoup plus d'un cœur accessible à l'idéal que d'une âme étroite et bornée. Toutefois la sphère des sentiments vrais n'est point la région des rêves; elle n'est pas davantage ce registre délicat des nerfs, prompt aux vibrations, impuissant à tout acte viril. Dieu, qui ne se laisse pas abuser, ne souffre point que notre intégrité s'y trompe. D'un souffle il dissipe les fumées de l'encens; alors le fantôme de religion dressé jusqu'aux cieux s'affaisse et disparaît. Où est ma foi? et les énergies, où les prendre; et les bonnes armes de combat, qui les mettra dans mes mains; mon Créateur enfin, mon Sauveur, l'homme pour répondre à l'homme, le Dieu pour me donner la vie, où se cachent-ils, quels mystères me les dérobent, et de quoi me servent vos oripeaux s'ils ne me les révèlent point?

Mon ami, sentez-vous la valeur de ce mot : *vérité.*

Je l'ai trouvé, le vrai; la parole de mon Dieu me l'a fait connaître : Voilà ton Créateur tel qu'il se raconte à toi; et te voilà, toi, tel que tu ne voulais pas te rencontrer. Abattu jusque dans la poussière, lève les yeux; tu n'es pas seul, quelqu'un marche à ton côté, quelqu'un dont le cœur bat, qui a pleuré, que les agonies ont saisi, qui les a souffertes, dont le pied vainqueur s'est posé sur la mort, quelqu'un dont la royale main ouvre les cieux des cieux. Celui-là n'est point un enfant, c'est encore moins un cadavre; il a subi l'enfance, il a traversé le sépulcre, il garde la virilité des forts; c'est un Dieu; c'est plus, c'est ta chair et c'est ton sang; il parle ton langage; rien de ce que tu as senti ne lui demeure ignoré.

Dès lors je vis et je marche, car j'ai reconnu mon frère et j'ai saisi mon Sauveur.

Plus tard.

Ce matin le cloître prolongeait ses allées dans le silence et dans l'ombre ; nous y sommes longtemps restées une de mes compagnes et moi. Le porche laissait tomber sur les dalles ses fraîcheurs avec son obscurité, la façade opposée levait devant nous son mur éclatant de lumière, le jardin s'égayait au soleil, on entendait tomber les gouttes d'eau dans la *fuente de las Ocas*, il y avait de lentes palpitations parmi les verdures, cette végétation à peine éclose s'émouvait sur la nuit des ogives; nous regardions cela. Bientôt les oisifs se sont amassés autour de nous. Mon amie dessinait; de jeunes garçons suivaient des yeux le crayon, ils se poussaient du coude et disaient à mesure que sortaient les lignes : *Mira la puerta! mira la columna*[1]? Les abbés approuvaient du geste. Quant aux femmes, cet exercice d'un art qu'elles ne possèdent pas les étonne d'abord, leur déplaît ensuite, et finalement les irrite.

[1] Vois, la porte! Vois, la colonne!

Une d'elles s'écrie : — Ce sont des étrangères! elles savent ce que nous ignorons. — Les autres froncent le sourcil, leur physionomie se fait hautaine et sèche, elles sont vexées, positivement. Alors moi : — Si l'on vous avait enseignées, vous sauriez comme nous. — Un sourire paraît : — Nous sommes ce que vous êtes : *Todos iguales* (toutes égales)! — Pour le coup voilà des femmes contentes.

— *Iguales!* elle a dit : *Todos iguales!* — On répète le mot, on le commente; des hostilités nous entouraient, nous n'avons plus que des amies. L'incident est caractéristique, convenez-en, et l'idée de se mettre l'humeur à l'envers parce qu'on ne sait pas dessiner, ne pouvait guère venir qu'à des señoras terriblement *embozadas* dans leur superbe espagnole.

Maintenant, nous voici tous en route pour le couvent du Montserrat. Un bout de *carroferril*[1] nous mènera jusqu'à Martorell, où nous prendrons quelque diligence qui nous laissera devant Collbató, village assis au pied de la montagne.

Les rosiers fleurissent, la terre, déchirée par places, montre ses belles rougeurs, des fourrés de nopals et d'agavés retiennent le sol des morènes; vers le sud s'étend une plaine sans bornes semée çà et là de cerisiers et de poiriers, corolles au vent. Quelque *Torre*[2] plantée au hasard domine les jachères. Toute maison de campagne porte en Catalogne ce nom féodal, qui fait penser aux siècles où il fallait défendre son bien contre les Maures,

[1] Chemin de fer.
[2] Tour.

peut-être contre les chrétiens aussi. Les *Torres* conservent parfois leur vieille figure rébarbative ; le plus souvent elles nous montrent de jolies façades élégantes et modernes. Une lumière franche, point criarde, pénètre l'atmosphère. Ce ciel a plus de rayons que le nôtre, il est fait de splendeurs ; le nôtre a plus d'azur, il est fait d'immensités plus profondes.

On va toujours. Nous suffoquons; les Espagnols, qui frissonnent, remontent leur manteau jusqu'aux yeux.

Bientôt apparait le Montserrat, puissant massif découpé vers le haut en tuyaux d'orgues. Il se tient seul debout dans l'étendue, digne et majestueux comme les gens de son pays.

A Martorell nous sautons dans une guimbarde attelée de sept mules; les dames dans l'intérieur, les messieurs sur l'impériale, et me voilà dans la *delantera*, une manière de banquette accrochée que bien que mal derrière les mules. Une fois perchée sur ma planche je me demande à quoi je tiendrai; elle, par exemple, ne tient à rien. Le *mayoral*[1], un gros homme en veste courte et brodée, la Gorra sur le chef, monte et se carre à ma droite ; un long abbé, l'air doux et patibulaire, s'établit à ma gauche ; un garde civique se campe en travers ; deux ou trois paysans s'étalent sur nos pieds ; le *zagal*[2], gaillard bien découplé, une écharpe rouge autour des reins, les favoris crépus, les yeux flamboyants, la bouche richement endentée pose son pied chaussé d'*alpargatas*[3], sur le rebord de la delantera ; d'une main il attrape le cuir qui nous sert de couvercle, de l'autre il fouette l'air de sa gaule. L'intérieur, je vous en

[1] Cocher dont l'emploi se borne à tenir les rênes.
[2] Coureur.
[3] Souliers de ficelle.

réponds, ne se fait pas faute de rire. Quant à moi, je me sens frémir dans le plus intime de mon être, car une descente, un vrai casse-cou, se dévalle devant nous ; les deux mules de derrière, pour peu qu'elles prennent des gaietés champêtres, nous enverront leurs quatre fers dans la figure ; celles de devant ruent et dansent avec des ondulations de queue, avec des soubresauts de croupe qui me donnent le frisson. — Se vellano, se vellano, se vellanôôôô ! — crie le zagal d'une voix éclatante. Les sept mules qui s'enlèvent partent comme des enragées : — Para Salô, para Salô, hup, huppa ! par anar a Montserrâ â â ! brrrt ! — Nous sommes en bas, nous avons nos têtes, nos jambes, l'essentiel, je respire ; et une fois que j'ai respiré, je vous déclare que rien n'est joli comme cet attelage, que rien n'est enivrant comme cette course folle, que rien n'est gracieux comme le harnais des mules : pompons, rubans, clochettes, et cette figure qu'elles ont, moitié sauvage moitié civilisée, avec leur dos rasé, leur queue pelée, et les bizarres dessins qu'y a tracé le rasoir des zingari.

Nous tenons la plaine, les sept mules galopent de bon accord ; notre mayoral sort de sa poche un livret de papier jauné, en arrache une feuille, tire de son sachet une pincée de tabac et roule gravement une cigarette ; autant en fait le gendarme, autant les paysans, autant le zagal. A quelque heure que ce soit, si l'on vous demande ce que fait un Espagnol, répondez hardiment : — Des cigarettes ! — par la pluie, par le beau, de nuit, de jour, dedans, dehors, vivant, j'allais dire mort, l'Espagnol prend son calepin, déchire une bribe de papier, froïsse le tabac et le ploie en tuyau ; ni révolutions, ni constitutions, ni guerre, ni paix ne parviendront à l'en distraire, et je crois vraiment que la fin du monde ne l'en détournera pas.

Cependant le zagal, tantôt en l'air, tantôt par terre, court, crie, manie son fouet qui serpente, jette des pierres à la *Coronella*, sa mule de pointe; celle-ci de bondir, de se retourner, et cailloux de voler : — Giâ, giâ, giâ! Favretô, favretô, favretô! — Si vous me demandez ce que signifient ces mots, je vous dirai que je n'en sais rien; le dictionnaire ne vous en apprendra pas davantage. Ils appartiennent à la langue des mules, un bel idiome. Je suppose pourtant que *favreto* figure là pour *favorito*, favori; que se *vellano!* invite l'attelage à veiller sur son allure, que le nom particulier de chaque mule se mêle aux invocations; et quant au reste, faites comme moi, régalez-vous de ces intonations sans chercher à les comprendre.

Au surplus le Montserrat grandit; ses bases, dont les proportions se dilatent à chaque tour de roue, occupent tout le premier plan; elles nous dérobent le sommet; des buissons d'iris bleuissent aux berges du chemin; nous croisons les *Tartanes*, sorte de chariots entoilés d'un berceau de sparterie que traînent deux mules à la file.

— Lo Stellô, lo stellô! Tarrarivâ! Tarrarivâ! — Décidément cet homme a un trombone dans la poitrine.

Lorsque nous traversons les villages, de gais intérieurs se présentent à nos regards; les femmes filent, leur quenouille passée dans la ceinture, comme au temps des bonnes fées; des balcons de fer ouvragé rayent les façades blanchies à la chaux; quelques boutiques d'objets sacrés nous montrent les cœurs, les jambes, les têtes, les bras, les navires et les béquilles, tout l'attirail d'ex-votos que des pèlerins dévots vont offrir à l'église de la montagne.

— Ottâ, ottâ! Sulla Sariô, sulla Sariôôô! — De petits sentiers creux où fleurit le laurier se déroulent entre deux berges; ils sont frais, ils sont secrets, tout bocagers, et font rêver aux belles escapades du seigneur don Quichotte, quand il partait dès l'aube et qu'il allait chercher aventure par les campagnes moites encore de rosée. Ici, quelque chevrier, sa gargoulette penchée au-dessus des lèvres, hume, la tête renversée, un mince filet d'eau ; sa bouche qui sait faire n'effleure pas même les bords découpés du vase au long cou. Le troupeau, biquettes blanches, rousses, noires, pousse de la corne dans les buissons ; chaque bête secoue ses fanons soyeux parmi les jets des bonnes herbes.

— E vâ, arrivâ ! e vâ, arrivâ ! — Les gros bouquets de coronilles, brillant comme l'or, égayent la solitude un peu morne ; les grappes de la vigne s'entr'ouvrent, on ne voit pas encore de feuilles aux ceps. Nous approchons, des précipices ont coupé l'horizon de leurs angles droits ; là-bas quelque pin parasol se profile dans la lumière, les clochers se succèdent et cette *Torre* seigneuriale aligne trois rangs de croisées étincelantes au milieu des terrains pourpres.

— Calambâ, calambâ[1] ! e vâ arrivâ ! lo sperô, lo sperô ! — Notre guimbarde s'arrête, elle nous a déposés sous les pins, parmi les romarins en fleurs, sur un tapis odorant ; elle nous laisse là, nous, nos sacs, nos pioches, nos marteaux, et nous prenons à travers champs du côté de Collbatô, le village qui doit nous fournir un guide avec un âne.

Il est pauvre et charmant, ce trou de montagne ; une rue claire, de riants taudis, des blancheurs comme en faisait Decamps qui les avait vu faire au soleil. Nous entrons dans la première masure ; la maîtresse du logis, femme ave-

[1] Pour *Caramba*, le juron espagnol.

nante, le corsage court et net, les bras nus, le jupon à mille plis bien tiré sur les hanches, les cheveux noirs et brillants relevés en couronne, nous reçoit d'un geste amical. Son mari travaille dans la campagne, on ne peut l'avoir, mais elle nous donnera son fils ; quant à l'âne, en train de croquer quelque tronc de chou, elle le tire de son réduit, lui fait traverser la cuisine propre et misérable dont un chaudron, deux *Cantaras*[1], trois ou quatre balais de jonc composent toute la richesse, et met sans façon à l'animal un licou autour de la tête avec les deux sacoches sur le dos.

L'âne est bâté, chargé, nous prenons les devants ; le fils nous suivra.

Tandis qu'on s'éparpille sur le bord du sentier, un grand jeune homme que nous venons d'atteindre, un drille d'assez mauvaise mine, chasse devant lui avec force jurons cette pauvre bête de cheval, écrasée de bûches, de pierres, et qui n'en peut plus. Le faix trop lourd, les cris du gars, je ne sais quoi, le *caballo* s'affaisse des quatre jambes. Notre coquin de le relever à coups de trique. Est-ce la chevalerie de don Quexada, est-ce l'ivresse de justice où nous jettent les brutalités du fort envers le faible? mon ami, nous voilà d'un bond, Églantine et moi, près du manant. En italien, en français, en turc, je lui déclare qu'il n'est qu'un gueux ; Églantine, ma féale nièce, en fait autant ; l'autre de manier plus vertement son gourdin; nous adjurons les messieurs de frotter les oreilles au drôle. Les messieurs prétendent que c'est ici l'aventure du *petit berger*[2], et que s'ils frottent les oreilles du coquin, le

[1] Cruches à rafraîchir l'eau.
[2] Voyez Don Quichotte.

coquin, eux partis, frottera le dos de sa bête. Toutefois comme il la rosse et que de toute façon elle n'y peut rien perdre, M. de Gasparin saute sur le gars, lui arrache sa gaule, la met en quatre pièces, puis regarde notre garnement bien en face. Le mauvais gueux, secoué par une main robuste, aussi par sa conscience, il le faut croire, rougit, baisse la tête, et reprend son chemin sans mot dire. On le voit, tandis qu'on monte, marcher l'air penaud ; et David : — Oui, oui ! mais si, au lieu d'un *muchacho*[1] nous avions eu à faire à un *hombre*[2], la *Navaja*[3] se serait mise de la partie.

Un peu l'aventure, un peu l'ardeur qu'excitent les belles grimpées, nous avons, Églantine et moi, pris l'avance. David vient après nous; Tommaso, le fils de la gentille paysanne de Collbatô après David ; l'âne après Tommaso, et nous voilà seuls.

Qui dira le charme de cette marche élastique, en pleine montagne, dans cette lumière, avec ces ombres qui tombent des rochers. Tantôt une crête soudain démasquée porte dans la gloire des cieux son front vermeil, tantôt c'est une gorge qui descend toute blanche de lauriers, toute jaune de coronilles. Plus on s'élève, mieux on respire. Parmi les cailloux croît le narcisse à l'odeur pénétrante, l'épathique niche contre les rocs sa petite étoile bleue, la violette a dressé son capuchon parmi les broussailles, chaque souffle qui court agite la boule azurée des globulaires, et les lavandes dont on froisse en passant les jeunes

[1] Jeune garçon.
[2] Homme.
[3] Couteau

pousses exhalent des aromes restaurants. Que c'est beau, que cela fait de bien, qu'il est bon d'exercer les saines énergies, et que cette grande solitude dans la montagne a d'attrait.

David murmure les complaintes espagnoles : la *Cueve*[1], *Torijo ;* ces désinences harmonieuses et ces coupures étranges, comme si quelque sanglot interrompait le chant, vont frappant les grands registres des roches ou bien se déroulent par les pentes pour mourir dans la plaine. Quand il a fini, David, il entreprend notre panégyrique ; il l'adresse à Tommaso, un grand garçon naïf, obtus, le visage rond, les lèvres épaisses, les yeux à fleur de tête, dont le savoir ne va guère au delà du bât de son âne. A mesure que David *hablant* de son mieux nous fait parler allemand, anglais, latin, grec, portugais (espagnol il n'ose pas), et peindre, et jouer de tous les instruments, sans compter l'écriture, les prunelles de Tommaso se dilatent ; le pauvre garçon s'est écarté, il nous suit à distance, ses paupières laissent couler de notre côté, en dessous, des regards qui sentent la frayeur autant que le respect ; il y a de la fée dans notre fait, c'est certain ; fées propices, fées malignes, Tommaso n'est pas au clair là-dessus. Bah ! profitons-en pour l'envoyer à l'école ; car il ne sait pas lire Tommaso, écrire encore moins, ni calculer, ni quoique ce soit au monde : un peu piocher, un peu taper en douceur sur l'échine de sa bourrique et la tirer par la queue, c'est tout.

L'école ! notre ânier secoue les oreilles : — Yo soy labrador[2] !

[1] La caverne.
[2] Je suis laboureur.

— Mais cela n'empêche pas d'apprendre ses lettres.

Tommaso détourne la tête; David a beau pérorer, il ne convaincra pas le *borriquero*.

Et voici que là-haut paraît un berger enveloppé de sa peau de mouton; il nous considère appuyé sur un vieux mousquet; un autre pâtre, l'escopette à l'épaule, saute de pierre en pierre et vient à notre rencontre, celui-là descend vers Collbatô; le troupeau tout entier couvre les versants de taches blanches et de taches brunes. Si vous saviez le charme de ces figures jetées là, dans leur sauvagerie, sous les lumières du soir, parmi ce silence et dans cette paix!

— *Pastor, ô pastor!* hèle David : *A lece usted*[1] ?

— *No señor* — répond de ses hauteurs le berger : — *No lece* — il montre les moutons : — *Todos machos*[2].

A cette heure nous avons mis notre pied sur le col. Une gloire de rayons jaillit derrière le piton qui nous domine, elle en illumine les bords et darde ses flèches dans le ciel qui s'assombrit; près de nous un ravin profond coupe la montagne; nous en traversons les ombres tout imprégnées de clartés errantes; on dirait une poussière d'or suspendue par quelque magie sur ces obscurités; dans le fond du repli s'abritent des végétations délicates, gonflées de sève et mal habituées à batailler contre l'âpreté des sommets. Bientôt de grands pilastres plus blancs que le marbre viennent s'accrocher en pendentifs aux parois vives. C'est le caractère du Montserrat que ces masses prodigieuses, aux flancs arrondis, lavées on le dirait par les torrents du déluge, et jetées telles quelles à travers les airs, dans le vide, aux dernières altitudes.

[1] Berger, oh berger, Votre Grâce a-t-elle du lait?
[2] Non, monsieur, pas de lait, ce sont tous des mâles.

La plaine quelque temps dérobée par les fortes épaules du géant s'étend au-dessous de nous, rouge, égale, infinie.

Nous avons tourné le profil de la montagne; nous descendons un peu sur l'autre revers. Alors le couvent, cette agglomération de murailles, de clochers, de bâtiments énormes, avec un précipice hérissé d'aiguilles sur la tête, avec un précipice abrupte sous les pieds, se découvre en un instant. Le site, d'une incomparable grandeur, est farouche; il écrase et il enlève. Le regard monte au ciel avec les jets de pierre, il descend aux abîmes avec les coulées de roches. L'aspect ne ressemble à rien, Dieu l'a marqué d'une empreinte étrange, on y sent quelque chose de colossal et de terrible. Par malheur les hommes ont tout gâté. Ils ont mis là leurs cubes uniformes, ils y ont assis leurs pâtés de maçonnerie, ils y ont étendu leurs grandes surfaces ennuyeuses, ils y ont empilé ces monuments de la médiocrité, ce je ne sais quoi de très-banal et de très-laid, entre la caserne et l'hôpital, inventé par l'art moderne pour emmagasiner le plus d'hommes possible.

Une fois la grande porte passée l'aspect change; vous le verrez bien.

David, Tommaso, l'âne, Églantine et moi nous en avons franchi le seuil, laissant sur notre gauche la *Venta*, maison proprette perchée aux avant-postes. Une longue rampe côtoie les bâtiments destinés aux étrangers; elle se termine vers la terrasse, à plomb du côté du vide, coupée à son extrémité nord par une rangée d'arceaux que surmonte le massif quadrangulaire du couvent. L'église encastrée dans le monastère domine tout. Pavillons et masures vont à la débandade. A peine effleurons-nous de l'œil ce tableau bizarre, et tels quels nous nous présentons devant le bureau. Un laïque, l'*Aposentador*[1] y distribue les places. Il nous demande si notre compagnie est nombreuse, combien de jours nous resterons, hésite pour nous caserner entre Sainte-Gertrude et Sainte-Scholastique[2], et se décide après bien des combats en faveur de Sainte-Gertrude. On va donc chercher les clefs.

Notre logis, situé dans une des constructions que nous longions tout à l'heure, nous montre deux pièces obscures et froides. Trois lits de camp avec une cruche forment le mobilier de la première chambre qui abritera cinq messieurs; quatre niches creusées dans le mur, une table et un plat à barbe forment l'ornement de la seconde cellule qui recevra six dames. Telle nous apparaît Sainte-Gertrude, dotée de moins de grâces que de vertus.

En attendant, le repas s'apprête; nos compagnons ont rejoint; et tandis qu'on apporte force matelas, sans compter un morceau de miroir, concession des bons pères à la coquetterie féminine, allons sur la terrasse et repaissons nos yeux.

La terrasse, voyez-vous, est un rêve: elle nous jette entre ciel et terre, accrochés à l'ourlet du précipice, gouffre en bas, gouffre en haut. Le mont couronné de pilastres, de tours, de stalactites, de stalagmites, pyramides clouées au tranchant vertical par la fantaisie de quelque géant, se dresse dans son orgueil. On les a tous sur la tête, ces prodigieux colosses, on n'en détache pas le regard; ils percent le ciel, ils déchirent la nue, ils sont audacieux, ils sont difformes, ils ont des pointes aiguës, ils ont des boursouflures presque répulsives. Et quand on se penche au dehors,

[1] Logeur, fourrier.
[2] Chaque bâtiment porte le nom d'un saint ou d'une sainte.

on voit dans les immensités profondes la plaine couverte d'un linceul violet à cette heure, s'étendre et se perdre vers des lointains pleins de vapeurs.

Un portique festonné d'arceaux marque sur notre droite l'entrée du monastère ; à gauche un admirable petit pavillon moresque découpe ses fers à cheval ; le cloître soutenu de colonnettes s'enlève plus loin avec ses trèfles évidés ; des niches de moines, ruinées, d'une hardiesse folle, perchées sur toutes les aiguilles, semblent chercher encore la solitude dans les royaumes de l'air. Cependant quelques señoritas arrivées ce soir pour les fêtes[1] passent à travers le crépuscule, enveloppées de leur mantille, pendant que le père hospitalier va, vient, s'agite dans sa robe noire et nous presse de faire ici nos Pâques.

Mon ami, vous parler de notre dîner est d'un esprit vulgaire. Que voulez-vous, les hauteurs aiguisent l'appétit; le nôtre s'accommode fort du *puchero*, potage illustré de légumes, de lard, de viande et de pois chiches ; encore mieux des perdrix aux choux. Les salles de la *Venta*, petites chambres blanchies avec soin, renferment une foule de pèlerins affamés comme nous, qui soupent de même façon ; et ni le linge, d'une éclatante propreté, ni l'exquise politesse ne manquent pour assaisonner le repas.

Après, ah ! après on retourne aux enchantements de la terrasse. La nuit enveloppe tout ; la lune s'est levée, pourpre, élargie, un peu pâmée dans les brumes. Elle monte du côté de la mer, les profondeurs du ciel l'ont environnée, elle reste là, perdue, on sent sous elle un abîme

[1] Barcelone entier se porte durant trois jours au couvent afin d'y accomplir les cérémonies de la semaine sainte.

d'air ; dans le fond, quelques traînées claires font soupçonner le bas pays ; au-dessus de nos têtes les géants de pierre dont le front a rencontré de mates blancheurs ressemblent à des fantômes qui laisseraient traîner jusqu'à terre leurs vêtements dénoués. Si l'on quitte ce mirador de granit pour errer derrière les portiques, alors l'aspect change ; on n'a plus devant soi qu'un mur dressé jusqu'au zénith ; les colosses de la montagne touchés de pâleurs lunaires, les cônes, les donjons, les jaillissements formidables encadrés à l'aventure dans l'arc des ogives, flottent au sein de transparences aériennes ; l'orfraie a jeté son cri dont la note plaintive rappelle des pleurs d'enfant ; tout fait silence ; ce soir je ne vous en dis pas plus.

11 avril 186...

Rien de tel qu'une nuit blanche pour devancer l'aurore. Mais l'aube n'a pas ce matin les doigts de rose que lui prêtent les poëtes ; des vapeurs sont montées, elles encotonnent les sommets ; bientôt, lentement, un souffle commence d'en carder l'épaisseur ; des trouées qui se font laissent passer l'*Hermite du Diable*, roche projetée en saillie et soutenue à trois cents pieds du sol par un mur vertical. Selon qu'elles enveloppent ou découvrent le fatidique solitaire, les brumes le transportent en des régions mieux perdues ; parfois une *Garganta* [1] soudain ouverte dans l'éclaircie et toute déchirée sillonne le mont pour s'évanouir après sous les rousses obscurités du brouillard.

[1] Gorge.

On sent au-dessus de soi quelque chose d'immense; l'inconnu plane dans les nuées; dès qu'une émotion de l'air en déplace les draperies, ces apparitions tantôt voisines tantôt reculées à d'incomparables profondeurs, sortent du néant semble-t-il et viennent étonner nos regards.

Est-ce inconstance, est-ce le besoin de sentir vivre et tressaillir les immutabilités mêmes de la nature, je préfère ces vastes palpitations de la montagne au spectacle si grandiose et si paisible de hier soir.

Cependant il faut aller voir *el balcon de los Monjes*[1]. On traverse pour s'y rendre un pâté de maisonnettes destinées aux pèlerins. La dévotion des religieux a placé chacune d'elles sous l'invocation de quelque saint du calendrier. Voici saint Pancrace, voilà sainte Philomène, saint Damase, sainte Dorothée; logis baroques entassés sans ordre, avec leurs escaliers en spirales, leurs clochetons, leurs ogives, leurs fenêtres, leurs pignons tournés l'un de ci, l'autre de là, comme il plaît au caprice qui les a construits. Derrière s'étalent les jardinets du monastère; un étang les arrose, le rocher les presse, cela fait de petits abris clos et secrets où fleurissent les pruniers. Le *Lugar santo*[2] a prolongé vis-à-vis son aile où vivent les pères sous une clôture atténuée qui leur accorde deux jours par semaine, le lundi et le jeudi, pour franchir l'enceinte sacrée et se promener dans le pays.

Notre monastère appartient à l'ordre de Saint-Benoît; il ne renferme plus que seize réguliers. Du haut de leur piton ces derniers moines d'Espagne peuvent contempler les couvents à jamais abandonnés du royaume, portes ou-

[1] Le balcon des moines.
[2] Lieu saint.

vertes et murs éventrés par cette nation même que durant tant de siècles, la Sainte-Hermandad mena du bout de son goupillon fumant.

Et les trois moines de pierre, redressés aux angles du balcon, soutenus dans le vide, planant sur le pays déroulé jusqu'aux dernières perspectives, semblent regarder tristement la plaine sans bornes du Llobrégat, espaces illimités qui leur échappent pour s'épanouir au soleil de Dieu. Enveloppés dans leur coule de marbre, les bras croisés sous la robe, la tête inclinée, ils restent seuls debout; leur profil qui se dessine sur l'étendue, immuable quand tout a changé, prend une mélancolie singulière, et lorsque le brouillard promené par l'incertitude du vent les enlace de ses spirales, ils font penser à ces grands vaincus de l'antiquité qui se ployaient dans leur manteau pour mourir.

C'est un site étrange que celui-là. L'œil ne s'accoutume point à de tels abîmes ; il y a de l'épopée dans ces aspects surhumains ; on se croirait lancé, comme l'aigle, à travers les nuées, entre le soleil et le monde, dans cette immobilité dominatrice du roi des airs, lorsque appuyé sur ses fortes ailes il s'arrête, porté, soutenu, laisse tomber vers la terre un regard dédaigneux, et monte, monte encore jusqu'à ce qu'il s'efface dans la lumière.

Le froid des sommets nous a saisis. Mais tandis que la chair frissonne, les agavés qui étoilent chaque anfractuosité du roc nous réchauffent l'âme. Ne l'avez-vous pas senti, tel regard amasse les glaces du pôle sur notre cœur, tel sourire met un fagot dans notre âtre. Le Montserrat, rigide par l'altitude, effrayant par sa titanesque architecture, a de ces bons sourires. Toute une flore méridionale en dépit des frimas, fraîche et parfumée en dépit des cailloux, jette l'ampleur de ses formes, l'exubérance de son feuillage avec l'éclat de ses couleurs parmi les rudes assises du rocher.

Cependant l'église où nous attend un sacristain s'est ouverte au fond de la cour carrée, fruste et morne qu'emprisonnent les murs du couvent. Sept étages de maçonnerie, sept rangs de vitres, je ne prends pas mon parti de cela. Le vase, majestueux, est presque dénué d'ornements. Par cette austérité, par son caractère sérieux et digne, il commande le respect.

Autrefois les pères montraient leur trésor qui renfermait d'incomparables richesses. Isabelle et Ferdinand, Charles-Quint, Philippe II, l'empereur Maximilien d'Autriche, don Juan de chevaleresque mémoire, et les grands d'Espagne, et les infantes, et Marie de Savoie, cette jeune épouse de Philippe V qui revêtit la Vierge de ses habits de reine et lui offrit une rose formée de cent dix diamants; chacun dotait la sainte image de doublons, de lampes d'or, de robes de brocart, de diadèmes constellés de gemmes; sans parler du trône en argent massif que présenta le duc de Cardona, de la nef semée de brillants que donna Charles-Quint, et des bannières de Lépante, et des vingt-neuf mille ducats que traînèrent ici soixante-cinq chariots, au nom du très-pieux et très-tendre père de l'infant don Carlos.

Durant les guerres de la Péninsule, la Junte saisit une partie du trésor des moines, en vertu de ce principe : qu'il se faut aider entre frères; le pillage s'arrangea du reste, et les vitrines ne contiennent guères à cette heure que des dons récents, chasubles, calices, parures modernes à l'usage de la Vierge, ce qu'on voit partout.

Que plus volontiers je m'attarde dans la salle aux ex-votos, pauvre chambre tapissée de toiles grossières, où l'ardeur des gratitudes se marque en traits ingénus. Cet homme qui tombe du toit contre toutes les règles de l'équilibre, bras et jambes en étoile, une chute impossible; cet âne qui flotte à l'envers, retourné sur le dos, les quatre pattes vers les cieux; la perspective chinoise qui met les maisons sur les hommes et les hommes sur la lune, tout est absurde, j'en conviens; mais en même temps que cela me donne envie de rire, cela me donne envie de pleurer; plus simple est l'offrande, mieux elle me touche. Tenez, ce chapeau de marin; qu'il a d'éloquence, et qu'il me dit de choses, et qu'elle en éprouvait davantage l'humble femme qui l'est venu suspendre ici, d'une main tremblante, le cœur brûlant pour Dieu qui lui avait fait recouvrer son bien-aimé à travers les tempêtes.

La Grande Vierge du Montserrat, la Vierge noire, solitaire dans sa niche, le front ceint d'une couronne d'émeraudes, le col entouré d'une rivière de diamants, vêtue de satin et d'or, redressée dans sa roideur byzantine avec l'enfant sur les bras, domine du haut du maître-autel où elle siége l'église entière dont les parvis s'abaissent à ses pieds.

Celle-ci, c'est la Vierge par excellence, la statue miraculeuse découverte au neuvième siècle par des bergers; ils la trouvèrent dans le fond d'une grotte qu'elle éclairait et qu'elle parfumait de sa présence. Saint Luc, on le pense bien, a sculpté la noire madone; on doit à ses pinceaux toutes les Vierges de même couleur que montrent à l'envi les sanctuaires de l'Ibérie, de l'Italie et de l'Allemagne. Le bon ermite à qui les religieux du temps jadis confièrent la garde d'une si précieuse relique, eut fort à faire avec le diable; et ceci montre bien que l'image était sacrée, sans cela, le diable se fût-il donné tant de peine? La légende raconte que Satan se fit moine, et même directeur du pauvre ermite, qui n'y gagna pas beaucoup de vertus, comme vous le pouvez croire; bref, après avoir fait du brave homme un voleur, un assassin, et perdu ses peines, le diable laissa la madone où elle est. On la voit donc, telle qu'elle apparut aux pâtres. Le sacristain presse de son geste superbe la marche des pèlerins ; une si auguste effigie tolère à peine le contact du regard.

A chaque pas on rencontre d'autres statues avec d'autres peintures qui reproduisent le modèle sacré. L'une même porte en exergue ces divines paroles qu'un zèle indiscret a transposées des lèvres du fils à celles de la mère : « Laissez venir à moi les petits enfants ! » Ces copies tiennent comme l'original une figurine : *el Nino*, debout sur leur main tendue. Ma religion en reste blessée; je ne m'accoutume point à de telles profanations.

L'enfance du Seigneur, permettez-moi d'y revenir; ce moment plein de mystère, cette humiliation sans seconde, ce pas divin dont notre créateur voulut marquer une des plus chétives étapes de la vie humaine, laissent mon esprit confondu. Je cherche à comprendre et, ne pouvant sonder les obscurités sublimes d'un tel amour, j'adore à genoux.

Toutefois ce fait, qui renferme des consolations comme il a des enseignements, ne saurait suffire aux mille besoins de mon âme ; les phases incessamment diverses de ma vie ne s'en contentent point ; il reste passif devant certaines exigences de mon être moral. Mes passions veulent un maître ; mes douleurs appellent un ami ; les tentations qui m'assaillent, le train de guerre où se voit engagée ma conscience demandent un frère d'armes ; mon intelligence qui s'éveille, mon cœur que je sens s'émouvoir cherchent l'esprit même de Dieu ; à mesure que je franchis les degrés, il faut que je regarde plus haut que moi ; or, si vous me donnez un petit enfant à contempler, toujours ; si vous transformez une heure fugitive de l'existence divine en un état permanent et définitif ; si la débilité de Jésus, si l'infériorité relative de sa personne, si l'obéissance qu'il montrait à Joseph, si la dépendance où le gardait Marie, si les caractères en un mot de sa puérilité s'incrustent dans le culte et s'y fixent ; s'ils en deviennent l'objet unique, le dogme par excellence, la contemplation finale; si le roi des cieux, si le vainqueur de Satan, si l'athlète qui combat pour nous n'est plus qu'un être impuissant dont la grâce implore en quelque sorte notre pitié ; protégé, tenu sur les bras : *el Nino!* qu'arrive-t-il? Mon cœur, mes pensées, moi enfin tout entier qui ai besoin de parler à mon niveau, c'est peu dire, qui tends par mes souffrances, par l'instinct de ma nature et par l'ardeur de mes aspirations vers un être supérieur ; moi qui veux un bras pour me tirer des bas-fonds de ce monde, une splendeur pour illuminer mes ténèbres, des ailes pour me porter aux régions de la vie, je cherche ailleurs. Absolument, il me faut une âme virile ; absolument, il me faut un guide qui ait passé par le chemin où je meurtris mes pieds ; absolument, il me faut une main plus forte que la mienne, éprouvée, et qui ne tremble pas ; il me faut un Dieu. Et quand déçu, triste en présence de cette douce mais inerte figure de petit enfant, vous me renvoyez à une femme, la mère du Nino ; lorsque vous me rabattez à cette reine régente, passez-moi le terme, qui gouverne pendant la minorité de son fils, et cette minorité dure toujours ; je sens en moi frémir, je sens protester ma conscience. Quoi, Dieu me destinait un Sauveur, et vous me donnez une Rédemptrice ; les mains qui furent percées pour moi, vous les écartez et je ne les connais plus; cette couronne d'épines sous laquelle tombaient une à une les gouttes de sang, vous la changez en un diadème de joyaux et vous la posez sur le front de l'humble Marie. Quoi, les clefs de l'enfer et du ciel, ce n'est plus Christ qui les tient, elles vacillent aux doigts d'une femme. Celle qui fut reçue en grâce, vous en faites la distributrice des grâces. Cette mère honorée entre toutes, modèle de chaste retenue, d'adoration muette et de soumission, vous lui arrachez ses caractères les plus saints comme vous dérobez à Jésus les insignes de sa royauté !

En donnant à Marie ce qui ne lui appartient pas, vous la dépouillez autant que vous dépossédez l'Éternel; vos génuflexions l'offensent aussi bien qu'elles insultent à la Majesté suprême. En dépit de la révélation, au mépris des apôtres, quelque démenti que vous opposent les premiers siècles, vous déchirez les Écritures et vous bouleversez les cieux. Je n'ai plus de Christ, homme, Dieu, frère, sacrificateur et roi, j'ai le *Nino !* Je ne dis plus : Mon Seigneur ; je dis : *Nuestra Señora !* J'étais errant, sans appui, sans maître, je le suis encore; je reste éternellement éperdu devant l'impuissante idole que vous m'avez faite.

Ah ! mon ami, ne voyez point ici de controverse. Sous toutes les dénominations, au travers des croyances les plus opposées je vais droit à l'âme, je sens les palpitations du cœur, je rencontre des sympathies qui m'émeuvent, je trouve des supériorités devant lesquelles mon front s'incline avec respect. Seulement ma conscience oppressée jette un cri, ce cri s'est échappé vers vous; pardonnez-moi.

Aussi bien nous voilà dans les rochers. Un coup de

vent a balayé ce qui restait de vapeurs : — *Vada usted con Dios*[1] ! — dit le bon moine hospitalier en nous saluant de la main.

Cette montagne, formée comme le Rhigi d'un conglomérat de cailloux, s'élève seule de son espèce au milieu du pays. Le reste de la chaîne, *sierras* plus basses et pétries de matériaux analogues, aurait été rongé par les eaux, disent les géologues, pendant que le massif du Montserrat, résistant en vertu de ses proportions mêmes, demeurait debout et vainqueur sur le champ de l'action.

Quoi qu'il en soit, la *Garganta* par où nous montons avec nos botanistes, plantée d'un géranium odorant dont je ne vous dirai pas le nom latin, retentit du haut en bas de définitions scientifiques. Les religieux qui bâtirent leurs cellules parmi ses aloès et qui toute l'année y rêvaient, froissant de leurs sandales mille plantes aromatiques dont ils ne connurent jamais les nobles titres, n'en ont pas accoutumé les échos à de si pompeuses désinences. Nous autres ignorants, nous faisons comme faisaient les solitaires; nous considérons à nos pieds le monastère écrasé contre le sol; nous suivons les brumes mollement relevées, pareilles à une écharpe de gaze que retireraient avec langueur des mains invisibles; le cri perlé de quelque merle des roches nous accompagne, l'air nous porte, plus le mont se fait sauvage mieux il nous plaît; rien ne parle de liberté comme ces rudes fusées de pierre lancées vers les cieux; l'âpreté des solitudes prend au milieu de ces verdures une grâce inattendue contre laquelle notre cœur se défend mal. Et lorsque, parvenus vers le cloître de Sainte-Anne, pauvre masure trouée, nous nous trouvons en pré-

[1] Que Votre Grâce aille avec Dieu.

sence de la scie prodigieuse qui déchire les nues ; là, parmi ces décombres, perdus au sein des drames de la nature, avec ces chauds nopals, et ces grottes percées à toutes les hauteurs, et ce gai morceau de gazon déployé devant nous, l'esprit des moines légendaires nous saisit. Il nous semble que la plus douce vie et que la meilleure serait une vie passée au fond de ces retraites inaccessibles, loin des fâcheux, un jour de quinze heures devant soi, du travail plein le râtelier, songeur, muet, chagrin ou bien aise à loisir, point contraint pour pleurer, point gêné pour sourire, dans la possession charmante de sa pensée, amoureux de perfection, obéissant à Dieu ; d'autant plus maître de l'univers qu'on y serait moins mêlé ! — Oui, mais justement je n'imagine pas que ce train-là et cette sainte manière de ne viser qu'à soi-même convinssent fort au Dieu qui, nous mettant sur les routes de ce monde, nous a dit : Marchez-y, et donnez-vous.

A cette heure, le soleil brille dans son plein. Nos hommes de science sont redescendus, nos artistes ont montré leurs œuvres à l'hôtelier[1] : — *Caramba !* — fait l'hôte en considérant le portique du monastère, largement estompé par le crayon d'une de mes compagnes : — *Caramba !* s'écrie-t-il devant l'étude de M. du Mont, un peintre vrai; ce qui ne l'empêche ni d'être idéal quand il veut, ni spirituel toujours : — *Tiene mastraza que nosotros !* — Vous avez maîtrise sur nous. *Mastraza !* mot bizarre et vigoureux que nul vocabulaire ne vous donnera. Et que dites-vous de cette susceptibilité des Espagnols à l'endroit de nos connaissances ;

[1] Le monastère fournit des logements gratuits et reçoit les aumônes des voyageurs. La nourriture avec les meubles se payent à part.

que dites-vous de cette comparaison spontanée d'eux à nous, sitôt qu'il s'agit de science ou d'art ; que dites-vous de ce triste et rigide coup d'œil dardé d'un implacable courage sur leur ignorance? Un peuple qui a de tels retours, une nation que hantent de telles mélancolies; ce peuple-là, croyez-moi, ne restera pas longtemps sans mettre la main sur tous les progrès.

Cependant on descend à la débandade. La pente où nous voici n'offre pas les sévères beautés que nous présentait le versant de Collbatô. Bientôt Monistrol, rangé le long de sa crête verte, plus blanc que le lait, avec ses toits qui posent sur des arceaux légers, apparaît comme une ville moresque.

Le Llobrégat promène ses flots gonflés autour des vieux murs; un large pont enjambe la ceinture d'argent; il plante au fort du courant trois piliers solides. Près du chemin une eau vive tombe de la montagne en un fourré de lauriers-thyms; les panicules éblouissants tremblent agités par le mouvement de l'air, tandis que des milliers de gouttelettes sautent et brillent, poussière humide qui couvre les grappes de sa limpidité. Sur la place, des enfants jolis et sales font résonner entre leurs dents blanches l'*r* espagnole; la *Venta*[1], un couvert où fraîchissent les *cantaras*, où les *azucarillos* s'élèvent en pyramide, nous invite; et je fais ici réparation au blanc d'œuf : rien de frais, rien de restaurant comme ce morceau de sucre poreux et léger tout imprégné d'une eau glacée.

Ainsi nous attendons la diligence qui doit nous mener

[1] Espèce de buvette qui fournit au voyageur de l'eau toujours, du pain quelquefois, jamais de logement.

au *carroferril*. Elle viendra une fois ou l'autre ; quand? personne n'en sait rien.

Les oisifs de Monistrol, groupés sur la place, roulent des cigarettes, nous regardent, nous saluent, et finalement on cause. Il y a là des hommes de poids, en culottes, en grosse veste, de bon raisonnement, qui en remontreraient au barbier de don Quichotte, voire au bachelier, voire au curé ; il y a des matrones qui se défient un peu de nous et qui passent vite; il y a les gamines et les gamins que j'ai dit, curieux de physionomies nouvelles et fort amateurs de bonbons; il y a deux jeunes hommes, grands, minces, figures de Maures, les traits fins, le nez un peu court, les lèvres cordonnées et rouges, la prunelle fauve, le blanc de l'œil légèrement azuré, la taille serrée dans une veste où brillent trois rangées de boutons d'argent ; une écharpe écarlate se noue autour de leur ceinture ; les blanches *alpargatas*, soigneusement ficelées de cordelettes bleues, dessinent leur pied petit et cambré ; ils portent le pantalon brodé d'une couture pourpre; ils ont le gilet rayé de vives couleurs, à l'orientale ; les bouts tordus de la cravate s'enfoncent dans la chemise; tous deux sont dignes, pleins d'élégance, avec le regard décidé et la parole brève.

De quoi l'on s'entretient? du gouvernement, de la révolution.

Nous rencontrons ici, comme à la Jonquière, un problème qui nous laisse étonnés. Ces gens ont de l'énergie; ni le cœur ne leur manque ni l'intelligence ne leur fait défaut ; leurs vues sont justes, leurs idées sortent claires; ils aiment la patrie, leur courage a prouvé leur civisme ; or, l'intérêt public dont ils raisonnent volontiers reste pour eux, on le dirait, chose morte. Les uns comme les autres regardent en amateurs se dérouler devant eux les événements ; le spectacle, semble-t-il, ne les concerne pas; ils en ont vu bien d'autres; ils s'attendent à tout, peut-être qu'ils n'attendent rien. Laisser faire, considérer d'un esprit stoïque les tours et retours de la fortune, étrangers à ses vicissitudes, blasés, insouciants, philosophes par ennui de tragédies tant de fois répétées, guéris d'espérances tant de fois déçues, hautains en fin de compte et dédaigneux des marionnettes qui s'agitent au bout des ficelles, tel est le rôle qu'ils ont adopté. Ou bien ce sont tout bonnement des *labradores* à qui la terre suffit, qui vivent de peu, demandent au soleil, reçoivent des doux loisirs leurs plus vives jouissances, et que la cigarette console d'un joug dont ils ne sentent point l'humiliation.

De la politique à la conscience il n'y a qu'un pas; nous voilà donc lancés dans les sujets religieux.

Que voulez-vous, par un chemin ou par l'autre, on y revient toujours; la grande voix céleste domine les vulgaires babils; sous la veste du Catalan, sous la blouse du Bourguignon, en Italie, en Espagne, en France, dès qu'un homme se rencontre et que cet homme sait penser, des problèmes le sollicitent et des questions l'oppressent : Dieu; demain! on n'échappe point à cela.

Se dérober à de si nobles obsessions d'ailleurs serait une marque d'imbécillité. Pour ma part, j'espère tout d'un cœur qui ne se soustrait point à l'étreinte des graves pensées; l'âme épouvantée de pareilles rencontres est la seule dont je n'attende rien.

Eh bien, oui, nous avons parlé de notre foi; eh bien, oui, nous avons commis cet acte ridicule, la faute irrémissible aux yeux des gens d'esprit. Puritains à la face du monde et du Montserrat, nous avons manqué de goût; hélas! c'est comme je vous le dis, et forfait à toutes les règles de l'élégance, et nous avons donné ce qui nous est le plus cher au monde : notre bible ; voilà le grand mot lâché.

Si vous saviez de quel empressement ils l'ont reçue ! Ils lisaient à voix haute, ne s'interrompant guère que pour se regarder entre eux et murmurer : — *Bueno ! esto es la verdad*[1].

Au bout d'un moment, le plus âgé lève la tête : — Ce livre vient-il des moines ?

— Non.

Alors notre homme rassuré prend de nouveau le volume et relit d'un accent plus ferme ce qu'il avait déjà parcouru. Un groupe s'est formé, on écoute. C'est le monde en petit ; ceux-ci reçoivent avec avidité la révélation divine, ceux-là haussent les épaules et disent : Nous t'entendrons une autre fois ! tel avait applaudi du geste qui soudain prend peur et s'en va ; tel consent de l'intelligence, dont l'âme, qui ne s'intéresse point, regarde passer la religion comme les révolutions, distraite, amusée, résolue en ce seul fait de l'indifférence.

Cependant un valet d'écurie, pardonnez-moi d'introduire un si vulgaire personnage (un valet d'écurie, au surplus, c'est peut-être un homme), le valet d'écurie donc, grand discoureur, qui a fait le tour du globe, vu l'Amérique, vu l'Afrique, vu l'Asie, vu tout, partout, passe la main le long de sa moustache et jette dans la conférence le mot éternel du scepticisme : — A chaque pays sa religion !

Il le dit bonnement, sans malice. C'est commode ; cela dispense de chercher, de trouver surtout ; on s'endort là-dessus quand on meurt, et l'on se réveille (si l'on se réveille) où l'on peut.

[1] Bon ! ceci est la vérité.

Et remarquez-le, ce mot, négation absolue de la vérité, fournit du même coup un prétexte aux pires intolérances. Par le fait seul que le culte s'incorpore à la législation du pays, le culte devient un devoir civique. La conviction religieuse était le trésor, elle était la conquête des esprits qui l'avaient librement adoptée ; elle se transforme en un joug officiel qu'il faut subir, bon gré mal gré, sous peine d'être mauvais citoyen. De quel droit, dès lors, vous qui appartenez à un peuple différent, par conséquent à une croyance étrangère, venez-vous me proposer votre foi, c'est-à-dire une défection? et de quel front, moi, chétif individu qui dois obéissance aux lois de mon pays, par conséquent à la conviction qu'il a décrétée, m'aviserai-je de quitter les rangs pour marcher sans chef, hors du bataillon, en rebelle, en déserteur?

Ce qu'on fait aux déserteurs chez les peuples arriérés et logiques, vous le savez. Ceux-là le savent aussi qui naguère, dans la Péninsule même, condamnés aux galères, souffraient une longue, une mortelle prison[1] pour expier le crime d'avoir cru ce qu'ils croyaient, en dépit de la religion d'État.

Au fort de l'entretien, l'heure a sonné. Où est la diligence? viendra-t-elle? on l'ignore. Trente minutes nous restent pour gagner la station distante d'une lieue, et prendre le dernier train qui ne nous attendra pas. Sacs, plantes, boîte à couleurs, tout est enlevé; une poignée de mains à nos amis ; on court ; près du but, la voiture qui arrive du Montserrat nous rattrape, le *Carroferril* fait le reste, et nous voilà.

[1] *Matamoros*, l'un de ces héros chrétiens, n'a survécu que de quelques mois à sa tardive libération.

12 avril 186..

Trêve aux réflexions; laissons-nous vivre et le monde tourner à son gré.

Une entreprise particulière va nous transporter à Tarragone. Quatre hommes tiennent en main l'attelage. Nos chevaux, la queue entortillée de cordons rouges, un flot de pompons sur la croupe, la crinière tressée de rubans et des grelots au cou, piaffent, crient, reniflent, se prennent dans les traits et ruent à qui mieux mieux. Coup de pied de *Brilloto* à *Torillo*, *Torillo* le rend à *Moriô* qui le repasse à *Molinêro;* la diligence tressaille et se met de la partie; le mayoral s'est hissé sur son impériale, le zagal sur n'importe quoi : lâchez tout ! Nos hommes sautent en arrière, les cinq bêtes partent au galop par le beau milieu du marché, de la foule, des ânes, des mulets, des voitures, des corbeilles et des poteries. Le zagal, à bas dès le premier tour de roue, court, tire la queue de ses chevaux, joue du fouet, prend des pierres dans la sacoche qu'il porte sur le flanc, bondit à gauche, bondit à droite, attrape l'une ou l'autre de ses bêtes : — Molinero, Molinero, Molinerôôô ! — C'est à Molinero que s'adresse tout, caresses, injures, cailloux et gourdinées : — *Mi pobre Molinero! Mi pobre Coronello*[1] ! — Belle position que celle de *Coronello,* mais dont je me soucierais peu si j'étais mule.

Enfin nous voilà hors de la ville, on respire. Les *Torre* passent grand train. Ce qui fait le charme avec le carac-

[1] Mon pauvre Molinero, mon pauvre Coronello.

tère de cette architecture des Maures, c'est le grand arceau plein d'air soudain découpé dans un mur sombre et nu, c'est cette opposition des fluidités et des clartés de l'atmosphère avec les solidités un peu massives des châteaux forts.

A chaque pas on rencontre des manières de Sancho Pança jambe de ci, jambe de là, sur leurs bourriques chargées d'outres, le plus vilain objet qu'on puisse voir. Ces peaux de boucs aux membres tronqués et ficelés, enflées comme si l'animal vivant encore était atteint d'hydropisie, ballottent des deux côtés de l'âne, toutes reluisantes d'huile ou de vin. D'autres roussins vont trottinant sous de plus poétiques fardeaux ; ceux-là portent des cruches de forme antique, pointues par le bas, enfoncées dans un plateau percé de trous et qui peut contenir six à huit jarres ; le cou de l'amphore, très-mince, va s'élargissant en deux becs ; il versera l'eau des fontaines aux *Alcarazas*[1] de la ménagère. J'ai vu sur les murs de Pompeïa ces mêmes vases avec le même profil.

Cependant les chevaux qui galopent font gaiement sonner la route sous leurs sabots ; nos yeux ne se rassasient ni des nopals ni des orangers. Figurez-vous une étendue vaste comme le désert, non moins abandonnée, et soignée mieux qu'un jardin. Le sol est amenuisé, de petits canaux l'arrosent, vous ne trouveriez pas une mauvaise herbe dans les blés. De loin en loin on distingue un homme courbé sur la terre, il sarcle son champ ; mais ce champ est un monde, et cette culture demeure un problème pour moi.

[1] Cruches.

Au surplus, les tiédeurs de l'atmosphère, cette figure arabe qu'ont les Torre, la végétation qui chauffe, me donnent des visions d'Égypte, et les balancements de notre *Delantera* des impressions de pèlerinage à chameau. C'est bien une de ces aurores du Levant pleine de lumière et de fraîcheur, comme si la terre s'éveillait pour la première fois au jour avec la poésie des mœurs nouvelles, de l'inconnu, du mystère, et ce sont bien ces oscillations tout à la fois incertaines et violentes contre lesquelles on n'a d'autre recours qu'une entière souplesse avec un parfait abandon.

Regarder, recevoir des empreintes, devenir une espèce de chambre obscure où chaque objet laisse en passant tomber sa vive image; s'imprégner de couleurs, de soleil et de belles formes, je vous assure qu'en ce moment il ne m'en faut pas plus.

Un des plaisirs de ce monde, au fait, c'est de respirer. Parfois, en un clair matin ou par un beau soir, ne vous êtes-vous pas arrêté de penser, arrêté de sentir, suspendant en vous toutes les facultés, hors celle d'aspirer largement l'air salubre des montagnes, l'air aux fraîches saveurs de l'Océan? Selon qu'elle est brumeuse ou limpide, âpre ou tiède, pesante ou légère, l'atmosphère porte notre âme, on le dirait, en des régions diverses. L'air est bien la source de notre existence; le corps ne s'y abreuve pas seul. Qui racontera la puissance des souffles du glacier, quelles énergies ils inspirent au cœur, et quelles défaillances l'atteignent, ce pauvre cœur, lorsqu'il lui faut battre dans les vapeurs malsaines d'un réduit des cités! Pour ma part, je bénis la munificence qui donne aux pauvres du jour et de l'eau; ce sont les aumônes royales, celles-là; on les trouve coûteuses, pas moi; lorsqu'il s'agit du droit de vivre, qui donc oserait calculer?

Mais je vous avais promis de ne songer à rien.

Tout justement, voici San Féliù. Chaque maison du bourg possède son vestibule, sorte de salle basse éclatante de blancheur où femmes et jeunes filles assises devant leur coussinet font sauter les fuseaux.

Quelque *Muchito*[1] les regarde, en veste brodée, en culotte de velours, comme dans la chanson, le genou nu, la jambe serrée de guêtres longues, aux pieds les *alpargatas*, cette classique chaussure qui fait souvenir des sandales. Dans le vestibule s'abrite la Tartane. Les oranges et les citrons se vendent par corbeillées. Comprenez-vous ce plaisir : manger des oranges comme chez nous on mangerait des pommes!

Molinero ne manque pas de fourrer son nez partout. A chaque ornière le zagal : — *Vello tè, vello tè*[2]. — Rien de joli comme nos cinq étalons lancés au galop, à pleine carrière, dirigés par la voix encore plus que par le fouet ou les rênes, enivrés du carillon des clochettes, des cris du zagal, de bon air, du plaisir de courir, fiers, fous, et qui traversent les villages, et qui rencontrent charrettes, cavaliers et diligences, celle-ci, un monde attelé de neuf mules, zagal à califourchon sur la neuvième, ventre à terre, et n'accrochent rien, n'écrasent ni gens ni bêtes, ne versent pas une fois.

Aux descentes nos chevaux ralentissent le pas; ils se rattrapent aux montées qu'ils franchissent d'un élan. Quand ils ont du courage et que la route est bonne, les honneurs pleuvent sur leur tête : — *Capitano!* crie le zagal : *Coronello! General!* — mais l'animal fait-il un écart,

[1] Garçon.

[2] Veille sur toi! ou plutôt : *Veille-toi!* idiotisme qui marque mieux la vigilance.

quelque chemin ou fangeux ou démoli se rencontre-t-il, le pauvre *General*, précipité du haut des grandeurs, descend rapidement tous les grades, il n'a pas même la consolation de se maintenir dans l'armée, et le zagal à bout d'injures finit par lui jeter cette épithète : *Carbonero !* dernier terme paraît-il de son indignation.

Nous avons traversé le Llobrégat ; une chaîne de montagnes s'avoisine, c'est la Sierra de Ordal ployée dans sa chape violette. Le terrain a des rougeurs d'ocre, on se sent au pays de lumière. Je ne sais trop ce que me dirait la vie dans une contrée où tout est couleur ; autant s'établir sur une palette ; les yeux et l'âme se fatigueraient à la longue de tant d'éclat ; c'est comme un orchestre qui du matin au soir jouerait à tout rompre la musique des maîtres. Un peu d'ombre, un peu de feuilles, voilà ce que demanderait bientôt mon esprit ébloui. Mais au vol, emporté d'une rapide allure dans cet incendie des tons embrasés, je vous assure que c'est merveilleux et qu'on en reste aux premiers enivrements.

La Sierra cependant a prolongé vers nous des collines mollement croisées ; les croupes se relèvent , toutes diverses ; celle-ci frangée de cascades et couverte d'oliviers , celle-là rayée de terrasses où la vigne reste morte encore, cette autre ombragée de pins qui jettent leurs troncs parmi les roches. Le grand pont du Lladomer étage dans la forêt ses deux rangs d'arches au profil romain ; là, bien perdus, sous ces bouffées qui sentent la résine, on marche gaiement, et là nous rencontrons une gitana, notre première bohémienne d'Espagne. Elle a des boucles d'oreilles d'une orfévrerie fantasque ; ses yeux semblent des diamants au fond de la nuit ; elle tire après elle son enfant, garçon demi-nu, chevelure épaisse, crépue, ébouriffée, les yeux comme sa mère ; tous deux tendent la main, prennent d'un air farouche et ne remercient pas.

Sur le plateau supérieur la nature s'est faite morne ; une route droite coupe l'étendue. Nous avons relayé ; des mules ont remplacé nos chevaux. L'une d'elles, *Majorquina*, la tête entortillée d'un capuchon, se dresse debout ; le dernier trait mis et la toile arrachée, Majorquina s'enlève des quatre jambes par-dessus les cordes, par-dessus le timon, d'avant, d'arrière : — *Majorqui ! Majorquina !* — Coups de fouet, coups de voix ! la bête enragée volerait plutôt que de toucher terre ; on se met trois, on se met quatre, on la saisit au risque de la vie, une grande *froustée !* la voilà partie, une fois dans la bonne voie elle y restera, espérons-le, sauf les écarts, et qu'elle se précipite en forcenée dans chacune des *Ventas* qui s'échelonnent devant nous. Aussi, dès que pointe à l'horizon l'une ou l'autre de ces petites cases rabattues vers le sol dont la chambre pauvre et nette offre au voyageur la gargoulette pleine d'eau fraîche avec les minces galettes arabes, dès qu'on voit dans le désert où nous emportent nos mules scintiller ce mur blanc ; d'un bond notre zagal sautant à terre : — *Majorqui, Majorquita! Vellotè la casa* [1] ! — Un caillou à son adresse, Majorqui s'efface, évite le caillou, fait une poussée du côté de la *casa*, reçoit un moellon, et retourne à la vertu.

Rien là-haut, sinon quelques agavés perdus en ces altitudes et partout un cardon sauvage, vert bleu, dont le feuillage est découpé comme celui de l'acanthe.

Ce qu'on a de mieux à faire dans ces contrées mono-

[1] Majorquine! *Veille-toi* la maison. — Le même idiotisme se retrouve dans le patois du canton de Vaud ; là aussi on *se veille* un événement ou un objet avec lequel il faut compter.

tones, c'est de les quitter au plus vite. Le col franchi, nous descendons vers la plaine, laissant Arbos avec sa vieille église flanquée de deux tours. Nous traversons Vendrell, un bourg dont le clocher, massif par la base, délié vers le faîte, jaillit du sol à la manière des campaniles italiens. Les pentes se sont adoucies, le terrain s'est attiédi; des cavaliers aux étriers moresques, fermés et larges, vont l'amble sur le chemin qui se couvre de jolies Catalanes en corset noir, la tête voilée du mouchoir blanc.

Mais là-bas, j'ai vu la mer. Sa ligne d'un bleu foncé vient d'apparaître; elle est radieuse, elle est sans bornes; ses vagues courent sur le sable en un frisson d'écume, des felouques glissent voiles ouvertes derrière les caroubiers, de belles branches tombent jusqu'à terre, les figuiers déploient leurs frondes, les grenadiers poussent leurs jets rouges, et dans cette paix, dans cette grandeur, dans cette lumière, l'arc de triomphe romain tout à coup découvert arrondit sa noble courbure. Puis, la Méditerranée, qui appuyait un trait d'azur par delà les lignes exactes du fronton, s'abaisse un peu; le monument grandit, il jette dans les airs son plein-cintre; la mer en coupe l'arc, tout étincelante, toute semée de voiles, de grandes ailes, de points lumineux, et sa fraîcheur arrive jusqu'à nous. Maintenant des aloès ont rangé des deux côtés leurs feuilles sculpturales; la route, fidèle à l'antique tracé, se déroule sous l'arche romaine; dans l'ombre, des oliviers qui ont gardé leur indépendance abandonnent au vent une libre chevelure, tandis que la population plus méridionale, beaux hommes au pantalon bleu, large et court, sous lequel flotte en le dépassant une tunique blanche, marchent d'un pas alerte, la tête ceinte du mouchoir bariolé qui se noue sur leurs boucles frisées.

Et voici qu'en plein azur de mer, devant nous, un promontoire s'est allongé; il porte une ville baignée de lumière qui ressort toute noire sur la fournaise du couchant; c'est Tarragone. Voyez-vous, à notre droite, près du flot épandu sur la rive, voyez-vous le tombeau des Scipions?

Jamais héros n'en rêva de si fier. Une tour démantelée dont la forte base a résisté, une sorte de pilier massif, carré, puissant et opiniâtre, se lève seul dans ce tableau, seul dans ces clartés, en face de la Méditerranée, dans le silence, à l'écart, comme s'il lui fallait toute l'éternité pour songer aux choses passées. Deux figures de guerriers, les deux Scipions, les deux frères, le père et l'oncle du grand Scipion d'Afrique, statues en ronde bosse incrustées dans le mur, debout, l'attitude méditative, la tête appuyée sur la main, rongés par le temps mais dominateurs, inflexibles et maîtres, regardent. Des pins sont venus au hasard qui jettent leur ombre sur cette pierre. Dans le terrain vague des cistes ont ouvert leurs fleurs délicates qu'un matin voit naître et qu'un soir flétrit; l'asphodèle incline sous les haleines de la mer sa hampe flexible avec ses étoiles blanches, c'est une mélancolique, elle se plaît aux solitudes; le chamérops, le palmier-nain des régions africaines déploie çà et là son éventail; des lentisques roses croissent par touffes, le jonc à fleurs de lin balance sa tige svelte avec son étincelle bleue, et toujours, au travers des sourires, au travers des enlacements d'une nature si gracieuse dans sa beauté sauvage, toujours je retourne aux Scipions, pensifs et rêveurs devant cette mer qui les apporta sur le rivage où ils devaient mourir.

Et les lames venaient, une à une, comme ce soir, mouiller

la grève ; elles avaient ces bouillonnements, elles avaient ces soupirs, elles scintillaient des mêmes feux sous le même soleil à son déclin ; des voiles passaient sur ces limpidités; ils entendaient ce que j'entends, les deux hommes de guerre, ce que je vois ils le voyaient, et la puissance romaine est morte, et voilà ce qu'ils contemplent : le flux des peuples; et voilà ce qu'ils écoutent : le bruit des siècles qui tombent l'un après l'autre, et rien ne revient plus.

Quand on a quitté cela, un sceau de grandeur s'est empreint sur la pensée ; l'âme ne demeure point après ce qu'elle était avant. Ces deux Scipions, immobiles dans leur désert, en face de la mer sans bornes, au milieu des épanouissements d'une vie qui sans cesse renaît et sans cesse triomphe; nulle histoire, nul livre, nulle éloquence ne vous dira ce que profèrent leurs lèvres muettes.

Tarragone continue de s'estomper sur une gloire pourpre; des clartés l'ont envahie, le clocher seul de la cathédrale reste fortement ombré, tandis que les gréements des vaisseaux abrités au port hachent le ciel de leurs antennes, et que le môle hardiment campé jette sa ligne sombre sur les eaux qui ruissellent de feu.

A mesure que court notre attelage, péristyles à colonnettes, toits en terrasses, vieilles tourelles et vieux clochetons sortent du massif. Un mur d'enceinte étreint la ville, une promenade en surplombe la couronne d'orangers et de cactus. Nous y entrons avec les beaux rayons du soir, nous y entrons avec les caballeros moustaches relevées, manteau soutenu du poing sur la hanche; nous y entrons avec les senoras dont les yeux brillent sous la dentelle, avec les femmes du peuple, le jupon tout constellé de gros boutons d'argent et leurs cheveux noirs reluisants sous le peigne de métal.

A cette heure, nous voici devant la cathédrale. Elle a ce front grave qui sied aux monuments religieux. Un portique roman, des saints de pierre leurs mains dévotement jointes sous un petit dais en éteignoir, quelques rosaces ouvragées comme si le burin d'un orfévre y avait passé; ne lui demandez pas autre chose. Mais l'effet, d'autant plus puissant qu'il est plus sobre, ne s'oublie point.

Longtemps nous avons erré dans la nef d'une impressive nudité, belle seulement de sa grandeur et de ses faisceaux de colonnes lancées d'un seul jet vers les cieux; nous avons promené nos pas du retable en albâtre sculpté de la *Capilla major*[1] au vieux coffre de bois où repose le corps momifié du roi *don Jaime el Conquistador;* nous nous sommes arrêtés sous les arceaux délicats du cloître, et nos yeux ne se sont pas lassés de chercher haut dans les airs ces dômes suspendus, miracles de légèreté, bien plus artistiques isolés de la sorte au sein de l'austérité générale que perdus en un fouillis de ciselures et de richesses.

On chantait Ténèbres, une musique sérieuse, triste jusqu'à la mort, vraie musique d'église comme les Espagnols la savent faire. Ténèbres dites, les chanoines exécutent un étrange roulement sur le bois de leurs stalles; aussitôt des marteaux par centaines, dedans, dehors, frappent à coups redoublés; les *muchachos* entassés devant les portes s'escriment de leurs martinets; parfois le sacristain, ce bizarre gardien des cathédrales espagnoles, plié dans sa gaîne écarlate, fardé, poudré, les traits grimaçants sous la per-

[1] Grande chapelle.

ruque dont il secoue les boucles jaunes, sort, fait une charge à fond sur les gamins, ceux-ci de courir, on dirait un vol de moineaux en déroute, puis il rentre, et marteaux de taper plus énergiquement le portail.

Le sens d'une pareille coutume reste mystérieux dans le pays même où elle s'exerce. Selon les uns, ces coups tomberaient sur le dos des Juifs qui traînèrent Jésus devant Pilate ; d'après les autres, les marteaux frapperaient Judas qui vendit son Seigneur ; aucuns prétendent que tout ce tumulte est pour effrayer les démons accourus en foule, dès aujourd'hui, afin d'enlever les cloches au matin du Vendredi Saint, de les porter à Rome, et de les y faire bénir par le pape ; avouez que voilà des diablotins complaisants ! Les plus sages n'expliquent rien, et je crois leur version la bonne.

15 avril 186...

Mon ami, nous avons quitté hier au soir Tarragone. Le *Carroferril* ne marche qu'une fois par jour, il fallait atteindre Valence dont cinquante lieues à peu près nous séparaient ; on n'y entre pas le Vendredi Saint, tel est le bruit populaire, erronécela va de soi ; tant y a que, prévenus avant qu'il fût trop tard, nous étions dans la station vers sept heures. Les gens du pays, de vrais Arabes, attendaient comme nous. Si vous saviez avec quel plaisir je retrouve ces tons mats qu'a bronzés le soleil d'Afrique, et cette belle gravité des races qui sentent leur noblesse, et ce costume oriental, une couverture épaisse, rayée d'écarlate ou d'azur, jetée à grands plis sur l'épaule, avec le mouchoir, ce turban de Catalogne noué sur les cheveux, et ces larges pantalons blancs qui flottent, et toute cette ampleur si loin de nos vêtements étriqués, de notre sang appauvri,de nos airs malingres ou de notre dignité d'emprunt.

Nous voilà donc en route.

Le calme était ineffable ; la lune incarnate laissait tomber des gouttes de feu dans l'eau. Bientôt ces larmes embrasées qui s'allongeaient ont formé une colonne de lumière dont la base élargie est venue toucher le rivage. Immobile comme un globe incandescent sur son piédestal, l'astre semblait fixé dans l'éternelle sérénité des cieux. Et l'olivier jetait sa glauque dentelle au travers de cet éclat, les brises salées nous effleuraient, des parfums d'orangers erraient dans l'air, et ce mot : Espagne ! qui se chantait sur toutes sortes de mélodies, achevait d'idéaliser notre bonheur.

Car il n'a pas toujours des traits si poétiques, notre pauvre bonheur. Mon ami, bien souvent il vient à nous maussade, revêche et peu fait pour plaire. C'est un honnête homme qui vaut son pesant d'or ; des vertus, il en revendrait au besoin ; du charme, on ne lui en trouve guère. Bien emmitoufflé dans son paletot, le bonnet rabattu sur les oreilles, la bouche pincée, les sourcils froncés et le parapluie sous le bras, il vous attend au seuil de votre logis : — C'est moi ! — dit-il ; et par *a* plus *b*, il vous démontre ses mérites. Franchement, j'ai parfois envie de le mettre à la porte.

Ici, ah ! ici, sur cette plage enchantée, le voilà, mon jeune bonheur. Il porte au front la couronne d'orangers tout embaumée de chastes parfums, un manteau fait de l'azur des cieux et de la transparence des mers l'enveloppe de ses plis étoilés ; il a du soleil plein les yeux ; l'oubli des proses de la vie lui met aux lèvres un divin sourire ; il connaît la prière, les ardeurs de l'adoration le réchauffent ; la possession de ce qu'on aime, les doux regards échangés, l'immortelle tendresse lui font rayonner le visage. Celui-là, c'est le génie ailé qui vient me visiter une fois l'année, me tend sa main, et nous partons pour le pays où les citronniers fleurissent.

Hélas! au moment où l'on rêvait si bien, il faut déguerpir. La voie ferrée s'interrompt en cet endroit. Chacun se précipite sur les diligences ; nous dans celle-ci qui file au galop, nos hommes dans l'autre qui suit comme elle peut. Où l'on nous mène ? nul ne s'en inquiète ; retrouver quelque autre bout de *Carroferril* je pense : Vamos con Dios ! Et jugez le plaisir, pour six dames qui ne craignent pas la fantaisie, de se sentir bel et bien abandonnées, en pleine Espagne, au train de six mules qui défient le vent !

Quand on en a ri et tremblé (sans cela où serait le charme), on s'endort. Cahotés, brouettés avec des inconnues et des inconnus ; sacs, valises, manteaux empilés jusqu'au faîte, un vaisseau négrier sur terre, on court bride abattue par monts et par vaux.

Tortose ! la nuit est noire. On se secoue un peu ; on voit glisser des *hombres* ployés dans leur capa ; une autre ombre s'avance aux pâles clartés des lanternes, une voix se fait entendre :

— Êtes-vous là ?

— Certainement, nous y sommes. Mais avouez que si nous n'y étions pas, il serait un peu tard pour vous en apercevoir.

Un long bâillement nous répond seul; parlez-moi d'avoir des protecteurs !

Cependant les caballeros et les senoras de Tortose grimpant aux échelles prennent d'assaut nos carrosses; l'impériale va fléchir, dedans on ne logerait pas une mouche.

— *Plateria, Cordovêse, ottâ! Già, giâ, già!* — épouvantable bruit de ferrailles, sanglées de fouet, bêtes qui reculent et qui se débattent; les lanternes vacillent, le mayoral fait craqu son siége, le zagal s'est élancé, il se tient un pied en l'air, suspendu de la main aux courroies; nous courons sur le pont grandiose, trois marches échelonnées au milieu ne nous arrêtent point: saut, ressaut; ce qui coule là-dessous se nomme l'Èbre, des ondes gonflées, jaunâtres, et qu'elles nous diraient de choses si nous voulions écouter ! Mais l'étouffement, les secousses, tous pilés d'avant en arrière, foulés d'arrière en avant, on n'entend rien, et traînés par les plaines, par les collines, aux cris du zagal, aux lueurs capricieuses des fanaux de l'impériale, nous continuons de songer. Là, dans cette auréole blanchâtre sautille la queue des mules avec ses fanfreluches ; le fouet du mayoral, un serpent tantôt mince comme le cobra capello, tantôt dilaté comme le boa, y exécute des danses pyrrhiques ; il y a de grandes formes, telle borne du chemin, tel tronc d'arbre ou telle masure qui tout à coup apparaît sombre ou claire, puis s'évanouit, et le pantalon flottant du zagal agite en-dessous sa toile blanche qui semble une voile enflée à l'horizon.

Vers trois heures du matin on nous a jetés pêle-mêle dans les wagons. Chacun y cherche son bien, un peu d'air, un peu d'aise, avec quelque reste de sommeil.

Cependant la mer est venue nous rejoindre ; pâle au

sortir des langueurs de la nuit, des brumes pèsent encore sur son sein qui palpite ; elle aura vite fait de les écarter. Près de nous fleurit l'aubépine. Voici Castillon de la Plana, voici Villa-Real. Les orangers, les vrais orangers à branches traînantes nous enveloppent; jamais fer ne les toucha. Vigoureux, amples et rois chez eux, leurs boutons qui ont l'orient de la perle reluisent dans ces grandes verdures, leurs pommes d'or qui rayonnent parmi les feuilles font ployer l'arbre sous une tenture jaune comme le soleil, tandis qu'un dattier perçant le dôme va s'épanouir dans l'éther, et que les labradors promènent là-dessous leurs *mantas* écarlates avec leurs tuniques d'une éblouissante blancheur.

Un jeune officier, un Goth, quelque petit-fils d'Atolf, ou de Roderic, blond, la moustache fauve et les yeux bleus, vient d'entrer dans notre wagon ; il s'est assis auprès de ce docteur majorquain, notre compagnon depuis l'aurore, qui nous décrivait tout à l'heure les beautés de son pays, climat toujours égal, printemps de douze mois, et des forêts d'orangers si touffues et si sombres qu'on ne parvient pas à lire sous leur couvert où règne une éternelle nuit.

Le docteur explique à son voisin d'où nous sommes, pourquoi nos cris d'admiration à chaque bosquet de la Huerta. Le Goth secoue la tête, il ne lui souvient plus de son berceau glacé.

En France, disons-nous, les orangers habitent des caisses faites exprès pour eux, les plus grands mesurent quinze pieds à peine ; quand vient décembre on les met sous verre; en revanche nous avons des montagnes qui tout l'été restent neigeuses, leurs glaces vives descendent au milieu des vergers et la rose des Alpes fleurit auprès. Notre Goth a bien de la peine à nous croire.

Mais ici même on trouve d'étranges contrastes. La *Vega*, par exemple. N'allez pas vous figurer un jardin d'Armide ; mon ami, il y croît des choux, d'ignobles choux, on y voit des épinards, on y sent le poireau; puis, tout à coup, un palmier traverse les cultures de ce potager vulgaire, des orangers plus grands que nos pommiers étalent sur les carreaux leurs nobles fruits, et près du rivage quelque tour de vigie plantée par les Maures a détaché des plaines de la mer son profil étincelant.

Murviedro, l'antique Sagonte, l'amie des Romains, celle qu'Annibal vint attaquer malgré la paix jurée, l'héroïque cité qui lutta, ne put vaincre, et s'abîma dans l'incendie qu'elle avait allumé, nous retiendra le reste du jour.

Quoi! ces masures sordides, c'est tout ce qui reste de la rivale de Carthage !

Juchées sur des échelles, les Sagontines blanchissent à la chaux le front de leurs pauvres logis ; ainsi la nièce, ainsi la gouvernante du seigneur don Quexada occupaient leurs loisirs. On nettoie la ville en l'honneur du dimanche de Pâques. Toutes ces ménagères portent le jupon d'indienne, cette misère sous cette apparence criarde, ce type du siècle besoigneux et vantard ; elles ont échangé leurs fortes jupes de drap, leurs broderies solides, le gracieux modèle de la veste moresque, contre nos maigres étoffes aux couleurs fanées, contre la casaque flottante, cet idéal du laid. Mais les nattes de leür noire chevelure gardent encore la fibule classique, et des pendants d'oreilles d'un style oriental encadrent leur galbe allongé.

Notre *Posada* ressemble à l'auberge qui vit le héros de

la chevalerie exécuter sa première veillée des armes. Seulement, au lieu du trophée que le néophyte avait entassé dans la cour de l'hôtellerie, un palmier jette son fût près du puits et balance à cinquante pieds du sol sa tête élégante.

Sous le porche enjolivé de faïences, des *Arrieros* [1] dispos et gaillards expédient lestement quelqu'une de ces fricassées d'oignons si chères à Sancho.

Ceci nous met en train de déjeuner. L'hôtesse nous a promis monts et merveilles ; deux gentilles servantes, *Incarnazion* et *Dolorès*, la tête fine, les tresses étincelantes de clinquant, achèvent de badigeonner cette galerie voûtée où nous mangerons le Puchero.

Tout allait bien lorsqu'une fâcheuse découverte vient assombrir notre horizon. Nos compagnons, qui par hasard ont fouillé dans leurs poches, n'y trouvent pas un brin d'or espagnol ; l'or français ne manque point, malheureusement il n'a pas cours ; quant à l'argent du pays, il nous en reste juste de quoi payer, ou le déjeuner ou le Carroferril. Vous m'avouerez que voilà une sotte alternative. Bah ! déjeunons toujours ; on trouvera bien moyen après d'échanger quelques louis contre quelques *doblons* [2].

Pour plus de sûreté cependant, M. de Gasparin se met en quête. Il court les rues, il entre chez les pharmaciens, chez les orfèvres, chez les épiciers :

— Qu'y a-t-il pour le service de Usted ! — On écoute, on prend les pièces de vingt francs, on les examine, on les soupèse, on hoche la tête et l'on dit : — *No puedo* — je ne peux pas.

[1] Muletiers.
[2] Le *doblon* vaut 26 fr. 30 c.

A force de chercher, M. de Gasparin a découvert une échoppe, dans l'échoppe une brave femme qui vend des fèves. Celle-ci prête l'oreille, considère à son tour l'or français : — *Si* — oui, dit-elle. Bon, vive Sagonte et les Sagontins! L'échange s'est opéré; soixante francs, voilà plus qu'il n'en faut; la table se couvre d'une nappe blanche, on entend en bas chanter les pommes de terre dans la poêle à frire; asseyons-nous.

Ainsi faisait-on, lorsqu'arrive tout essoufflée la *Muchacha* de la brave femme, une Sagontinette naïve, les cheveux ébouriffés, les yeux écarquillés et la lèvre tremblante :

— Caballero, l'or n'est pas bon.

— Par exemple !

— Ma mère n'en veut pas. Rendez-lui son argent.

Mais c'est notre vie qu'elle demande, cette petite, avec son air candide.

— Allons, tiens, reprends tes *duros*.

Une fois l'enfant éloignée, on se regarde. Il n'y a pas de quoi rire. M. de Gasparin, pareil au général habile qui ménage la retraite de ses troupes, propose de renoncer au déjeuner afin d'assurer notre départ. M. Boissier, tout au contraire, veut manger afin d'assurer son existence ; quant à ce qui s'en suivra, il compte sur la fortune, propice aux aventureux.

D'ailleurs pourquoi s'inquiéter? les employés du chemin de fer ont certainement vu, touché, reçu de l'or français ; ils accepteront le nôtre. On court à la station afin d'en avoir le cœur net. Les employés, polis et courtois comme le sont tous les Espagnols, comprennent notre embarras, même ils sympathisent avec nos peines ; toutefois l'administration n'admet que l'or du pays, les ordres sont formels, pas moyen d'opérer un échange.

Pour le coup, voilà des figures consternées.

Au fait, qu'est-ce qu'il peut bien coûter, ce déjeuner? Onze personnes, non, dix; David a pris les devants; onze voyageurs à huit *réaux* par tête : vingt francs. Comptons un peu, vingt francs pour le déjeuner, vingt pour le Carroferril, cela nous mène à quarante ou peu s'en faut. — Que cela! dites-vous. Pas plus, mais quarante sous ou quarante francs, le difficile, voyez-vous, c'est de les trouver quand on ne les a pas.

Regardons encore; avez-vous fouillé partout, visité les sacs, vidé les bourses? Les dames, éclairées d'une lumière soudaine, courent à leurs valises: Voici de la monnaie, et des *pesetas*, et des *reales*, et même un *duro*[1]! Trois, dix, vingt, quarante francs, nous les avons; déjeunons en paix, tout est bien qui finit bien, après nous irons courir.

Et comme on se mettait à table et que la *tortilla*[2] parfumée d'ail exhalait ses aromes, la petite fille, la même, cette fois avec un visage tout bouleversé d'indignation et tout rouge de colère se précipite dans la salle.

— Caballero! Elle tend le paquet d'argent ployé dans un vieux morceau de linge. — Caballero! il manque trois *pesetas et demie!*

Ah! ce coup-ci on perd patience. Passer pour des gueux, à la bonne heure! pour des filous, pour des voleurs au bonjour, à la tire, au change, c'est trop fort. Nos messieurs se lèvent, prennent le chiffon, appellent l'hôtesse dont tout ce tracas pourrait bien ébranler la confiance; ils refont le compte, en plein soleil, pièce après

[1] Le *duro* vaut 5 fr. 50 c. La *peseta*, 1 fr., à peu près. Le *réal*, 0 fr 25 c.

[2] Omelette.

pièce ; le total y est, juste comme l'or espagnol, que nous n'avons pas ; la petite rit, elle essuie du revers de la main son front couvert de sueur, reploie son argent et disparaît sans mot dire.

Croyez-moi, cette fois déjeunons. Pour peu que nous tardions encore, vous verrez paraître la baguette magique de quelque enchanteur, Merlin, Montésinos, je ne sais qui, et notre tortilla s'évanouir en fumée.

C'est fait. Nous montons par les rues désertes, nous avons traversé de petites places qu'entourent de mornes habitations et qu'ombrage quelque figuier dont le feuillage exubérant caresse tantôt des écussons armoriés, tantôt des cintres gracieux empâtés de maçonnerie. Arrivés sur une pente bien ouverte, le théâtre antique, proscenium ruiné, pans de murailles déchirées, tout entier jeté là dans ce désordre sublime que fait le temps, avec les gradins échelonnés en un vaste cirque, avec les couloirs aux sombres vomitoires, avec ces loges souterraines où l'acteur revêtait la toge et la chlamyde ; cet ensemble ravagé, debout, puissant encore et magnifique dans sa destruction, se présente à nos regards.

Là-bas, derrière la Vega comble d'orangers qui fuit au levant, brille la mer ; sur nos têtes, vis-à-vis de nous et dépassant les gradins qu'il couronne, le château des Maures a dressé ses tours ; son mur d'enceinte court sur les crêtes, descend au fond des gorges, gravit les cimes, et dentelé de créneaux, enlevé d'un trait net sur les cieux, serpente selon que va le sol. Un tel diadème sied aux restes romains, durs et monotones comme la force que nulle mansuétude ne tempère. Il y met la poésie ; on restait écrasé sous le gantelet de fer, ces capricieux donjons avec leur faîte où tournoient les hirondelles, vous donnent la volée en vous ouvrant les airs.

Cependant, sur le proscenium que faisait retentir la voix des acteurs enflée par le masque tragique, des graminées, folles herbes au soyeux panache, agitent mollement leurs épis; dans toutes les fissures croissent le geranium sauvage, la mauve pâle, l'asphodèle striée de brun; et que je la trouve éloquente, cette flore des décombres, épanouie dans sa grâce printanière, au milieu des pierres farouches, des corridors largement troués, de cette sobre et rude beauté romaine, si mal accoutumée aux sourires !

Que vous dirai-je de l'amphithéâtre? il ressemble à tous les autres; Rome, où que vous la preniez, est la même, forte, durable, grande, positive, cruelle; et si les cieux n'y mettaient leur bleu velarium, si la terre que remuent les souffles d'avril n'y jetait ses floraisons renaissantes, si la nature entière avec les déclivités du sol, la majesté des mers, les silences de l'étendue, la fraîcheur des vergers, n'y mêlait sa vie infiniment poétique et diverse; si les siècles enfin, ces maîtres, n'avaient rompu la rectitude des lignes, isolé dans un magnifique abandon les piliers qui ne soutiennent plus rien, brisé la voûte dont l'arc demeure éperdu au sein des airs, refait en la détruisant une beauté supérieure à l'inexorable régularité de ces monuments énergiques, le tableau serait colossal, j'en conviens, mais il resterait sans charme, destitué d'idéal, uniforme et brutal, comme était le peuple.

Çà et là quelque inscription se laisse reconnaître : *Auguste, César, Sagvnti!* On en touche du doigt les caractères. La présence des choses passées, les mots qu'elles profèrent au travers des âges saisissent l'âme : mortes; et pourtant elles vivent, et rien de ce qui a vécu ne mourra.

Au retour, nous rencontrons un autre mort, pauvre cadavre qu'on porte dans l'église; il y va sans cercueil; le corps étendu sur une planche est enveloppé d'un suaire; il a le visage découvert, il tient la croix entre ses mains jointes; ta croix, Jésus, ta croix où te clouèrent les hommes, et tu es ressuscité; ta croix où ils cloueront toujours la vérité qui console, et cette vérité ne meurt point.

Mais le dernier coup des cloches a retenti; elles viennent de s'envoler. Du haut de leurs campaniles, les marguilliers font retentir le carillon des marteaux, tandis que des troupes d'enfants égayés du vacarme, mauricauds déguenillés, quelques-uns jolis et beaucoup très-laids, se roulent dans la poussière en agitant des branches d'oranger toutes chargées de fleurs.

Hélas! revenus à notre Posada, nous avons bien malgré nous fait un saut dans la prose.

L'hôtesse, nez au vent, le poing sur la hanche, son œil hardi fièrement ouvert sur nous et qui nous guettait, articule nettement ces mots : — *Diez duroz el almuerzo!* — Cinquante francs le déjeuner.

Mon ami, c'est comme cela; il n'y a ni une peseta, ni un maravedi, ni un cuarto à en rabattre. Elle répète : — *Diez duroz!* — et attend. D'un geste princier (c'est notre va-tout qui se joue), nous l'avons congédiée. Elle descend avec lenteur, reste immobile au bas de l'escalier, et nous garde à vue. Nous, entre l'envie de rire et l'horreur du moment, nous demeurons stupides.

Car il faut déguerpir au plus vite et trouver de l'argent à tout prix. Si nous vendions nos montres! Non, chacun tient à la sienne; d'ailleurs cela nous achèverait de peindre. On retourne les sacs, on retourne les poches; par acquit de conscience : rien.

Soudain, voyez le bonheur, Églantine qui rêvait, se souvient d'un petit magot. — Où est-il? l'as-tu? montre-le ! — Deux doublons ! Le Pérou n'éblouit pas tant Pizarre et ses soldats. On rappelle l'hôtesse, on la reçoit de haut, on la paye sonnant, non sans lui faire sentir qu'elle abuse étrangement de la position ; bonne main à Dolorès, étrenne à Incarnazion, pourboire au brave homme qui nous a conduits par la ville ; en bel ordre on part, et nous rentrons dans les wagons, heureux comme le pigeon voyageur qu'avait plumé son goût des aventures.

Maintenant, c'est la Huerta de Valence.

Au milieu des rizières, des champs de fèves, des mûriers, des sainfoins et du jeune blé, de petites maisons s'élèvent deux à deux, blanches comme les tentes dont elles ont emprunté la forme. Sur leur toit pointu tressé de chaume croissent des touffes d'iris; quelque dattier projette à côté sa ligne effilée. On court là-dedans, toujours étonné des disparates que jette la trivialité des cultures parmi les végétations exotiques de cette zone aimée du soleil. Bientôt des tours, des clochers, Valence tout entière sort de l'horizon. A notre gauche, le Grao[1] vient étaler ses maisons basses au bord de la mer qui s'est éloignée. Le train s'arrête dans un faubourg. Point d'omnibus, ni chevaux ni tartanes ; le Jeudi comme le Vendredi-Saint, nul bruit de roues ne retentira dans les rues ; les cloches parties on n'entend plus rien ; il semble que le peuple entier parle bas; on entre à pied, recueilli, ému ; et ce grand silence

[1] Port de Valence.

en face d'un tel deuil : la mort de Jésus, nous paraît bienséant au chrétien.

Seulement je ne voudrais pas côtoyer la *Plaza de Toros*, colossal amphithéâtre où ces mêmes hommes qui solennisent les grands anniversaires de l'Évangile, vont voir traîner des entrailles pantelantes, et, commodément assis, du côté de l'ombre, comme ces Romains dont ils ont conservé les appétits féroces, repaissent leurs yeux des tortures d'une bête promise au massacre, sans qu'il y ait pour elle, si brave soit-elle, chance de victoire ou de pitié.

Oui, je plains le taureau. On le provoque, on allume sa colère, et je trouve immorales ces fureurs excitées à cœur-joie, et quand l'animal résigné devant son sort dédaigne de combattre, qu'il baisse la tête, qu'il reste immobile, pareil au héros antique en présence de la mort, on le tue à petits coups, on plante dans sa chair frémissante les banderoles aux gaies couleurs, on fait éclater les feux d'artifice dans ses viscères qui saignent, les gaietés infernales de ses bourreaux ne lui laissent pas même le droit de finir en paix.

Cela, voyez-vous, je le déclare hideux ; j'allais dire que c'est lâche ; ce le serait tout à fait, si le toréador n'y risquait sa vie. Les spectateurs ne la risquent point, eux ; comment se rencontre-t-il des spectateurs? Est-il bien possible, des chevaux éventrés, des bêtes misérables vouées à un long supplice, des cris suprêmes, des mares infectes, des convulsions, toute cette boucherie ne vous soulève pas le cœur? ce regard de l'animal martyrisé qui lève sur vous sa prunelle éteinte, ce muet reproche de son agonie ne vous remuent pas les entrailles? vous pouvez regarder cela, vous y pouvez retourner, on vous y voit courir! Ah! ne venez point nous parler de nobles émotions, ni de l'adresse des picadores, ni des beaux coups du matador, ni de courage, ni de bien faire ; les Romains en disaient tout autant de leurs gladiateurs égorgés.

J'en veux garder l'espoir, cette vilenie, donnons-lui son nom, vous la repousserez de votre indignation, vous l'écraserez de votre mépris, vous romprez, aux yeux de l'Europe attentive, avec ce plaisir infâme ; jusque-là, ceux qui, aimant l'Espagne, la veulent forte, généreuse et libre, ceux-là ne lui parleront point autrement que je fais.

Nous allons toujours, et le jardin public, avec ses haies de roses, ses grands acacias, ses deodoras gigantesques et ses tiédeurs embaumées, nous enivre de parfums.

Voici la Lonja, le palais arabe ; je vous y ramènerai. En attendant, les femmes vêtues de noir (aucune autre couleur n'est admise durant ces trois jours), à demi voilées, leurs cheveux largement relevés en torsades, des yeux qui sont la lumière même, une carnation pâle toute réchauffée du soleil, le sourire, la démarche, ce que les Italiens nomment : *portamento*, noble, fier et charmant, circulent dans les rues. Le caballero ne manque point, non plus le mendiant. Estropiés, boiteux et bossus, jambes croches, plaies hideuses, maux perdus dans la nuit des temps, lèpre, éléphantiasis, pourriture ; la cour des Miracles, en un mot, profitant des bonnes fêtes, se retrouve ici et se produit au grand jour. Une sorte de terreur étreint l'âme, une compassion prend le cœur ; on donne à droite, on donne à gauche ; hélas ! que ne peut-on rendre les prunelles à ces yeux vides, la main à ce moignon reluisant, les lèvres à ce visage terrible, ce qui leur manque à chacun des mutilés, et mettre ces pauvres êtres à moitié morts dans un air pur, les plonger aux flots salubres de la mer, surtout les arracher à ces angles des *Calle*, à ces portiques des églises où ils achèvent de s'atrophier, amassés qu'ils sont en hideux paquets.

Le long des rues étroites, sombres et mal pavées, on voit se découper des balcons de fer ; les belles têtes des dames de Valence se penchent aux balustres. Toute cette architecture cependant, monotone, sans trop de caractère, avec des perspectives qui vont fuyant et se confondant au loin, ressemble à quelque vieux paravent peint en grisaille.

Les églises n'effacent point notre première impression. Nous rêvions de fantaisie moresque, de cintres romans ou de clochers gothiques ; c'est du style jésuite que nous avons, tourmenté, surchargé, rococo ; et pour tout dire, chaque *iglesia* nous offre le parfait modèle d'une pendule Louis XV.

Dans ces nefs où l'on célèbre les offices du soir, une mise en scène profane achève de nous consterner. Où sont, Barcelone, tes parvis que foulait un peuple recueilli ? où est ton vase immense empli de clartés solennelles ? que sont devenues tes palmes qui frissonnaient ? tes chants si tristes, et ce sentiment de la présence de Dieu, dans son incomparable majesté ?

De véritables décorations théâtrales : bosquets, fontaines, cabanes et monuments violemment coloriés s'étalent autour du maître-autel. Le culte prend ici je ne sais quoi de mignard ; à chaque pas, les prêtres exécutent des génuflexions gracieuses accompagnées de signes de croix élégants. On a tiré des sacristies toute la *plateria* [1], tous

[1] Argenterie.

les pompons et tous les colifichets; ce ne sont que lustres, girandoles et bobèches. Aux portes, devant une table que surchargent maints candélabres et maints plateaux de vermeil, quelques belles dames vêtues à la mode parisienne, en figure de cérémonie, un de ces visages composés qui disent ce qu'il faut dire, rien de plus, rien de moins, bercent sur leurs bras saintement arrondis des poupons couverts de dentelles : les orphelins de la ville; et, le sourire confit en douceur, quêtent dans des coupes d'argent pour les établissements hospitaliers.

Que nous voilà bien revenus, du fond des Espagnes, au cœur de notre civilisation factice et de nos vertus à fracas!

Deux pas plus loin, le corps du Sauveur, tel que Joseph d'Arimathée le descendit de la croix, gît au seuil d'une chapelle. Il est là, dépouillé, sur la pierre nue; on n'a rien négligé pour effrayer les sens. Cela me blesse et cela me laisse froide. Loin qu'un réalisme pareil, audacieux et provocateur, me fasse rencontrer des attendrissements nouveaux, loin que j'y trouve une pire douleur d'avoir offensé mon maître, un tel spectacle qui révolte ma pudeur tarit la source de mes larmes, car il met le scandale où je sentais l'humiliation.

Le peuple cependant considère les fleurs de papier, s'arrête aux saintes poupées vêtues de brocart, promène des pas distraits sur les parvis, mais ne prie point. Et comment prierait-il! parmi ces oripeaux qu'est-ce qui le sollicite vers les cieux? les soupçonne-t-il, seulement, les cieux tout resplendissants de sainteté, perdu qu'il est dans une atmosphère si frivole, au milieu de parures et de joyaux qui lui parlent du monde beaucoup plus que de Dieu?

Or, à l'heure où nous voici, Jésus en un soir pareil

commençait son agonie. Il était au jardin des Oliviers. Ses apôtres endormis d'épouvante fléchissaient sur leurs genoux ; une sueur de sang coulait du front de mon Sauveur; il disait, voyant approcher la coupe : Père, si tu voulais !

Et la coupe ne s'est pas éloignée; et jusqu'à la lie Jésus en a bu le poison.

Je ne connais que l'adoration muette, je ne sais que l'abaissement dans la poussière pour supporter un tel souvenir.

14 avril 186...

Le voilà donc, le jour triste où Notre-Seigneur a goûté la mort!

Bien avant que l'aube soit apparue, les scènes de Gethsémaneh, la cour de Caïphe, le brasier où Pierre se chauffait, les moqueries de la légion romaine, cette croix qui se dressait dans les pâleurs du matin, la terre qui s'éveillait pour voir expirer son créateur, tout se présente à ma pensée; et l'une après l'autre les paroles de Jésus me tombent sur le cœur.

Je m'agenouille en Golgotha, des confusions m'ont saisi l'âme. Ce n'est point la folie des Juifs qui a crucifié mon Sauveur, c'est moi-même; mes péchés le clouent mieux sur le bois que ne faisait la brutalité des soldats païens. Le cœur accablé de mes trahisons, je contemple ce visage qu'ont atteint les défaillances suprêmes, je recueille le dernier soupir de cette bouche qui pouvait le retenir, qui l'a laissé passer. Le sacrifice de Jésus nous sauve, je le savais bien; mais un mystère nouveau se révèle, les avenues du tombeau se sont éclairées, mon Dieu s'est fait mortel pour les traverser avec moi, elles ont perdu cette horreur de l'inconnu qui laissait mon esprit éperdu. Quand viendra l'heure où il faut aller seul, l'heure où les bras des amis se détendent, l'heure où toute leur tendresse ne peut que se fondre en pleurs ; quand l'être que j'ai le mieux aimé, ma force, mon autre moi-même et ma vie restera tremblant, prosterné sur le seuil redoutable, les mains tendues vers moi, et que je ne le verrai plus, que sa voix ne m'arrivera plus, que solitaire, sentant le sol disparaître, les gouffres s'ouvrir, l'obscurité se faire, je m'avancerai dans les froides régions pleines de terreur ; alors Jésus, l'homme, qui sait ce que je souffre; celui qui a senti son cœur s'arrêter de battre, ses veines se figer et sa bouche lui refuser obéissance ; celui qui a vu les ténèbres s'épaissir, l'ennemi le posséder, la mort être la plus forte ; le Dieu même qui l'a terrassée, le vainqueur qui a vaincu l'enfer, le Roi de gloire qui dit au sépulcre : Rends ta proie ! et le sépulcre la rend ; celui-là prendra ma main; il me dira : « Viens, n'aie point de peur ! » — Une lumière éclate, les voiles déchirés laissent rayonner des splendeurs, mes yeux voient au travers de la nuit les chœurs des anges, ils voient mes bien-aimés rangés en cohortes serrées, ils voient la maison paternelle, ils voient les belles demeures où ceux qui nous précédèrent n'attendent pas longtemps; cantiques, hosannahs, des cris de triomphe et de joie ont rempli l'abîme que je vais franchir; oh ! que je le bénis, Jésus, pour son agonie, et que les défaillances de mon Dieu me font de bien !

Car il ne me faut pas moins. J'ai besoin des épouvantes de mon Sauveur; j'ai besoin des détresses de son abandon. Par là, par les débilités de sa nature humaine, je le sens pareil à moi, ma chair et mon sang, moi-même enfin; et s'il n'était pas cela, me connaîtrait-il, me pourrait-il comprendre, et dès qu'on ne comprend plus, peut-on secourir?

De quoi me servirait, quand je subis ce martyre à nul autre pareil : les doutes de la dernière heure; de quoi me servirait l'éclat du triomphe divin? De tels rayons, flèches de feu, m'achèveraient; perdu, foudroyé, refoulé par la lumière même aux gouffres de mon néant, je m'en irais ébloui, je ne serais point consolé. Mais du haut de ce bois misérable, une voix est descendue; elle a des larmes, un frisson la fait trembler. Elle murmure, elle aussi : Pourquoi, pourquoi, Père, recules-tu dans les profondeurs célestes? les affres de la mort m'ont atteint, pourquoi n'es-tu pas là pour me soutenir? pourquoi seul? pourquoi ta colère et non pas ta grâce? pourquoi ton silence quand Satan parle? pourquoi mon cœur éperdu; pourquoi?

Et Jésus a triomphé.

Maintenant, je ne redoute plus rien, Satan ne fera plus de moi l'esclave de la peur; et lorsqu'il me montrera de son doigt railleur les cieux vides, et lorsque ses lèvres menteuses me diront : Où est ton Dieu? je lui montrerai, moi, mon Christ sur la croix, délaissé, atterré devant les cieux muets; et je lui montrerai mon Christ vainqueur, assis à la droite du Père, et il faudra bien qu'il le voie.

A cette heure, les mendiants agenouillés chantent de vieux airs sur un mode lugubre; les élèves des maisons religieuses, revêtus de l'habit monacal : coule blanche et collet noir, glissent en procession. Pas un son de cloche;

les sonnettes même des habitations font silence[1]. La grande *Miguelete*, la tour octogone qui dresse à côté de l'*Iglesia del Sol*[2] ses pans roides, sa terrasse aérienne et son fin clocheton, reste muette; on voit les battants liés de cordes, immobiles sous leur capuchon d'airain garrotté dans l'azur.

Cependant les chanoines assis des deux côtés du chœur, au milieu de la cathédrale, vont célébrer les offices. Leur chant n'émeut point; on y sent trop l'exécution, pas assez le recueillement; cela peut plaire au dilettante, cela déplaît au chrétien; l'artiste même en demeure froissé; la poésie ne s'en accommode guère mieux que la foi.

Bientôt l'évêque, crosse en main, suivi du clergé, s'est acheminé sous un dais; il fait le tour des parvis. Au fond, le Maître-autel, merveilleux de sculptures, se détache en lumière avec ses colonnes torses de bois dur et la transparence de son *trascoro* taillé dans l'albâtre. Un voile noir a dérobé le retable. Sur la porte d'*el Palau*, sept crânes d'hommes et sept crânes de femmes, souches des plus importantes familles de Valence, rangés le long de la corniche, miroitent au hasard des lueurs errantes; la coupole ouverte dans les airs inonde le transsept de ses clartés; les croix passent lentement, balancées aux mains des prêtres en robes et en chapes de brocart; tout cela ruisselle d'or. Puis le cortége s'éloigne, les caballeros dans leur capa, les senoras sous leur mantille disparaissent à mesure que s'achève la cérémonie; un peuple d'ouvriers s'est précipité vers la nef qui reste déserte; chacun démolit devant soi; les décorations sont abattues, les tapis rou-

[1] Le marteau de bois les remplace.
[2] La cathédrale.

lés, on entend craquer les estrades, les échafaudages s'écrouler, on se heurte contre les bancs, contre les soliveaux, contre les lustres emportés à la course, et cela ressemble, j'ose à peine l'écrire, au désordre chaotique de quelque maison parisienne, le lendemain d'un soir de bal.

Plus tard.

Il pleut à verse, la procession du Vendredi-Saint ne sortira pas. En revanche on célèbre cette nuit une *funcion* dans l'église des Patriarches ; les femmes n'y peuvent assister sans voile, quelques dames espagnoles nous ont prêté des mantilles que nous jetons sur nos cheveux, et l'on part.

Mais à peine nous a-t-il aperçues, notre hôte lève ses mains vers le ciel : Miséricorde! ce n'est pas cela, nous n'y entendons rien ! l'élégance française n'est point l'élégance espagnole! tout comme de plus sacrés objets, la mantille a ses traditions ! on ne la met pas comme on veut, on la met comme il la faut mettre ! Bref, l'hôte nous dépêche son secrétaire qui va nous servir de coiffeur : ici, sur les nattes, se fixe le taffetas ; la voilette retombe jusqu'aux lèvres, qu'elle dérobe à demi ; un pli se forme vers la naissance des cheveux, serre le cou, en indique les contours, presse les épaules, meurt à la taille, cette fois nous y sommes, et vraiment notre hôte n'avait pas tort.

Depuis trois jours, vous le savez, les Espagnoles ont pris le deuil ; on ne voit plus dans la rue que des robes noires; et tandis que les mutilés de la province entière demeurent accroupis sous les réverbères dont la sinistre lucur frappe leurs plaies d'un jour étrange, une foule compacte entassée dans l'église déborde les murs et couvre la place. Impossible d'entrer. Quelques femmes du peuple cependant, se glissent, s'insinuent, pénètrent, nous après elle, séparés les] uns des autres, cela va de soi, et bientôt engloutis par la vaste aspiration du temple, qui semble attirer les multitudes pour les ensevelir dans ses flancs.

Le chœur a vibré sous des voix perçantes qu'accompagnent les maigres accords d'un piano; ces accents criards nous étonnent; le *Gloria in excelsis*, véritable finale d'opéra, nous perd tout à fait. En attendant, on s'écrase contre les balustres de l'allée couverte de tapis qui du chœur mène à l'autel. Cette multitude reste sérieuse et fière, surtout les hommes. Quelques-uns lisent dans leur livre de messe; la plupart, tête haute, le regard fixe, la pose digne, peu touchés mais point distraits, demeurent immobiles et contenus. Les senoras remuent davantage; elles ont l'œil plus prompt aux curiosités. Vite lasses, lorsqu'elles se sentent gagnées par la fatigue, tantôt elles s'agenouillent de gré ou de force au milieu de la masse vivante qui les enveloppe, tantôt elles s'abandonnent de leur grand long sur les femmes qui les entourent, et l'on porte ainsi le poids assez lourd de leurs débilités. C'est étrange, ce n'est jamais inconvenant. On ne risquerait à Rome ni sa fille ni sa femme dans les hasards d'une mêlée pareille; ici pas un mot, pas un regard dont se puisse effaroucher la plus ombrageuse délicatesse.

Cette race hautaine et peu démonstrative conserve sur soi un empire absolu. Elle ne pleure point devant le crucifix, elle ne se frappe nullement la poitrine comme font les fidèles de la ville papale, quitte à jouer après de la prunelle ou du couteau. A l'heure même que je dis, en présence des mystères les plus impressifs du culte, si la foule demeure grave, elle ne semble point émue, et quelques physionomies méditatives exceptées, on ne rencontre aucun de ces regards attendris, aucune de ces pâleurs, pas un rayon de ces clartés intérieures qui viennent nous révéler que l'âme est atteinte et que le cœur est vaincu.

Des hommes à ce point maîtres d'eux-mêmes apportent-ils dans l'église la solennité qui les suit partout; reçoivent-ils du culte au contraire le sérieux qu'on voit empreint sur leur visage; nul n'en sait rien. Je leur crois l'esprit rêveur avec l'âme contemplative des races de l'Orient. Difficilement agités par les questions, peu travaillés de problèmes, ils pratiquent, j'imagine, le *kieff* en religion, tout comme ils le font en politique.

Au demeurant, pour inerte que soit la fibre, l'Évangile y mettra son feu. Plus d'une âme a tressailli, plus d'une a senti s'allumer en elle un pressant besoin de vérité. Quand l'individu commence de chercher, la société s'éveille; ce sont les pionniers qui ouvrent les chemins; une fois la route faite, le peuple y passe.

15 avril 186...

Au point du jour, les chèvres se répandent par la ville; elles frappent le pavé de leurs petits sabots et secouent leurs clochettes dans toutes les rues; cela fait un bruit champêtre qui met en train de vivre. On se lève, on voit ces gentilles bêtes trottiner à la file ou bien se coucher sans façon comme en un pré, leurs longues soies fauves épandues autour d'elles, pendant que le berger, en culotte courte, la veste brodée, le chapeau tourtière orné de gros pompons, trait devant chaque maison les laitières du troupeau.

Tout à l'heure un spectacle moins agreste attirait nos regards. Deux *mozos*[1] demi-nus et la tignasse ébouriffée jouaient sous nos fenêtres; de pousser des billes à s'empoigner, il n'y a qu'un pas; les voilà pris aux cheveux; propos de voler, giffles de répondre, tant que le plus âgé des deux, sept ans à peine, tire de son pantalon un grand couteau, *la navaja*, et l'ouvre d'un tour de main (j'entends encore le bruit sec du ressort) ; son compagnon se sauve à belles jambes; notre furieux, les doigts crispés autour de *la navaja*, se lance après lui; toute cette sauvage nature respire la férocité ; mais le petit a bon jarret, de l'avance, et Pasquale revient penaud, s'accroupit sur le trottoir, prend l'épaisse lame entre le pouce et l'index; la charnière craque : pour cette fois il ne tuera point.

Car on tue à Valence; on y est fainéant, dérouté, querelleur; ainsi disent les gens qui connaissent la ville. Peu de semaines s'écoulent sans qu'il y ait mort d'homme. L'ouvrier travaille afin de se procurer quelques réaux; quand il les tient, il s'assied sur une borne, roule des cigarettes, regarde passer, va boire, se grise, se bat, mal nourri, prend les fièvres; la dépravation des mœurs l'achève, et voilà comme sous un ciel clément, au milieu de la Huerta qui regorge de produits, en face de la mer dont les flots tout le jour et toute la nuit amènent des richesses, le Valencien promène par les rues ses haillons,

[1] Petits garçons.

étale ses membres estropiés, tend la main à tout venant, et coupe des gorges à l'occasion.

Mais que la *Miguelete* était belle ce matin, et qu'on y respirait bien! Elle planait au-dessus des brumes; la Vega, plus verte que nos prairies en mai, semée de maisonnettes blanches et de palmiers, s'en allait mourir vers le *Grao*, éblouissant le long de sa grève humide. Sur l'immensité bleue des vaisseaux posaient leurs voiles à toutes les profondeurs; vers le sud, le lac d'Albuféra marquait l'horizon d'un trait pâle. Les portes de la ville, les vieilles portes qui ont vu, je me le persuade, entrer le Cid avec ses bons chevaliers; la *Puerta de los Serenos*, une forteresse; la *Puerta del Mar*, brillante au soleil; la *Puerta de Cuarte*, surmontée de deux tours, asseyaient leurs masses historiques dans les limpidités du ciel. Il me semblait entendre la voix de ce vieux Maure, alors que monté, lui aussi, sur quelqu'un des donjons de sa Valence bien-aimée, aux approches du Cid, du Victorieux, il la regardait les yeux mouillés de pleurs, et que soupirant d'une grande tristesse, il s'écriait: — Valence, ô Valence digne de régner à jamais! si Dieu n'a point pitié de toi, ton honneur va disparaître! — Et ses mains tremblantes frappaient sa poitrine, et je crois voir sa barbe blanche sur laquelle une à une ses larmes tombaient.

Elle fut conquise, Valence. Notre Campéador exilé se vengea du roi don Sanche, qui l'avait chassé de sa présence en gagnant pour lui des villes. Au fort de la bataille, les Maures criaient : — D'où vient ce diable! il n'a pas son pareil au monde, si ce n'est le Cid redoutable!

Une fois la ville prise, le Cid toujours grand : — Allez, fit-il aux siens, allez-vous-en vers les Maures sans vous occuper de rien autre ; ayez soin des souffreteux, qu'on enterre les corps. — Et comme les païens lui offraient, en cette terre de dilection, toutes les joies du paradis musulman :—Dites-leur, ajouta mon Cid Campéador, dites-leur que je ne veux point d'autre femme que la mienne légitime, laquelle se tient à mes ordres dans San Pier de Cardèña !

N'est-ce pas qu'elles ont une ineffable poésie, ces traditions du passé, et qu'elles montent de la Huerta comme un parfum, avec les bouffées d'avril !

Une fois redescendus, il faut bien considérer cette incroyable cathédrale del Sol. On y rencontre tous les styles : rotonde corinthienne, portails gothiques, trèfles arabes, volutes, feuillages, rinceaux, enjolivements des âges mignards et corrompus, avec des clochers à huit pans troués de grandes fenêtres que ne réclame aucun siècle ; et vraiment je ne me console de si choquantes disparates qu'en pénétrant dans la nef pour errer le long des galeries toutes frémissantes à cette heure sous les accords d'un chant merveilleux.

Ce doit être quelque vieux motet de Palestrina. Les chanoines l'ont entonné de leurs voix splendides. Ferme, glorieux, enlevé d'un jet, pas une fioriture n'en vient diminuer l'ampleur. Des timbres éclatants font penser aux vibrations du cristal, des accents d'une mâle énergie soutiennent l'ordonnance ; il y a des notes profondes sous la puissance desquelles tremble, on le dirait, le vase tout entier; la mélodie est menée grand train, l'orgue éclate en accords, mais les voix dominent, elles ont cette supériorité de l'âme humaine sur toutes choses ; et quand c'est fini, les chanoines, enveloppés de leurs robes rouges, défilent, austères, dans la pompe de leur majesté sacerdotale : oui, et se font des niches, sitôt qu'ils se croient à l'abri du regard.

Soudain les cloches se sont ébranlées, les voilà revenues; d'église en église elles se lancent à grande volée ; dans toutes les maisons retentissent les sonnettes, on tire des coups de fusil sur les toits, des fusées sillonnent les rues, tout part, tout crie, tout éclate; les voitures qui attendaient l'instant roulent avec fracas : ce ne sont qu'omnibus, que diligences, que tartanes; les paysans poussent leurs mules chargées de sonnailles, les charpentiers frappent de leurs marteaux, les maçons de leurs truelles, les enfants de tout ce qui leur tombe sous la main, les fouets claquent, les grelots carillonnent ; gaieté, vacarme, cloches, Rome a tout restitué. Pourquoi ce matin, pendant que le corps du Seigneur gît encore au tombeau?

— Señoras — nous répond gravement un clerc — l'Église a placé les fêtes de la résurrection sur le samedi, parce que le dimanche était trop chargé.

A la bonne heure!

Voyez-vous ce banc de marbre, contre l'Iglesia del Sol. Chaque semaine des jurés s'y rassemblent afin d'apaiser les différends qu'amène le partage des eaux. La coutume date du temps des Maures. Choisis parmi le peuple, ces magistrats ne possèdent ni bureaux, ni plumes, ni registres; ils s'assoient sur la pierre que voilà, écoutent chacune des parties à mesure qu'elle parle, et décident sans appel, comme Sancho Pança dont ils ont gardé le bon sens, ou comme le cadi qui leur a légué son pouvoir; car, en vérité, c'est ici l'Orient.

Faisons réparation aux rues. Plus d'une nous montre ses

miradores, cages de verre où les señoritas viennent respirer le soir; par-ci par-là quelque jardin s'émancipe, et l'on voit au-dessus des murailles le lilas fleurir, les dattiers agiter leurs grandes palmes, les yukas hérisser leurs piquants, et les glycines avec toutes sortes de plantes à longues traînes accrocher leurs festons aux grillages en fer. Des vestibules arabes ouvrent à l'envi leur portail richement ouvragé : lorsqu'on en franchit le seuil, on marche sur un pavé de faïences alternées; des briques pareilles revêtent les murs à hauteur d'appui[1]; sous la voûte, que supportent des arcs au plein cintre, quelque tartane s'abrite, élégante ou pauvre, selon le rang de la famille; un large escalier, parfois à double rampe, descend de l'étage supérieur entre ses balustres chantournés, et deux griffons accroupis, reluisants, impassibles dans leur immobilité séculaire, regardent entrer ou sortir les visiteurs.

Ce n'est pas sans peine qu'on circule aujourd'hui. Je vous ai parlé des voitures lancées bride abattue par la ville, ajoutez-y les *muchitos* groupés autour des petits autels qu'ils viennent de construire, et représentez-vous, si vous le pouvez, ce peuple de mirmidons acharnés à la poursuite du passant. Tenaces, ils tendent l'assiette, ne lâchent point la proie, et feraient fort bien deux lieues en criant de leur voix stridente : *Para el monumento*[2] !

A travers les mules empanachées, la fusillade, les pétards et les gamins, on avance comme on peut. Voici la Lonja, cet antique palais des Maures. Hélas ! il sert de Bourse

[1] J'ai trouvé ce briquetage des parois en Hollande; les Espagnols, qui l'y ont importé, le tenaient des Maures.

[2] Pour le monument.

aux commerçants. Dans les salles encombrées de comptoirs, parmi ces colonnes enlacées qui rappellent quelque fantastique architecture des *Mille et une Nuits*, sous les arceaux aériens, sur ces dalles que foulèrent les pas de Chimène, dans ces retraites où se cachaient ses ennuis, on vend, on achète, on cote le prix de la soie, et la voix des crieurs a remplacé les doux accents de la fille du comte de Loçano, alors que chantant les romanceros, elle attendait son seigneur occupé loin d'elle à pourfendre les mécréants.

Ce beau soleil donne envie de courir. Croyez-moi, prenons des tartanes et gagnons les jardins. Deux bancs parallèles posés sur deux roues de charrette, voilà notre équipage. Quand la tartane est opulente, elle s'entoure de glaces ; lorsqu'elle est modeste, quelque cuir ou quelque toile lui sert à la fois de parapluie et de parasol. Le siége, un placet, s'accroche à droite, entre le cheval et l'avant-train ; le cocher qui perche dessus, jambes pendantes, se débrouille tant bien que mal des rênes, de la queue et des grosses pattes de l'animal. Il n'y a rien à risquer; la bête sage, épaisse, largement paturonnée, met tranquillement un sabot devant l'autre, ne trotte jamais, et ne prend l'amble que dans les cas extrêmes, alors qu'il s'agit de vie ou de trépas.

Nous voici donc emballés sur deux rangs, nez à nez, marchant l'allure paisible des rois fainéants. Au milieu des rues tout fourmille et tout rit : les yeux noirs sous le voile, les nattes brillantes sous la mantille, les belles Valenciennes avec leur boucle frisée qui suit la joue, les têtes crépues des hommes sous leur mouchoir bigarré, et tenez, cet âne avec son paysan dessus, le visage enseveli dans l'ombre que lui jette l'aile rabattue du *sombrero*, et ces haillons si fièrement portés, et la *capa* plus éclatante à mesure que rayonne mieux le soleil.

Des capas ! il nous en faut. Il faut dans chaque pays l'objet caractéristique. Nos tartanes abordent le trottoir par la poupe, comme font les canots lorsqu'ils touchent au rivage. On descend devant cet *Almacen*[1]. Avez-vous remarqué le nom maure? Trois villageois en large pantalon de toile blanche, sur la tête un chapeau tourtière avec des pompons échelonnés, figures à la Murillo, candides, résolues et graves, sont entrés à notre suite. Ils ont même idée que nous ; eux aussi veulent des *Mantas*. On déroule ces tissus à pleine main, bariolés de bleu vif, de pourpre, de jaune ou de vert. Il est des *capas* aussi blanches que le burnous arabe; il en est de sombres avec des bordures éclatantes ; les plus accentuées nous paraissent les plus belles ; toutes ont la forme d'une écharpe pliée en deux, cousue d'un côté, garnie au bout inférieur, qui reste ouvert d'une frange de laine à grosses houppes, tandis que l'extrémité supérieure demeure fermée et sert de capuchon. Tantôt la *capa* roulée en couverture se jette sur une épaule ; tantôt le capuce recouvre la tête, et la *manta* qui tombe droit enveloppe le corps; mise en travers, elle ressemble au plaid écossais, son capuchon devient alors un sac où se logent toutes espèces de denrées; tordue sur les cheveux, elle rappelle le turban oriental ; mais de quelque façon que le Valencien la ploie ou la malmène, toujours elle reste noble, éblouissante : un manteau de monarque africain.

Les trois *Campinos*[2], cependant, s'intéressent à nos affaires ; ils nous donnent leur avis et veulent savoir notre

[1] Boutique.
[2] Campagnard.

goût : —*Esta buena*[1] !—dit l'une de nous; voilà des gaillards contents, et vite décidés : — *La señora dice : esta buena*[2] ! L'emplette baclée, nos garçons rient de plaisir; moi cela me réjouit de voir briller ces dents blanches au milieu de ces noirs visages; je croyais que les Maures ne riaient point.

Après le tumulte des rues on se plonge avec délices dans la paix du Jardin botanique.

Vous voulez savoir ce qui nous ravit? Eh bien, ce sont les haies de néfliers à fleurs rouges, ce sont les berceaux de chromatelles avec leurs jets écarlates et leurs grands boutons jaunes, ce sont les syllas à grappes bleues, ce sont les tentures exubérantes des camélias, c'est la magnificence des gigantesques spirées au plumet d'argent, c'est le rempart crénelé des cyprès sur lequel se détachent tant de verdures diversement nuancées; ce sont encore les arbres qui, rabougris chez nous et valétudinaires, étalent ici leurs libres feuillages, prenant leurs proportions de colosses, comme ces palmiers, comme ces deodoras dont les rameaux déliés frémissent là-haut dans l'azur. Voyez-vous cette muraille d'orangers, puissante, trente pieds de haut; elle porte à travers les airs ses beaux fruits avec ses étoiles blanches ; avez-vous senti les parfums ?

Mon ami, nous marchions, nous allions ; quelque chose de plus merveilleux que ce paradis, quelque chose de plus idéal, le printemps, couronné, vermeil, nous faisait cortége. Des senteurs exotiques passaient, promenées par des souffles caressants; les branches traînantes des citronniers nous arrêtaient en leur beau désordre ; des avalanches de pétales couvraient tout à coup le sentier ; on

[1] Celle-ci est belle.
[2] La dame dit : Celle-ci est belle.

sentait les emportements de cette végétation, enivrée comme nous des tièdes haleines et de la bonté de Dieu. Et les zéphyrs humides nous touchaient de l'aile, et la flore des tropiques, l'aise d'un jour d'avril, le ciel africain, toute la gloire de ces fleurs que l'équateur voit s'épanouir; les mystères de ces ramées que ne connaissent pas nos forêts, les chamérops en éventail, les polygalas démesurés, les lianes en profusion qui jetaient à chaque pan de mur leurs draperies brodées de rouges corolles ou de fleurs lilas amples et fragiles, voilà quelles magies nous tenaient charmés.

Figurez-vous qu'il ne gêle point ici. On n'y voit point floconner ces affreux petits morceaux de papier qui épaississent en janvier notre jour morose, et, lorsqu'ils ont disparu, la boue nous reste.

Par exemple, de la boue, on en trouve, même à Valence; deux tours de roues nous le font bien voir. Notre tartane nous mène à travers monts, creux, bosses, moraines et fondrières (cela s'appelle un chemin), visiter des villas que nous ne verrons pas. Les braves gens qui gardent ces lieux sacrés ont défense d'ouvrir : *Tenemos orden*[1] ! Ni pour argent ni pour or ils n'entre-bâilleront un battant. Ce n'est pas très-hospitalier, en revanche c'est très-oriental : vie murée, portes closes.

On se console du mécompte par sa couleur arabe; aussi par les types que l'on rencontre. Celui-ci, un visage rond, des traits courts et réguliers : *Sangre d'azul*[2], type espagnol; celui-là, un profil allongé, la carnation brune et pâle, de grands yeux largement fendus, une bouche fine aux lèvres minces : type maure; cette figure blanche,

[1] Nous avons l'ordre.
[2] Sang d'azur.

fleurie, aux prunelles bleues encadrées de boucles soyeuses et blondes : type visigoth.

Comme nous raisonnons à perte d'haleine et que nous découvrons du goth dans la désinence même de ce mot fatal : *Orden*, qui tient verrouillées les serrures de tant d'Edens, notre tartane nous a posés en face du Musée.

Voici de quoi parler.

Ribalta, un rude peintre, a de sa main grossière mais vraie jeté devant nous la croix où souffrit Jésus. Le brigand réprouvé, trait génial du tableau, rit des prières de son compagnon, rit des insultes de la soldatesque, rit du supplice, rit de Dieu, pendant qu'un des bourreaux plante son fer dans le côté du Christ, avec la même insouciance qu'il l'enfoncerait dans quelque matière inerte; et le corps fléchit tout entier, l'âme s'est enfuie de sa prison, la mort n'a conquis qu'un vêtement usé.

Tout près, une autre toile du même peintre nous montre saint François prosterné devant le cadavre de Jésus. Le saint est plus que laid, il est trivial; mais quelle tendresse respire ce pauvre visage! quelle adoration, quelle pitié; comme on y sent les larmes, et que l'âme, cet hôte immortel, donne bien une vraie beauté, en dépit de la déplaisance des traits!

Après les énergies d'un tel maître, Joanes paraît trop lustré, trop léché, trop ordonné. S'il a quelque grandeur, elle rappelle trop les impassibilités de la peinture byzantine. On le regarde, parce qu'enfin, il faut bien le voir; je ne sais quelle pureté, d'ailleurs, je ne sais quelle paix tout en surface captivent un instant l'attention; puis l'on passe, et l'on n'y pense plus.

Le *Saint Sébastien*, de Ribera, un martyr pour tout de bon, ne présente ni cette placidité grecque du Bas-Empire, ni les sourires mignards, ni les grâces apprêtées par où l'école italienne déroute parfois notre compassion et choque notre bon sens. Une indicible angoisse a jeté son voile sur les convictions triomphantes; l'athlète vaincra, ce ne sera qu'au prix du sang; le chemin du ciel traverse toutes les agonies; on le sent à ce corps fatigué de tortures qui s'affaisse, mort avant de mourir; la contraction des lèvres, l'ardeur même du regard qui cherche Dieu, racontent le tourment de ce dernier combat, dont on ne supprime point les douleurs sans outrager les droits de la vérité, comme on n'en dérobe point les épouvantes sans méconnaître le sérieux de l'art.

Saint Jérôme, encore un Ribalta, puissant, décharné, seul dans son désert, est bien ce jouteur opiniâtre, ce despote impitoyable aux autres, non moins dur à lui-même, qui passait les nuits penché sur l'Écriture, et le matin, oubliant quel amour elle enseigne et quel support elle ordonne, lançait des foudres, proférait des anathèmes, et la chrétienté tremblait.

Je ne vous en montre plus qu'un, Goya, le peintre des Madrilègnes agaçantes. Il suspend là son joli *Retrato d'una Señora*[1]. Adroit et gauche, réaliste et bizarre, piquant bien plus la curiosité qu'il n'excite la sympathie, il froisse, il impatiente, on lève les épaules et pourtant l'on s'arrête, ne fût-ce que pour médire de son pinceau.

A part les Riberas et les Ribaltas, cette collection n'offre rien de transcendant. Mais les moindres toiles saisissent par leur sincérité. Si tous ces peintres ne sont pas habiles, tous ont de la candeur. Plus volontiers brutaux que polis, les délicatesses du goût peuvent leur manquer,

[1] Portrait d'une dame.

jamais la franchise. L'indépendance du pinceau venge l'âme, on le dirait, de tant d'esclavages endurés sur cette terre d'Espagne. Aucun sol ne vit la pensée plus systématiquement asservie; nulle part le génie artistique ne prit si largement ses libertés. Quoi qu'il en soit, une école nouvelle, l'école du vrai, fait irruption. Elle reçoit telles quelles ses leçons de la nature; elle les transmet comme la vie les lui a données; nulle autre autorité ne lui impose sa loi : point d'attitudes banales, pas une physionomie de convention; le bagage traditionnel est resté *tra los montes*[1]; ces gens font ce qu'ils voient, comme ils le voient. On trouve, en Italie, plus de médiocrités acceptables; la beauté, l'expérience, la grâce avec le tact y sont plus généralement répandus; un peintre italien reculerait d'horreur à l'aspect de telle audace espagnole, peut-être qu'il ferait bien; en attendant, ces artistes-ci, même les pires, rencontrent de soudaines révélations, produisent des jets de flamme, ont des touches viriles dont la droiture autant que la puissance contraignent l'admiration.

Vous allez vous moquer de nous, faites à votre guise. Le Musée vu, après que dans ses cours silencieuses nous avons contemplé les palmiers; captifs dont le fût qui s'affranchit de la prison va chercher l'air à quelque cinquante pieds par-dessus les murailles; nous prenons tout prosaïquement le *carroferril*, et par une pluie diluvienne nous courons au Grao.

De petits arums bruns ouvrent leurs cornets dans les berges; des canaux d'irrigation, ceux mêmes qui arro-

[1] Au delà des monts.

saient les jardins des Maures, promènent partout la richesse ; d'autres conduits souterrains, construits par ces mains noires et païennes, maintiennent encore les niveaux d'eau. Ils en savaient long les Maures ! Gens de poésie et de bien dire ; hommes pratiques et doux qui chérissaient la terre autant qu'ils honoraient les lettres; chevaliers et savants ; cultivateurs et philosophes qui nous conservaient Aristote, en même temps qu'ils léguaient à leurs vainqueurs la fertilité de ces plaines, arides sans eux.

Le Grao ! mon ami, n'en parlons pas. Il pleuvait : des trombes ! A la nage, dans l'eau, guéant flaques et mares, nous sommes parvenus sur le port. Nous avons considéré le flot bourbeux ; quelques maisons blanches s'étendaient à notre droite le long des vagues jaunâtres, d'autres houles non moins sales venaient battre d'autres maisons aussi blanches : — Le train repart-il ? — Il repart. — Peut-on le prendre ? — On le peut.

En trois sauts nous y voilà ; et demi-heure après dans l'Alameda qu'une embellie fait resplendir.

Cela ne nous empêche, croyez-moi, ni de bien voir ni de voyager avec fruit. Nous savons le prix des huttes en cannes qui peuplent la Huerta : cinq mille réaux (douze cent cinquante francs à peu près), et qu'elles ont de gentilles cuisines en faïence. Nous venons de les visiter, tout y est propre, ordonné, on voudrait planter choux rien que pour se mettre là-dedans.

Les cantonniers portent l'escopette en bandoulière, ils la déposent à côté d'eux en cassant les cailloux ; cette coutume dit assez l'aménité du caractère valencien et de quelle sécurité jouissent les passants.

L'industrie n'est pas morte ; plus de trois mille ouvrières

fabriquent des cigares; on rencontre le soir ces jeunes filles, cheveux relevés, pied leste et bouche prompte aux saillies, qui marchent tête haute par les rues de la cité gracieuse et vicieuse.

Cette riche étoffe des *capas* dont je vous parlais tout à l'heure, se tisse ici même, dans la province; chaque *Lugar*[1] possède ses métiers avec ses artisans.

Êtes-vous satisfait; voulez-vous des détails plus vulgaires; faut-il vous conter comment se nourrissent les gens du pays? Eh bien, chaque matin ils prennent une tasse de chocolat (le coquetier de Girone); vers une heure ils mangent le *puchero*, ils le remangent à minuit; l'été, d'un crépuscule à l'autre, ils jouent de la guitare sous les fenêtres de leurs belles, et cela suffit à leurs besoins.

Maintenant le soir est venu. Nous avons traversé le Guadalaviar, *el Rio*, ainsi qu'on l'appelle ici. Nous avons passé les ondes jaunies sur un pont chargé de trophées.

Guadalaviar! ne trouvez-vous pas que certains noms exercent le pouvoir des fées; ils transforment les choses laides en choses belles, ils font ruisseler la lumière, ils teignent d'azur les cieux; tout est charmant, les proses s'en sont allées, l'idéal est descendu, Guadalaviar! Enfant, je rêvais de ce nom-là. Quelque volume de Florian aux mains, bien cachée sous le couvert des grands arbres, je lisais, je songeais; les aventures se nouaient, les bons coups d'épée faisaient résonner les solides armures, les mains délicates des princesses étanchaient le sang généreux que laissait échapper les blessures des chevaliers: Guadalaviar!

[1] Village.

Ce soir, les dames de Valence assises dans leurs tartanes suivent les vastes allées de l'Alameda. On dirait, pardonnez-moi le mot, un Longchamps de tombereaux. En vérité, c'est cela; les peintres espagnols m'ont gagnée; charrettes, pataches, j'écris comme je vois.

Mais dans ces tartanes, les nobles têtes des señoras se balancent; leur chevelure opulente avec ses amples torsades, leurs yeux caressants et vifs, leur abandon plein de langueur, le sourire de leurs lèvres rouges, leur dignité sous la nonchalance, tout se succède comme en un tableau mouvant; à côté s'étend le parterre où les dames promènent un instant leur indolence; il est comble de roses et d'anémones, et la longue robe des señoritas qui froisse les fleurs en soulève mollement le parfum.

Valence, 16 avril 186... dimanche de Pâques.

Mon ami, laissez mon cœur s'épanouir.

C'est la Pâque et Jésus est ressuscité. Cette grande nouvelle retentit comme pour la première fois; le jour en est plus radieux, les cieux en ont plus de gloire, la terre semble tressaillir. On dirait que dans l'ébranlement suprême qui fit sortir Jésus de ses entrailles, l'Univers a senti ce premier réveil de la vie splendide qui lui sera donnée, alors qu'en un matin pareil Christ reviendra, que les trépassés jailliront de la poussière, que les déserts fleuriront comme la rose, et que des hymnes d'allégresse éteindront à jamais les cris de la révolte avec les pleurs de ceux qui mènent deuil.

Qu'un Dieu franchisse le sépulcre, la chose est simple, un Dieu ne peut pas s'anéantir. Mais l'homme se relève, voilà ma joie. L'éternité m'est rendue, je puis aimer les miens.

Vous représentez-vous des tendresses qui parviennent à se passer de résurrection ? Mon ami, je suis matérialiste en ce point, on l'a prétendu, j'accepte le mot ; je veux retrouver tout entiers ceux que j'aime ; Dieu me les a promis tels ; il m'a dit que leurs corps se relèveraient ; il m'a dit que cette dissolution horrible qui s'opère loin de moi, dans le sein mystérieux de la terre, et que je connais bien, et dont mon cœur suit les progrès avec une inexprimable détresse, il m'a dit que cette pourriture même garde le germe glorieux. Je ne comprends pas, je saisis de toute l'énergie de mon espoir ; et désormais, lorsque je vais m'agenouiller sur un tombeau, ce n'est plus la poudre que je vois, je contemple le germe vivant ; et si mes yeux ne le discernent point, ma foi le possède, car mon Dieu le saura bien trouver.

Matière, esprit ! on se perd en analyses, on trace des limites, on dit : cela commence ici, cela finit là. — Une chose manque à toutes ces philosophies, la lampe pour éclairer leur lanterne.

Vous ne sauriez que faire, dites-vous, d'un corps sans âme ? moi non plus. Un esprit sans corps vous paraît-il plus commode ? Ne nous voilà-t-il point renvoyés aux ombres dolentes qui promènent leur ennui par les tristes allées des Champs-Élyséens ?

Dieu, lorsqu'il nous parle des âmes rachetées, nous les montre paisibles, mais dans l'attente ; elles soupirent après l'achèvement de leur rédemption ; elles demandent : Jusques à quand ! — Mon ami, je ne veux pas être plus spiritualiste que Dieu. Loin d'amoindrir le relèvement de Jésus, je sens que sa personne humaine n'est point assez ressuscitée pour moi. Il siége aux profondeurs célestes, et je le vois si triomphant, il monte si haut, que parfois sa grandeur m'écrase et que son éloignement me glace le cœur ; l'homme, en quelque mesure, est resté dans le sépulcre ; mon faible bras n'a pu soulever la pierre, les anges ne l'ont pas écartée ; mon âme cherche encore, elle marche seule, toujours, par les sentiers difficiles : seule sous le faix, seule au travail, seule devant les tombes qui se creusent. D'où vient cela ? Jésus, le Jésus de l'Évangile, s'assoyait pourtant à côté de Pierre, de Jacques, de Matthieu ; Jésus s'accoudait à la table des noces ; Jésus penché sur la margelle du puits demandait à la Samaritaine d'étancher sa soif ; Jésus au milieu des troupes affamées sentait s'émouvoir ses entrailles ; il laissait les rudes mains de l'aveugle le saisir par sa robe : Que veux-tu, disait-il, que je te fasse ? il connaissait notre vie, il s'y était heurté, il s'y était blessé ; les épines, celles du chemin tout autant que celles de la couronne, avaient déchiré sa chair : homme, notre compagnon, notre frère ! et si Jésus n'est plus cela, si nous n'apercevons plus que le Dieu, si prosternés au seuil du temple, nous adorons de loin le monarque suprême dont la majesté nous terrasse ; si les battements de son cœur, nous avons cessé de les sentir ; si nous avons perdu notre ami ; si nos labeurs, si nos tristesses et si nos joies ne trouvent plus d'écho prochain ; si nous nous croyons abandonnés au fort de la bataille, c'est que nous avons tué l'homme, c'est que notre spiritualisme subtil et menteur a dédoublé le Christ : — Ton humanité, nous sommes-nous écriés dans notre folie, ton humanité nous répugne, elle nous abaisse, nous n'avons que faire de tes faiblesses : nous sommes dieux comme toi, un Dieu suffit à nos besoins; laisse l'homme où tu l'as pris; que la poudre le dévore; avec toi nous monterons, avec toi nous régnerons, seuls au besoin nous saurons mettre la main sur nos droits.

Or il arrive que nous ne sommes point montés, que nous n'avons rien usurpé et que la poussière nous ronge : à moitié morts, à moitié vivants, incapables et chagrins comme tout ce qui est mutilé.

Pour moi, je saisis les mains transpercées et victorieuses de mon Sauveur. Ses lèvres que la mort a pâlies se sont ranimées ; sa bouche, comme au matin de Pâques, alors qu'elle appelait Marie, sa bouche a prononcé mon nom. Maître ! je ne sais dire que cela, mais mon cœur est joyeux, car j'ai vu mon Rédempteur ; je l'ai touché, lui-même et point un autre; son humanité glorifiée a secoué le linceul, elle a franchi l'abîme, elle a conquis les cieux ; c'est bien tout entiers que le Seigneur nous prend avec lui, c'est tout entier qu'il marche avec nous ; je ne crains plus rien : Jésus est ressuscité!

17 avril 186...

Ce matin nous traversions le marché de Valence.

Il y a plus de poésie qu'on ne croit dans ces côtés très-positifs de la vie ordinaire. Le soleil et la terre y font des leurs. Avares dans le Nord, prodigues à mesure que gagne le Midi, expansifs en raison des latitudes, ils peignent à grands traits la figure du pays, et je vous assure que ce vulgaire tableau renferme tout comme un autre son coin d'idéal.

Ici donc les bananes d'un jaune ambré s'attachent en longs régimes, les roseaux que traînent après eux ces enfants sont des cannes à sucre, on vend des gâteaux de figues et d'amandes pareils à ceux qui font au désert les délices des Bédouins; vous achèterez par boisseaux si vous voulez cette bijouterie caractéristique, poinçons de tête et pendants d'oreilles, ciselée, à jour, chatoyante, que la fantaisie arabe a léguée aux sombres Espagnols. Voici des capas et des oranges en tas, et des fraises à pleines corbeilles; les paysans au mouchoir tordu sur le front, les jolies filles du peuple, grandes, le port altier, le regard de feu, les tresses parsemées de clinquant, le parler bref et net, promptes à la riposte, majestueuses, des reines, vous révéleront toutes les élégances du peuple valencien. Les gamins promènent dans les airs quelque tête de Maure étrangement caricaturée sur un cerf volant enluminé, digne passe-temps des petits-fils du Cid.

Tandis que nous allions à l'aventure, un son bizarre, la foule soudain émue nous ont jetés de ce côté. Ce sont des conscrits; réunis en escouade, ils parcourent la ville; au fond de leurs prunelles étincelantes on devine la douleur; ces bouches qui griment la gaîté frémissent encore sous les baisers des mères. Ils ont planté la branche fleurie dans leur mouchoir, la couverture écarlate se drape sur leurs épaules, ils marchent d'un pas précipité; visages candides et pâles en dépit de l'ivresse. Parfois le cortége s'arrête, le fifre se tait, alors les plus jeunes entonnent un chant du pays. D'autres échos l'ont entendu; mes souvenirs me le restituent; je les connais, ces modulations inusitées, et ces notes jetées au hasard, je les ai rencontrées quand je m'avançais lentement au pas de mon dromadaire, dans les vides espaces de l'Orient. Les mêmes syncopes coupaient la chanson du Nil, lorsque par les nuits étoilées nos fils de Nubie plus noirs que l'Érèbe, frappant des mains, la tête mollement renversée, laissaient, glisser la cange au fil du courant, et que les crocodiles endormis à moitié passaient hors de l'eau leur tête écailleuse. Les longues traînées de la voix qui va mourant, la tristesse qui sur toutes les terres, sous tous les cieux, étend ses ailes grises à travers la région des harmonies, j'ai tout reconquis.

Et si vous voulez savoir par où je la trouve belle, cette Espagne qui ne possède ni les grâces enchanteresses, ni les séduisants sourires de l'Italie : c'est par ces perspectives soudain ouvertes sur le désert, c'est par l'Orient qui laisse flotter jusqu'à nous ses lumières, c'est par ces mélodies qu'apporte le vent d'Afrique ; c'est encore par les profondeurs d'un passé moins classique, moins élucidé que les fastes transalpins, mais où se meuvent de nobles fantômes au visage voilé, mais où croissants, cimeterres, robes éclatantes des Sarrasins, hennissement de Babieça [1], étincelle de Colada [2], et que vous dirai-je, les bûchers même de la Sainte-Hermandad, chaque fait historique, chaque tradition légendaire jette son éclair, tantôt héroïque, tantôt fatal.

Le peuple lui-même, auquel je ne reconnais ni la bonhomie ni le charme italiens ; ce peuple grave, ce peuple austère qui peut-être ne montre pas, malgré tout son sérieux, la forte ténacité piémontaise ; ce peuple que n'embrase point encore l'amour des libertés plénières; ce peuple

[1] Cheval du Cid

[2] Une des épées du Cid.

qui ne s'est pas armé d'une volonté patiente, ardente, invincible d'obtenir l'indépendance à tout prix; ce peuple assoupi comme le lion, quand le lion va s'étirer, qu'il va regarder autour de soi, bondir et saisir sa proie; ce peuple tel quel, je le respecte et je l'aime. Digne, portant haut la royauté humaine, il est brave, il l'est jusqu'à la mort. Trop souvent cruel, il ne sent nulle peur du trépas : vie contre vie, point de lâchetés. Cette race qui mit son pied sur la gorge des Maures a retenu d'eux la courtoisie avec les grandes manières des princes de l'Orient. Cette nation loyale, patriote, qui ne dit pas tout; ce pays aux ardeurs cachées exerce un attrait mystérieux et profond. Ce n'est pas de la sympathie qu'il excite; il faudrait pour cela qu'il se livrât davantage; c'est de l'estime, aussi de la curiosité : une curiosité réfléchie, sans rien ni de profane ni de léger. On se penche sur cette race, comme dans les ouadis parmi les sables on se penche sur la margelle du puits, et l'on écoute au fond sourdre la fontaine d'eau vive, et l'on contemple ce sombre miroir où vient se refléter quelque étoile perdue au sein de la nuit.

Ici, d'ailleurs, une image me hante, le souvenir du Cid. Comment le séparer de Valence, de sa belle conquête?

Laissons dire les Maures qui accusaient mon Cid d'être un méchant abatteur de têtes, plus félon que loyal. Croyons-en les romanceros; l'enthousiasme y voit clair, l'amour aussi; c'est la haine qui porte un bandeau sur les yeux.

Cette grande individualité du seigneur de Bivar se tient donc là, devant moi : sincère, hautaine à ses heures, non sans finesse, sage quand vinrent les années, pleine de fantaisie et de bravoure, avec je ne sais quelle candeur qui ajoute à son prestige. La naïveté sied aux cœurs vaillants comme la bonhomie aux esprits supérieurs. Qui ricane se diminue. Le Cid avait ses gaietés ; surtout il avait sa simplesse, vieux mot qui rend bien cette vieille vertu.

Il croyait; sa foi solide et tout d'une pièce ne l'empêchait point d'enfoncer *Tizona* jusqu'à la garde, dans le gosier des Maures ; ni de tromper un peu les Juifs quand leur baillant sa parole, il leur fit prendre deux bahuts pleins de cailloux pour deux coffres pleins de doublons. Mais cette foi lui dictait les nobles pitiés, elle lui interdisait les violences, elle le maintenait fidèle au roi qui le bannit ; elle le faisait juste, modéré, abordable aux petits, constant à Chimène; elle le rendait humble, paisible, certain du pardon en cette heure solennelle où toute gloire s'efface, où les plus fiers capitaines s'en vont tête baissée, sans armée et sans bannières, sans bruit ni de trompettes ni de tambours, seuls et dépouillés, à la rencontre du grand vainqueur.

Vous souvient-il du jour que le Cid, chevauchant dans la campagne, découvrit au fond d'un bourbier ce lépreux à demi suffoqué par la fange? Il descend, le relève, le prend en croupe et le fait coucher avec lui. Au milieu de la nuit, le lépreux se met à lui souffler si fort dans le dos, que cette haleine puissante traversant la poitrine du chevalier ressort par devant ; lors, réveillé en sursaut, le sire de Bivar saute à bas du lit, tout prêt d'empoigner *Colada*. Mais saint Lazare, car c'était le grand saint, se dresse à son tour ; il rayonne de lumière, il regarde avec douceur mon Cid, et de par Dieu qui l'envoie, octroie au Campéador honneurs, conquêtes et d'être craint de tous, des chrétiens comme des païens.

Notre Cid ne se montrait pas toujours si facile.

A Rome, où la tradition le fait assister au concile; entrant dans la basilique, il trouve rangés des deux côtés les sept fauteuils des sept rois catholiques. Celui du souverain de France s'élevait tout contre le siége du saint-père; celui de son seigneur à lui, le monarque espagnol, est mis un degré en dessous. Ce que voyant, notre Cid marche droit au trône du roi de France, et d'un coup de pied le jette bas. Le fauteuil était d'ivoire, ajoute piteusement la légende, don Rodrigue en fit quatre morceaux. Après, saisissant le siége de son maître, il l'établit sur la marche la plus haute. Le duc de Savoie, un esprit avisé, hasarde quelques remontrances; mais Rodrigue appuyant son dire d'une grande poussée, se déclare prêt à rendre raison à tout venant; le duc sans riposter se tint coi, très-sagement, dit la chanson; le pape excommunia l'enragé, et voici de quel air *celui de Bivar* s'humilia devant le vicaire de Jésus-Christ : — Absolvez-moi, s'écria-t-il, saint-père! absolvez-moi, sinon vous vous en repentirez. — Et le pape de répondre bien vite : — Je t'absous, don Ruy Diaz, je t'absous de bon gré, pourvu qu'à ma cour tu te montres très-poli et sage.

Au demeurant, Valence est l'endroit où mon héros fait le mieux voir sa chevalerie.

De là, il envoie au roi qui l'avait exilé, cent chevaux harnachés de brocart, cent Maures qui les menaient par la bride, cinq couronnes chacune avec sa bannière, cinq sceptres d'or qui proviennent de cinq rois vaincus : — Et, dit-il en y joignant cent clefs de villes et de châteaux conquis : ce n'est point de la sorte qu'eût fait un traître! Placez-les sur votre écu, sire, vous ne décroîtrez pas d'honneur!

Le Cid était à Valence lorsqu'au lendemain de sa noble prise, mandant Antolinez à Chimène : — Contez, s'écria-t-il, mes victoires à ma Chimène ! — et, se tournant vers Alvar Fañez qui devait parler au roi : — Suppliez-le de me rendre mes filles et ma Chimène, agréables et doux objets pour mon cœur délaissé.

Elle vint, sa Chimène ; elle arriva toute parée de sa tendresse, tout éclairée de la gloire du Cid. Ses deux filles, doña Sol, doña Elvira, l'accompagnaient ; les voilà dans l'*Alcazar*, cette *Lonja* que nous traversions hier. Le Cid, au milieu de sa famille, épris des doux loisirs, écoute les chants d'Antolinez ; il se tient assis dans le grand fauteuil à dossier qu'il ravit au roi maure. Mais tandis qu'il rêve, une clameur éclate, des messagers se succèdent, le monarque d'Afrique, Miramolin, roi couronné de Tunis, apparaît derrière la Vega ; une armée le suit ; l'émir veut reprendre Valence, sa belle Valence, sa ville musulmane. Mon Cid s'est réveillé, il a fait monter Chimène avec ses deux filles sur la plus haute tour de l'Alcazar ; elles regardent vers la mer, elles voient les Africains qui dressent leurs tentes, les notes rauques du tambour sarrasin arrivent à leurs oreilles, les mécréants poussent de grands cris : Allah il allah ! Allah ekber ! — Elle a frissonné, Chimène, elle presse ses filles contre elle ; alors le Cid : — Moi vivant, ne craignez rien, doña Chimène, et vous, mes filles, que j'aime tant ! Les païens que vous voyez seront vaincus, et avec leurs richesses, mes filles, je vous marierai ! — Puis, se tournant vers Alvar Salvadorez : — Armez-vous, prenez deux cents chevaliers, sortez contre ces chiens, que Chimène et mes filles jugent de votre valeur.

Salvadorez tua deux cents Maures, et resta prisonnier. Miramolin avançait toujours. Il serrait la ville de telle sorte que, le lendemain avant l'aube, Rodrigue s'arrachant des bras de Chimène : — Adieu ! dit-il. Si, frappé du coup mortel, je reste sur le sol, portez-moi, ma Chimène, à San Pier de Cardeña; que les Maures ne trouvent point de faiblesse dans votre cœur; qu'on crie : Aux armes! que *Tizona*, à cette heure dans ma droite, ne passe pas à des mains efféminées; que si *Babieça*, Dieu le voulant, demeure sans maître et qu'elle hennisse à votre porte, ouvrez-lui, caressez-la, et donnez-lui ration entière!... Maintenant, ma Chimène, mettez-moi la cuirasse, l'épaulière, le brassard et le gantelet; tendez-moi l'écu, la lance, et chaussez-moi l'éperon!... Vite, car le jour paraît et les Maures me pressent. Donnez-moi votre bénédiction!

Il remporta la victoire; il en remporta bien d'autres. Le soleil de sa puissance brillait au zénith; les rois régnants traitaient avec lui. Et voici les envoyés de son maître, don Fernand, qui lui demandent ses deux filles pour les deux comtes de Carrion, ces traîtres et ces lâches. Voici les ambassadeurs du soudan de Perse : — Le soudan, ainsi parlent les messagers, donnerait sa couronne pour le plaisir qu'il aurait de posséder *el Campéador* à sa cour.

— Sois bienvenu, répond Rodrigue, sois le bienvenu, Maure, dans ma Valence. Si ton roi eût été chrétien, je le serais allé voir. — Puis il montre à l'Oriental sa maison, ses filles et sa Chimène; de quoi le Maure fut étonné, contemplant une telle splendeur. Et l'émir parti, mon sire de Bivar demeura seul avec Chimène et ses filles, rendant grâces à Dieu.

Grande vie! il en émane comme un faisceau de rayons chauds et doux; la tendresse, l'honneur, les beaux coups, la foi, mille poésies, rien ne manque à l'auréole du héros.

Vous allez vous moquer de moi. Une autre figure pauvre, chétive, anguleuse et ridicule, *la Triste figure*, vous l'avez nommée ; celle dont se gaussent les fous, celle qu'étudient les sages ; ce front illuminé, ces yeux caves et perçants, toute la personne héroïque et saugrenue du chevalier de la Manche ; don Quichotte en un mot, lui-même, vient se placer à côté de la colossale statue du Cid, du Conquistador.

Regardez bien, il y a plus de rapports qu'on ne pense entre le pourfendeur de moulins à vent et le vainqueur des Sarrasins. Tous deux sont fiers, tous deux sont graves ; ils ont l'un comme l'autre indomptable courage et bon sens exquis. Sous leurs cuirasses, l'une forte et qui fait trembler rien qu'à la voir, l'autre bosselée, rapiécée, absurde et qu'on ne rencontre point sans rire de qui la porte, un même cœur bat, les mêmes ardeurs s'embrasent : même loyauté, même délicatesse, mêmes amours. Seulement, celui-ci, Bivar, a trouvé son heure ; l'autre, Quexada, oublié d'elle lui court après ; il ne la rencontrera plus. Mais donnez-lui le roi d'Aragon pour maître, pour adversaire le roi païen de Valence, Chimène pour amante et les Maures à combattre ; faites sous ses éperons piaffer Babieça, mettez Tizon à son poing ; il vous montrera bien, le seigneur de la Manche, quel sang coulait dans ses veines, et que du sublime à l'absurde il ne s'en faut que de l'épaisseur d'un jour.

Au surplus, nous aurions deux Cid, nous n'aurions plus don Quichotte. Laissons-lui Rossinante, l'armet de Mambrin, cette tournure étrange et ces grandes idées disproportionnées à son siècle ; nous n'y perdrons rien. Sous la fable un trésor nous reste : notre histoire, à nous ; celle de notre âme, mon pauvre ami ; de la vôtre, de la mienne ; votre cœur, mes aspirations ; l'éternel contraste, risible aux uns, tragique aux autres, du fait avec les désirs, des impuissances avec la volonté, de l'idéal avec la vie, et pour tout dire, de notre poussière avec notre divinité.

Le soir.

Maintenant nous voici dans la Huerta; nous courons sous les bois d'abricotiers, plus touffus et plus fleuris que ne sont nos pommiers au printemps ; les branches des orangers descendent jusqu'à terre, couvertes de boutons et de fruits.

Alfafar! un nom arabe. Au loin miroite le lac d'*Albufera*, autre nom oriental. Une population à demi sauvage en habite les bords: on appelle ces paysans-là des gens de rien : *Ribera;* j'en suis fâchée pour le peintre.

Nous contemplons de tous nos yeux les orangers, eux toujours, échevelés, gigantesques, pénétrés de senteurs enivrantes ; nous regardons les chamérops à la feuille étoilée, et les palmiers qui ondoient dans les airs, et cette terre vermeille jonchée de pétales odorants, et ces vieilles tours des Maures éventrées au hasard, et ces caroubiers à la forte verdure appuyés sur un tronc monumental.

Beni-Fayo s'est approché. Le *despoblado*[1] arrive jusqu'à nous. Dans cette jachère les cistes étalent leur grande corolle délicate; ils s'écartent pour nous laisser voir *al Hernani!* Qui peut lire ces lettres-là sans que le lyrisme, sans que la passion espagnoles si génialement restitués par le poëte ne reviennent à la mémoire et n'embrasent le cœur!

Mais les montagnes redressées du côté de Denia ont coupé

[1] Étendue déserte.

l'horizon. La première porte à sa base le bourg d'Aleria, plus blanc qu'une perle au frontail d'un casque ; elle se campe en avant avec sa cime aiguë et son flanc déchiré. Les palmiers tranchent de leur fût les arceaux de la vieille ville, leurs panaches qui en dépassent les clochers courent sur la chaîne dont ils dentellent le profil, tandis que la Vega pressée par les pitons semble une corbeille pleine de feuilles et de fleurs dont les verdures abandonnées sautent par-dessus bord.

Supportez-moi, mon ami, mon cœur non plus ne peut se contenir; on dirait de cette nature, on dirait de ces couleurs et de ces emportements de végétation quelque symphonie des maîtres, proclamée à grand orchestre, toujours plus éclatante, toujours plus touchante, avec les sourires, avec les pleurs, avec tout ce qui pénètre et tout ce qui ravit l'âme humaine. Car il y a de l'héroïsme dans ces victoires des séves, et dans ces triomphes de la lumière il y a de la royauté; n'est-ce point une des gloires de Dieu ? Que voulez-vous, il faut que je parle ; il faut que je répète ce nom, ce beau nom d'orangers. Eh bien oui, les voilà, ce n'est pas en bouquets qu'ils viennent, ils ne se massent point en vergers, ils poussent en forêt : un bois qui porte haut ses ramées et dont les troncs se comptent par milliers. L'obscurité règne sous les branches, dessus s'étalent les chastes draperies tandis que les pommes d'or, les pommes des Hespérides, reluisent dans la tenture aux virginales blancheurs. Mon ami, nous marchons à travers le paradis terrestre, nos mains qui s'étendent plongent dans le fouillis des fleurs; jetés en dehors des wagons, la tête au vent tout chargé d'aromes, un instant nous contemplons les palmes doucement émues, puis nous revenons à la merveille, au rêve, à ces profondeurs étoilées. Est-ce bien nous? une pareille contrée existe-t-elle? y a-t-il vraiment un coin du monde où la main de Dieu largement ouverte ait laissé tomber de telles splendeurs!

Cet Eden a nom *Carcagente*. Et quand de l'œuvre du Créateur nos yeux s'abaissent aux créations des hommes, nous voyons de pauvres masures effondrées, nous voyons des fondrières boueuses, nous voyons un malheureux vieillard tremblant de vétusté, des castagnettes aux doigts, aveugle, qui de sa voix éraillée lance au hasard quelques notes discordantes. L'infortuné danse, ses jambes mal assurées essayent des pas, ses bras affectent des poses gracieuses qui me feraient pleurer. Un autre mendiant, jeune, en haillons, les cheveux noir de jais, ébouriffés, avec des yeux flamboyants, l'air hagard, toute la figure insensée et tragique de *Cardenio*, tend ses mains le long des barrières. C'est la terre cela, et nous avions le ciel. Voilà comment la vie jette ses réalités à travers nos visions. On dirait un caillou lancé par quelque main brutale, qui vient déchirer une toile d'araignée tout irradiée de soleil. Ici, sous les orangers comme sous les ronces, on a faim, on est pécheur, on traîne un corps malade, le cœur souffre et l'humanité saigne. Si vous me donnez le paradis, donnez-moi l'existence renouvelée, sans cela j'aime autant la rigidité de nos pics, autant valent nos frimas; ils s'accordent mieux avec les conditions de notre pèlerinage court, douloureux et mauvais.

Mais nous allons à Xativa, vous l'ai-je dit?

Une cahotée en charrette nous mène du côté des montagnes, dans cette antique cité que surmonte la forteresse démantelée par Philippe V. Nul voyageur ne s'y arrête; elle a donc gardé son caractère.

Faisons un peu de prose, voulez-vous?

Trois genres d'auberges se partagent, sur la terre espagnole, l'honneur d'exercer l'hospitalité : la *Fonda*, qui, sauf le confort, ressemble à l'hôtel de chez nous; la *Posada*, plus modeste et plus dépenaillée; la *Venta*, dont le tenant donne à manger quand il peut, à boire de l'eau fraîche tant qu'on veut, et laisse le voyageur à la belle étoile.

Notre *Fonda*, vraie posada par l'aménagement, se compose d'une cour encombrée de tartanes et de mules, d'une salle où quelques chaises de canne courent après quelques tables de chêne, d'un corridor quadrangulaire sur lequel se dégagent des chambres nues comme la main; le tout silencieux et désert. On entre, personne; on appelle, nul ne répond; à force d'errer dans la solitude, on rencontre une manière de *Criado*[1] qui se trouve là par hasard; on lui manifeste l'intention de loger dans son caravansérail; le *Criado* secoue la tête, enfonce les deux mains dans sa chevelure, pousse une porte, en pousse trois, quatre, jusqu'à ce qu'un lit vacant vienne s'offrir à son regard; chacun casé de la sorte, notre homme disparaît. Si vous voulez davantage faites comme nous; courez du haut en bas de la casa, grimpez du bas en haut, frappez des mains, cherchez, cognez, au bout d'une heure vous obtiendrez deux serviettes plus ou moins propres, et des draps qui ne le sont pas du tout. Un verre! pourquoi faire? Une commode! jamais ces bonnes gens n'en ouïrent parler. Ils vous montrent un clou planté dans le mur à cette fin d'y suspendre vos habits : l'*Equipaje*, la *Roba* des Italiens; ils vous montrent, encastré dans le plâtre, un morceau de miroir grand à peu près comme celui que la *Torralva* por-

[1] Domestique.

tait dans sa gibecière, à côté du sel de ses chèvres; et si vous n'êtes pas content, tant pis pour vous, car eux le sont, et gais, et honnêtes, plus que pas un hôte de France ou d'Italie.

En attendant, deux caballeros, celui-ci de petite taille, pâle, un citadin; l'autre plus grand, le teint brun, les cheveux bouclés, la taille serrée dans cette veste en peau d'agneau qu'affectionnent les gentilshommes campagnards; tous deux tranquillement assis sur ce canapé, font de la musique au beau milieu de ma chambre. Ils nous ont salués, puis ils ont repris leur place, très-placides et nullement gênés; ils seraient encore là si le criado, sur notre prière, ne leur avait manifesté, non sans s'excuser de l'audace, l'étrange désir que nous avons de rester seuls un moment.

Nous voilà donc chez nous. Appuyée à ma fenêtre, je considère cette sombre ville coupée de rues étroites, le long desquelles se dressent des palais délaissés et taciturnes. Ces hautes murailles ont vu passer César Borgia, alors que Gonsalve de Cordoue, qui l'avait fait prisonnier, l'amena dans Xativa, son lieu d'origine, pour l'y retenir captif au mépris des serments. Le procédé, je suppose, n'étonna guère ce fils d'Alexandre VI. D'ailleurs le souverain avait ordonné, tout était dit : — *Mata ! que el re perdona*[1].

Plus tard Philippe V emportait d'assaut la ville rebelle[2]; il en détruisait les forts et lui imposait cette odieuse appellation de *San Felipe*, un nom qu'elle a répudié naguère pour reprendre celui de Xativa, bien plus caractéristique et bien plus espagnol.

[1] Tue! le roi pardonne.
[2] Alliée à l'archiduc d'Autriche, rival de Philippe V.

Les *calles* abandonnées, le silence absolu, tout laissait ce matin parler l'histoire, quand des notes fantasques accompagnées de claquements de mains et de frôlements de pas ont soudain frappé nos oreilles. Comment résister? on va, on suit les corridors, un bout de jupe frissonne dans cette chambrette ; nos deux hidalgos : don Miguele de Valence, don Fernan de Xativa s'y sont réfugiés. Don Miguele joue de la flûte, don Fernand gratte de la mandoline. Une jeune fille, presque une enfant, la petite servante de la Posada, pauvre robe et chevelure désordonnée, dans toute la candeur de ses treize ans, dans toute l'indépendance d'une nature inculte et franche, s'enlève les bras hauts, la taille souple, comme lui dictent ses aspirations de poésie et de liberté. Les caballeros nous ont invités du geste.

Ce qu'elle danse, cette enfant à demi sauvage? La *Rota aragonese*. Appuyée contre une table, elle laisse achever le refrain, puis elle essaye quelques pas, songeuse, distraite, cherchant sa pensée; elle s'élance, elle glisse, elle tourne, bondit, s'incline, heurte ses mains à la façon des cymbales; une gazelle saute ainsi par le désert, baisse ainsi sa tête mignonne, hume ainsi le vent de la mer, dresse son cou flexible, écoute et repart ainsi. Mariquita ne sait point qu'on la regarde, elle ne s'inquiète ni de nous ni de personne ; l'esprit de la danse la possède. Sans nulle beauté, tout entière à ce plaisir mystérieux des pas au hasard, des harmonies secrètes, de la fantaisie, des grâces qui se révèlent et s'égrènent comme un collier de fruits agrestes, elle court, s'abandonne, trouve le secret des poses géniales, et les fées du bois ne dansent pas mieux.

Quand la petite a fini, nos caballeros se mettent à chanter. Don Miguel y apporte la science d'un musicien habile, avec une passion qui laisse loin derrière elle l'ardeur des artistes italiens; on sent un foyer plus intense, moins expansif, dont la flamme s'échappe en jets puissants mais rares, pendant que le volcan fait tressaillir le sol. Don Fernan, qui n'a pas tant de savoir et qui garde plus de naïveté peut-être, redit les airs du pays dans leur âpre saveur. La chambrette s'est remplie des femmes de la maison. L'hôtesse et ses filles, celles-ci jeunes, avec la délicatesse des traits, la langueur des yeux, la belle coupe arabe du visage; celle-là sévère, des tons bronzés, de larges paupières, le nez d'aigle, le regard perçant des Ribera, tout ce monde, d'une dignité à ne déparer point la cour de Charles-Quint, s'assied où il peut, sur le lit, sur les coffres, par terre. La gravité n'y perd rien, les noblesses de l'attitude y gagnent tout. Quelques enfants promènent çà et là leurs mines rondes avec leurs cheveux frisés; il y a des marmots qu'on tient sur les bras; il en est que leurs mères, des vierges de Murillo, allaitent chastement, tandis que la sœur, une *muchacha* tout ébouriffée, nous apporte des branches de roses et des branches d'orangers. Où trouver tant de charme joint à tant de courtoisie? Ces beautés austères écoutent la musique avec le sérieux des anges. L'art est pour de telles natures ce qu'il est pour tout esprit bien épris de grandeur : une révélation dont les paroles inspirées, plus voisines de la tristesse que du plaisir, ne se laissent entendre que des cœurs recueillis.

Mais don Miguel et don Fernan ont commencé de dire une *Rondeña*. Cette fois, c'est le vrai chant maure, celui qui retentissait durant les nuits d'été sous les murs de l'Alhambra. D'abord un son prolongé de la flûte, un appel, une pensée jetée à travers l'espace et soutenue comme l'oiseau sur ses ailes. Après vient la mélodie, étrange et solennelle, quelque chose entre l'hymne d'église et le caprice oriental.

La guitare accompagne en sourdine; la voix, une seule voix, lance le couplet, aventureux, libre, selon que vont les rêveries, plus indompté que le simoun d'Afrique lorsqu'il soulève les tourbillons du sable ou qu'il se joue parmi les dattiers. Bientôt la voix s'est tue, soudain coupée, on ne sait pourquoi; elle rompt tout, non sans s'éteindre en une longue dégradation de dissonances, non sans passer par ces défaillances des tons majeurs, des tons mineurs, non sans pousser ce dernier soupir, regret, plainte ou désir, que si souvent dans les solitudes asiatiques je suivais le cœur palpitant, et possédée des belles tristesses que nous donne l'infini. Cependant la mandoline continue tantôt un accord majeur arpégé sur les cordes, tantôt un accord mineur sonné sec, parfois quelque revers des doigts au bois qui résonne. Sur ce fond monotone dont l'uniformité berce la pensée, les variations de la flûte se détachent en fins gazouillements. Quand elle a bien éparpillé ses fioritures, la voix du chanteur reprend énergique, dominatrice; tout à coup adoucie elle chuchote; de nouveau le timbre éclatant resplendit, et de grands silences viennent mettre leur austérité dans ces emportements de la passion.

Mon ami, les larmes ont jailli de mes yeux; ce sont des régions idéales, on n'y aborde point sans que l'être entier se sente fléchir.

Le soir, autre fête.

Don Miguel a fait demander aux dames voyageuses la permission de leur offrir une *Tertulia.*

Une *Tertulia!* je crois bien! On ne sait pas trop ce que

c'est; à coup sûr cela ne ressemble à rien; va pour la Tertulia.

Vers sept heures donc nous sommes descendus dans la grand'salle. Les criados ont rangé les escabeaux le long des murs. Les señoras, celles de ce matin, d'autres encore, sans toilette et sans façon, des messieurs en redingote et en veste, notre Mariquita, les serviteurs de la casa vont, viennent, causent et circulent pêle-mêle; les enfants se culbutent à qui mieux mieux; un vieux paysan debout derrière son *Centerio*, table d'harmonie tendue de cordes métalliques, attend, les doigts armés d'onglets en cuivre, qu'on lui donne le signal.

Car c'est d'un bal qu'il s'agit. Nos caballeros n'ont rien imaginé de plus galant pour nous divertir. Ils s'élancent vers nous. Vous nous connaissez, vous nous voyez d'ici; voilà des dames embarrassées et d'honnêtes Hidalgos désappointés; bref, les fatigues du voyage, l'ignorance des danses du pays, on s'en tire comme on peut; les Hidalgos, qui comprennent bien que nous n'apportons là ni sot orgueil ni malice, s'en vont inviter d'autres señoras, et l'on nous promet des *Fandangos*, des *Bolléros*, tant qu'il nous plaira.

Cela commence par une *Havanaise*, sorte de valse incroyable d'abandon, où la señorita, presque évanouie dans les bras de son danseur, erre à pas incertains, entraînée, portée à demi, comme en un rêve. Je vous assure que nous restons stupéfaits; ces couples bizarrement enlacés passent et repassent devant nous, balancés d'un mouvement langoureux; l'intimité de l'attitude nous effraye, la gravité des personnes nous rassure; on dirait des prêtresses qui accomplissent un rite; mais en vérité, si par le sérieux du caractère et par la tenue de l'âme ce n'était le comble de la dignité, ce serait le dernier terme de l'inconvenance.

Cependant les belles señoras ont achevé d'accomplir leur cycle, elles tombent pâmées sur les siéges. Et voici deux garçons des champs, deux bonnes grosses figures réjouies : vingt ans, les *alpargatas* aux pieds, les castagnettes aux mains, bien découplés sous la lourdeur, tourtière en tête, pantalons flottants, veste courte et chamarrée ! Ceux-ci ne rêvent point. La guitare grésille, le centerio lui répond ; nos gars, les castagnettes en l'air et le corps immobile, font retentir des trilles agaçants. Ils les secouent, leurs castagnettes, elles sonnent, elles mordent ; ils se défient et se jettent aux oreilles le bruit des notes cassantes. Tout à coup ils partent, jambes lestes, et de grandes passades, et des pirouettes, bras étendus, bras relevés, d'une grâce un peu gauche qui nous ravit. Maintenant nos drilles frappent la terre du talon, ils tracent des figures bizarres comme font ces gros papillons de nuit quand ils volètent autour des fleurs ; castagnettes de vibrer, passequilles d'enlever nos compagnons à cinq pieds du sol, ils ne touchent le plancher que pour jaillir de plus belle ; c'est la danse nationale, la voilà dans sa candeur, dans sa rondeur, emportée, mesurée, savante et naïve. Toute la nuit je les aurais contemplés, nos deux gars. Mais après un saut prodigieux, ils s'essuient le front, remettent droit le sombrero un peu dérangé par cette gymnastique, et s'en vont bonnement rejoindre la compagnie.

Cependant les couplets alternent avec la *Gandienne* ou le *Bolléro*. Don Miguel, tandis qu'il presse son ami de redire quelque *Cancion*[1], continue à faire du bout des doigts

[1] Chanson.

frémir la guitare en un babil mezzovoce, qui sert d'accompagnement à sa prière; cela est courtois, cela est charmant; puis don Fernan recommence de chanter, et les señoras marquent le rhythme du mouvement de leurs têtes nonchalamment balancées.

Seul, un freluquet parisien échoué dans Xativa, cette patrie des Borgia et de la bonne grâce, l'air suffisant, le nez faraud, la lèvre désabusée et le lorgnon dans l'œil, regarde d'un suprême dédain s'agiter ces gens-là. Il nous montre du bout de l'épaule la petite servante que vient d'engager un des gars, et murmure : — Monde mêlé!

Hélas! mon ami, dans cette noblesse native, la seule vraie, il n'y avait que lui de fourvoyé.

18 avril 186...

Ce n'est pas uniquement pour voir danser la Gandienne que nous avons planté hier notre tente à Xativa. C'est, quoi? pour faire à notre guise, nous arrêter où l'on ne s'arrête point, regarder ce qu'on ne voit pas, entrer dans le cœur du pays, baguenauder enfin, et ce matin nous voilà par la ville, et tout doucement nous montons vers le fort.

Pablo, notre guide, paysan bas sur jambes, culotté de futaine, le torse emballé dans une grosse veste ornée de figures cabalistiques, telles que la portent les Surudjis de Syrie [1], a sur la tête un chapeau conique dont les bords très-larges se relèvent en ourlet; deux pompons accentuent

[1] Conducteur de chevaux.

le fond et l'aile ; sous cette auréole de feutre noir s'épanouit la mine gaie, fine, entendue, non sans malice, d'un vrai Sancho Pança. Tout y est, l'œil vif, le nez court, la bouche prompte aux sentences, le menton charbonné de barbe ; rien que de voir ce petit homme écarquillé devant nous avec sa veste de nécromant, ses gros mollets et sa tourtière, nous met le cœur en joie.

Quant à la ville, pauvre et laide au premier abord, elle se raccommode à mesure qu'on y fait quelques pas. Plusieurs de ses habitations sont des palais ; leur beauté, comme celle des maisons arabes, se tourne en dedans ; les battants restent clos sur la rue et les jalousies baissées, mais si les uns s'entr'ouvrent et que les autres se relèvent, vous apercevez de fraîches salles aux nattes artistement tressées ; quelque guitare se suspend aux murs ; derrière le vestibule carrelé de faïence, s'étend le *patio* planté d'orangers ; des arceaux délicats infléchissent leur courbe dans une lumière atténuée, vous entendez bruire la fontaine, son jet sème l'air de notes intermittentes, et je ne sais quelle poésie émanée des vieux souvenirs ajoute son accent au murmure de toutes ces choses secrètes.

Il y a devant la ville, du côté du fort, un couvert d'arbres où s'abrite le clavier d'eau : sept bouches qui versent à gros bouillons leur flot dans un bassin. Les mules caparaçonnées de fanfreluches et de grelots y viennent boire, poussées de leurs *arrieros* [1] ; l'*aldeano* [2] qui arrive à cheval, capa sur l'épaule, escopette au dos, laisse sa monture y plonger des naseaux fumants ; le berger y mène ses moutons et ses chèvres en longs chapelets ; les lavandières au

[1] Muletier.
[2] Paysan.

corset de laine, à la jupe courte, les tresses traversées d'épingles aux mille feux, y baignent leurs bras nus, elles y battent le linge de leurs mains brunes; cela fait penser aux tableaux des maîtres, à ces œuvres nées un beau matin d'une rencontre fortuite entre l'âme qui cherchait l'idéal, et le site qui s'épanouit sous les premiers sourires de l'aube.

On monte par d'étroites *rudas* [1] en casse-cou, à travers la vigne et les figuiers. L'hôpital, un ancien couvent, projette sur la place son grand toit de pagode; il a d'un côté trois fenêtres ogivales, aériennes, coupées dans le mur plein; sur l'autre muraille entièrement fruste s'ouvre une porte enjolivée de sculptures; l'encorbellement que soutient une galerie à jour, laisse tomber son ombre sur les blancheurs du monument. J'aime ce caprice, cette irrégularité me plaît. Le genre est-il arabe ou renaissance, je n'en sais rien; dans l'atmosphère transparente, baignée de clartés à peine écloses, avec les pampres jetés d'un jardin à l'autre, cela donne à l'imagination une de ces sensations rayonnantes que je compare au lever du soleil quand il jaillit sur la campagne mal dégagée encore des brumes de la nuit.

Tandis que nous cheminions rêveurs, une forte femme qui revenait des emplettes s'est mise à marcher devant nous. Le panier sur la hanche, sous le bras un lapin, un honnête Jeannot lapin : fourrure grise, dodu, les oreilles couchées, l'œil doux, grand amateur de rosée et de thym; elle franchit les degrés à puissantes enjambées; toute sa personne exhale je ne sais quelle hâte d'ogresse qui nous

[1] Rues.

donne à penser. Que veut-elle faire de l'animal? Pablo lève les épaules. A notre question la femme s'est retournée :— *Matar*[1] ! — dit-elle. Matar ! mot horrible qui tombe lourdement, comme un assommoir.

— Si nous l'achetions !

L'acheter, le lâcher ! où, comment, quelle idée, c'est absurde ! voilà l'égoïsme en campagne. Eh bien, non, ce matin l'égoïsme aura tort ; on la fera, cette chose niaise ; on sera bête au point d'avoir pitié d'une bête ; on ne s'en tiendra pas aux compassions hypocrites qui poussent des soupirs, tout en détournant les yeux pour laisser égorger. L'acquisition est conclue, maître lapin a passé du giron de la matrone aux mains de notre brave David ; le voilà bien caché dans les plis du manteau ; on ne lui laisse que les yeux pour contempler la nature, et son petit museau qui tremblote pour humer le bon parfum de liberté. C'est très-bien, mais où le mettrons-nous? Car la population enfantine nous guette ; les concitoyens de César Borgia ont le couteau prompt ; une vie de lapin ne les arrêterait guère plus, j'imagine, que n'arrêtait l'autre la vie d'un prince ou d'un cardinal. Eh ! nous l'établirons là-haut, dans l'enceinte de la forteresse, sur le gazon, parmi les lavandes ; ce sera le premier captif à qui les verrous auront donné la clef des champs.

Cependant les prés tapissés de marguerites s'élèvent en versants adoucis, des plantes aromatiques répandent leur baume à mesure que nous les froissons du pied, les buissons du nopal étalent leurs raquettes rangées en éventail au bout de ces troncs énormes qui ressemblent à des boas; le fort a laissé couler sur les ravins son mur crénelé qu'ap-

[1] Tuer.

puient des tours carrées. Et qu'elle a de grâce, celle-ci, couronnée d'herbes folles, panache au vent, tandis que ce caroubier l'embrasse de sa vigoureuse ramure et que sur nos têtes se dressent les grands profils du château démantelé !

Plus nous montons, mieux les plans s'abaissent. La ville rentre dans son enceinte, elle s'y masse, les plaines s'allongent, le paysage s'élargit ; et quand nos yeux ont sondé l'étendue, lorsque nos regards se sont fatigués à mesurer les espaces dépeuplés, ils reviennent aux détails d'une flore exquise partout semée sous nos pas. L'ophris mouche ouvre ses ailes blondes, comme s'il allait prendre son vol; l'antérinum avance au pied des murs sa petite gueule rouge; parmi les rochers l'iris bleu a recourbé ses courtines odorantes; un fumeterre que mon frère[1] découvrit il y a bien des années dans la sierra Nevada, niche entre les pierres de la muraille ses touffes roses et ses touffes blanches, tenture embaumée qui se déroule plis après plis sur toute cette vétusté.

Si vous saviez qu'il y a de charme à monter lentement dans l'air vif, au sein de cette libre nature, sous le regard de Dieu ! Les plus saines joies sont celles qui jaillissent d'une terre inculte, celles qui tombent d'un ciel clair, celles qui nous viennent de notre propre vigueur. Gravir, lever la tête, respirer à pleine poitrine, regarder haut, voilà quelles énergies trop souvent nous manquent ; et ce sont elles qui nous rendraient forts.

Mais la première porte nous a présenté son front. La clef grince, les gonds crient, un chemin de ronde que serrent des bastions nous mène sous la voûte drapée d'un grand

[1] M. Edmond Boissier.

lierre. Je ne sais rien de charmant comme ces longues traînes vertes jetées aux blocs du granit, je ne sais rien de moqueur comme cette fragilité vivante qui semble défier cette morte solidité.

Une fois le dernier seuil, franchi tout fleurit et tout pousse. La séve s'est ici bien franchement donné carrière ; ce qui fut cachot, salle des gardes, arsenal ou donjon s'arrondit en pelouses, rit au soleil, s'écarte pour abriter dans l'ombre des feuilles charnues, ou bien s'ouvre en vastes corbeilles toutes débordantes de coronilles et de géraniums ; des lianes s'accrochent où pendaient les chaînes, des buissons lancent leurs jets où passaient les coulevrines, un mûrier couvre de sa blonde ramée la caserne que faisait trembler le pas brutal du soldat ; c'est étrange, c'est mystérieux ; mille sourires avec un passé plein du tonnerre des bombardes. Qu'est devenu le siècle où les Maures la possédaient, notre citadelle? où trouver les échos qui répétaient le cri d'Allah? et les brises dont l'haleine ployait et déployait l'étendard avec le croissant, où sont-elles allées ?

Au lieu des Maures nous avons notre lapin. Vite, mettons-le dans l'herbe, sous ce figuier; les blocs semés çà et là lui serviront d'abri ; le vieux mur percé de trous lui fournira sa maison. Pauvre bête, il a les pattes ficelées ; on le délie, jugez s'il est content, et caressé, et baisé, et s'il regarde ses bienfaiteurs d'un air tendre. Le voilà sur le gazon ; un moment il reste immobile, fâché, bien aise, on ne sait trop quoi ; puis il lève la tête, il dresse les oreilles, écoute, examine ; nous nous sommes écartés pour le laisser faire ; maître Jeannot flaire un peu, frappe du pied, avise un trou, s'y enfile, et bonsoir.

— *Ha incontra su casa*[1] — dit Pablo. Là-dessus on s'assied, on veut le revoir : les amis ne se quittent pas comme cela, pour jamais, sans que le cœur ne leur saigne un peu. Maître Jeannot, son chez-soi bien assuré, ressort, s'assoit à son tour, proprement, se frotte des pattes le bout du nez, ouvre tout ronds ses yeux noirs, broute du thym, essaye de la marjolaine, disparaît, reparaît, fait un bond de ce côté, en fait deux de l'autre ; il est chez lui, la chose est claire, heureux plus qu'un roi. De ses libérateurs il ne lui souvient guère ; mais il trouvera de la compagnie ; les ruines, assure Pablo, fourmillent de gens de son espèce. Quant à la sûreté personnelle du beau sire, l'inscription gravée sur le fronton de la forteresse nous en est un garant : ISABELLE II PROTÉGE TOUS LES AMIS DE LA LIBERTÉ !

Par mesure de précaution toutefois, nous faisons jurer à Pablo, sur son chapeau tourtière et sur sa conscience : qu'il ne révélera ni à femme, ni à fille, ni à prêtre, l'asile de maître Jean Lapin.

Nous, cependant, montons plus haut.

Assis au faîte, sur la muraille effondrée, des horizons se sont découverts devant nous. Un grand cône gris coupe l'étendue arrosée dans toute la portion qui sépare Valence de Xativa. Les Arabes appelaient ce jardin : un morceau du ciel tombé sur la terre.

De l'autre côté, le sol nous montre jusqu'en d'insondables perspectives ses belles aridités faites de cailloux et d'embrasement ; l'éclat d'une telle pauvreté, fière et splendide comme le sont les haillons au pays de lumière, nous parle de la puissance des lignes et des miracles du soleil.

[1] Il a trouvé sa maison.

Pablo considère avec horreur le désert dont nos yeux sont épris. Il se tourne amoureusement vers les champs de blé qui peignent la terre d'un vert cru. Chacun des *hacienderos* [1], dit-il, jouit, à son tour, pendant un temps déterminé, du courant que charrient les canaux (les canaux des Maures, s'il vous plaît). Les capacités territoriales du propriétaire règlent les proportions de sa prise, et le tribunal des eaux qui chaque semaine siége à Valence, juge en dernier ressort des questions litigieuses.

Soit rareté de l'eau, soit insalubrité des cultures, les Maures avaient limité l'étendue des rizières; maintenant elles s'établissent partout; mais les haciendas, si l'on en croit don Miguel, notre caballero d'hier soir, ne rapportent guère plus qu'elles ne faisaient avant, et les revenus ici comme ailleurs s'en vont en fumée.

L'herbe n'abonde pas dans ces contrées qu'incendie le soleil; au lieu de prairies on a les caroubiers; ânes, chevaux et bœufs se nourrissent de carouges.

Ces terrains vagues prolongés à l'infini, l'abomination de la désolation de Pablo, s'appellent *tomillos;* le thym qui les stérilise et les parfume leur a donné son nom. Qui possède un *tomillo*, tient la faim et la soif.

Nous regardons cela, le mur dévalé dans une gorge, le flanc du piton coiffé de sa tour qu'embrassent des lierres détachés à demi, et flottant dans le vide. Puis nos yeux se ferment, des clameurs de bataille remontent du passé ; ce sont les Arabes, ce sont les chrétiens, c'est Philippe V outré contre la ville autrichienne; toutefois, la paix du site est la plus forte, et nous restons enveloppés de son silence, enlacés de ses tiédeurs.

[1] Propriétaire de *hacienda*, domaine.

Plus tard nous avons quitté Xativa, nous avons laissé son peuple facile, oisif, ployé dans les grandes capes à carreaux verts et blancs. Ces hommes, eux, aussi, semblent contempler un passé dont la gloire leur suffit.

Les inondations de l'hiver ont en maints endroits coupé la voie ferrée. Quelques échafaudages provisoires suppléent les viaducs emportés ; je crains que ce provisoire-là ne dure plus que la vie des voyageurs. De loin les poutrelles jetées en l'air ressemblent à un jeu de jonchets soutenus par un miracle d'équilibre ; impossible que le train porte là-dessus, autant mettre un éléphant à califourchon sur un fil d'araignée ; plus on approche, plus cela paraît fou, la travée va s'écraser, le plancher disparaître ; on arrive, on passe, on est passé, rien ne croule, et c'est à recommencer deux lieues plus loin.

En attendant, le sol bouleversé par les torrents nous montre ses déchirures ; il a des érosions écarlates d'une sauvage beauté. Le château de Mureto, troué par le milieu, assis sur des roches couleur d'ocre, considère ce grand désastre et prolonge son ombre vers la chétive bourgade massée à ses pieds.

Mais un gouffre s'est creusé devant nous ; cette fois le convoi met son monde par terre ; on traversera l'eau comme on pourra. Le soleil couchant incendie toute cette pourpre ; deux ou trois cents voyageurs descendent les ravins. Ceux-ci portent des branches d'orangers, fleurs et fruits entrelacés à la façon des thyrses antiques ; celles-là serrent une mantille autour de leurs cheveux noirs ; des marchands improvisés nous offrent l'*arachide*, petite amande huileuse qu'on recueille aussi sur les côtes de Guinée ; et voici dix jeunes gens montés sur dix ânes, le onzième sur un étalon gris de fer, des étudiants en vacances, évidemment, fils de quelques haciendéros de par là, rangés en front de bataille pour se mieux ébaudir de notre aventure. Le propos hardi, quelque peu grossier d'allures, ils dégringolent sur nos talons. Une fois le courant guéé, après que nous avons pris place dans le convoi qui nous attendait sur l'autre bord, nos licenciés arrivent à leur tour sur l'esplanade ; et de la voltige, debout, assis, ventre à plat sur le dos de leurs bêtes, des sauts périlleux tant qu'on veut. Les bourriquets secouent les oreilles, plus d'un pose son cavalier dans la bruyère, l'étalon se dresse sous les éperons du beau fils qui le monte, et par ce soir lumineux, dans ces clartés, au milieu de ce désert, toute cette bonne humeur vagabonde a sa grâce, un peu farouche si vous voulez, mais savoureuse et bien espagnole.

Le train est reparti, la nuit tombe, demain je vous parlerai d'Alicante.

19 avril 186...

Nous sommes en Afrique. Mettez-vous à la fenêtre, et regardez. Grand soleil, grande mer. A droite, des côtes sablonneuses vont s'abaissant vers le sud jusqu'à ce qu'elles disparaissent dans la lumière ; à gauche, des rochers suspendus, âpres et dépouillés, portent à leur sommet une citadelle moresque ; le tout éclatant de blancheur.

Il y a des pays où règnent tour à tour le vert, le bleu, le jaune et le rouge, suivant les saisons, le sol ou les cultures ; ici le blanc triomphe, un blanc immaculé comme la neige, éblouissant comme le désert quand il miroite sous les feux du midi, chaud et flamboyant comme le burnous de l'Arabe, alors qu'on en voit flotter les plis à travers l'étendue calcinée : un blanc sans miséricorde, violent, à faire fermer les yeux, mais je vous réponds bien qu'on ne les ferme pas. Il me semble que la joie entre chez moi de partout ; il me semble que Dieu lui-même siége au milieu d'une telle gloire. Comment voulez-vous qu'un souci, comment voulez-vous qu'une des mornes tristesses dont nous traînons après nous les langueurs dans le Nord résiste à ce triomphe du jour ? J'ai parfois pensé que le paradis devait être fait de lumière et qu'on ne se lasserait jamais de ses rayonnements ; le cœur, quand il est heureux, en a de pareils.

Mon ami, je vous mène sur le môle. Les vaisseaux y croisent leurs vergues, qui forment le seul trait noir du tableau. La mer, diamantée jusqu'aux derniers horizons, monte et s'évanouit en une ligne sereine ; sur les toits plats des maisons rangées ainsi que des perles le long de cet azur, on voit passer quelque nopal, on voit voltiger quelque bout de tente. Tout vit, tout rit. Les ouvriers du port, vêtus à l'africaine, leur toile blanche au vent, leurs grands yeux noirs en feu, leurs membres souples et bronzés, prompts au travail, poussent les tonnes, entassent les rails, transportent le bois d'ébène, le bois de campêche, ou bien assis jambes pendantes sur quelque poutre qui du bordage des navires s'avance en pleine eau, bercent leur rêverie d'une cantilène à cent couplets.

Nous n'allons pas rester là, vous pouvez m'en croire ; le jour est trop beau, il y a trop de joie dans l'air. Nous partons en *Gallera*, la tartane d'Alicante. Des rues larges, gaies, peuplées de gens actifs, sans un mendiant, nous conduisent hors de la ville. Nous voilà dans un désert pareil à celui qui vient mourir vers les murs de Stamboul. Notre gallera monte sur des plateaux rocailleux ; elle a si bien grimpé que la citadelle avec le rocher qui la porte se détache de la mer, au-dessous de nous, en un seul bloc plus blanc que n'est le marbre. Chaque échancrure du sol nous restitue la Méditerranée; ce cadre sévère lui convient ; aux limpidités profondes et bleues il faut la pierre avec ses tons rudes, avec ses cassures énergiques, ou bien le vert puissant des orangers, des caroubiers, des arbres à feuilles résistantes, ou mieux encore la glauque chevelure des oliviers émue à chaque souffle, ou quelque pin jeté par le travers des cieux, avec son parasol aérien qui se penche et se profile sur les plaines humides.

Maintenant, plus rien. Les renflements d'un sol embrasé, les solitudes infinies de la mer, blancheurs éblouissantes heurtées à l'intense lapis du flot; deux radieuses couleurs qui chantent un hymne éclatant, c'est tout.

Sur la terre durcie, que pas un brin d'herbe ne parvient à percer, étincellent les *Huertas*[1] semées de loin en loin, chacune enchâssée dans son verger. Un puits leur a donné la vie. Pareilles à des îlots de verdure qu'emprisonnerait quelque océan de cailloux, les tièdes haleines s'y jouent et l'on y entend chanter les oiseaux. Vous connaissez le charme du sourire lorsqu'il éclaire un austère visage; alors représentez-vous ces palmiers jetés en pleine désolation, ces fourrés d'abricotiers dont le fruit a déjà pris sa grosseur, ces feuilles dilatées, bien portantes, et l'ivresse du regard lorsque tout à coup il rencontre l'oasis.

Notre galère a jeté l'ancre dans un jardin comble de

[1] Jardin.

fleurs. Rien de rare, mais l'extension prodigieuse des plantes de serre qui, toute l'année, vivotent chez nous. Que vous dirai-je, le mésembryantemum aux étoiles roses, blanches, épanouies sous un flot d'étamines d'or, couvre de sa lumineuse toison les murs à moitié démolis; cela foisonne, cela descend jusqu'à terre, cela boit le soleil. Des géraniums écarlates, en arbre, poussent à grands jets leurs frondes démesurées; des champs d'héliotropes, de jasmins, de verveines, d'anémones et de mimosas, en désordre, au hasard, comme Dieu sème et comme il fait fleurir, s'étalent et franchissent l'enceinte; l'oranger répand sur le sol ses averses de pétales embaumés; les berceaux de la vigne, qui déjà donnent une ombre, mêlent à ces aromes le parfum de leurs grappes en fleur, et ces grappes produiront le *Fondeloll*, l'ambroisie du royaume d'Alicante.

Assis sur la margelle d'un puits, d'un beau puits africain, le long de ces petits canaux en maçonnerie dont les mille bras vont porter l'eau fraîche à la terre altérée, nous mangeons la fraise et les abricots verts[1], et les artichauts crus, friandises des pays brûlants que nous offre notre hôte, le propriétaire de la huerta, le patron de notre hôtel, un fin matois à l'air bonhomme.

Voulez-vous entrer dans l'habitation? L'hôte vous y reçoit avec la courtoisie espagnole : *Esta casa esta a la disposicion de usted*[2] ! et ses petits yeux de renard vous diront ce qu'en vaut l'aune. Le vestibule, grande pièce blanchie à la chaux, tient le rez-de-chaussée. Rangées sur trois étages, des cruches à filtrer, les *alcarazas*, gracieuses comme le

[1] Tel abricotier porte 50 arrobes de fruit, trois quintaux et demi d'abricots!

[2] Cette maison appartient à Votre Grâce.

nom qu'elles portent, pleurent de rares gouttes d'eau qui tombent l'une après l'autre. Rien que d'entendre, ce bruit limpide étanche la soif. Elles ont le col allongé, ces nobles amphores, leur goulot se découpe en trèfle, une mate rosée couvre la terre fine et poreuse dont elles furent pétries, et chacune d'elles se coiffe d'un petit couvercle fanfaron qui laisse transpirer les moiteurs. A côté, la cuisine, revêtue de faïences bigarrées, s'ouvre bien à l'air, bien au jour; point de portes, on n'en a pas besoin. Les appartements du maître occupent le premier étage. Les appartements! c'est tout simplement une salle immense; elle prend le bâtiment entier. Avez-vous besoin de six chambres, ou de dix, ou de quinze, poussez la paroi mobile, vous ferez autant de pièces qu'il vous en faudra, et s'il ne vous en faut qu'une, vous garderez pour y respirer à l'aise cette nef d'église avec son énorme volume d'air. Le toit plat sert de terrasse. Après l'enclos, le désert reprend. Telles sont les haciendas du canton d'Alicante.

Mon ami, tout concert a sa note triste. Un attroupement s'est formé sous le porche de notre hôtel. Là, se tient assise une femme, très-belle malgré quelque ampleur de formes; elle est vêtue d'une jupe de satin noir, elle serre autour de ses larges épaules un schall à palmes dorées, sa chevelure qu'accentuent des reflets bleus se relève en torsades; elle a de grands yeux veloutés et fixes, un sourire vague entr'ouvre ses lèvres. On lui parle, elle répond dans le plus pur espagnol: une diction rapide, qui reproduit les inflexions avec les grâces un peu mignardes du langage andalous. Je ne sais quoi d'étrange émane de sa personne.

— Bah! dit l'hôte en se frappant le front: il y a quelque

chose de dérangé ici, dans la *cabeza*[1] ! Elle est de Cadix, la señora, elle appartient à une bonne famille. Sa Grâce revenait de Barcelone, par mer; il faisait gros temps, elle a souffert, elle a eu peur, elle s'est jetée à Valence dans le premier canot du port, pensant toucher terre; le canot l'a portée sur la vapeur d'Alicante; depuis trois jours elle loge chez moi, sans malle, sans *équipaje*, sans argent; il faut que cela finisse. Notre gouverneur la renvoie à ses parents, elle va s'embarquer; mais le passage l'épouvante : *tiene temor*[2].

Vous concevez quelle compassion nous prend. Sans parler de la pitié qu'inspire une telle infortune, il y a quelque chose qui froisse la pudeur à voir cette femme admirablement belle, livrée dans l'abandon de soi qu'entraîne le trouble d'esprit aux curiosités d'une foule qui n'est point méchante, mais qui est naïvement indiscrète et qui s'amuse de chacune des incohérences dont il faudrait pleurer.

Nous avons saisi les mains de la señora, nous lui adressons quelques paroles; elle nous regarde, elle comprend qu'il lui arrive du secours, une lueur a paru dans ses yeux; elle se lève et reste immobile. Cependant, la gallera qui doit l'emmener s'est avancée : — No, dit-elle à voix basse : *ninguna mar*[3]! Elle fait du doigt un geste négatif et de nouveau se remet à sourire.

Alors l'hôte, officieux, courbé vers elle, de sa voix mielleuse l'exhorte et l'encourage : — Ces dames, murmure-t-il à voix basse, vont s'embarquer avec vous, elles partent pour Cadix. — Le pauvre visage s'est éclairé.

[1] Tête.
[2] Elle a peur.
[3] Point de mer.

—Ne la trompez pas ! —nous écrions-nous à notre tour :
— No, señora, nous ne quittons pas Alicante ; mais Dieu est partout, il vous gardera.

La gallera s'est ouverte; un employé du gouverneur présente son bras à doña Florida ; elle hésite, s'y appuie, et monte en voiture. Évidemment les idées de la pauvre femme, égrenées au hasard, ont cessé de se relier entre elles, le fil s'en est rompu, doña Florida ne mesure pas la portée du mouvement qu'elle vient de faire ; mais lorsque la gallera soudain retournée du côté du môle prend sa course vers la mer, alors tout s'élucide dans l'esprit de la malheureuse ; elle se dresse, debout, les bras levés, son beau visage pâli de terreur ; elle saisit les rideaux de la gallera qu'on avait abattus, elle les écarte d'un geste impérieux ; je vois cette figure, une Judith, inondée de cheveux noirs, frémissante, indignée.

— Non, non ! — crions-nous à mains jointes. L'employé fait un signe, une seconde fois la gallère a viré de bord.

— Señora, — dit un agent de l'autorité qui s'est approché chapeau bas : à Dieu ne plaise qu'on désoblige Votre Seigneurie ! — Puis, s'adressant au majoral : — Faites faire un tour de promenade à madame; après, ramenez-la chez elle.

Ce n'est point une ruse, ce n'est pas un odieux tour de métier, nul ne violentera cette intelligence obscurcie. Doña Florida ne veut pas naviguer, elle ne naviguera point ; il lui répugne de quitter en ce moment Alicante, on l'y laissera. Où trouver, dites-moi, pareille condescendance ? Le départ une fois organisé et les mesures prises, existe-t-il beaucoup de pays, j'entends des plus civilisés, où les larmes d'une hallucinée, où les répugnances de son instinct malade, où l'opposition fébrile de son imagination en délire eussent arrêté l'action du lourd engin, tyrannique et brutal, qu'on nomme le pouvoir?

Chez nous, ailleurs si vous l'aimez mieux, on aurait proprement emballé l'infortunée; résistante, on lui aurait passé la camisole, cette violence hypocrite, ce supplice doucereux ; on aurait étouffé ses cris ; on l'aurait de gré ou de force, pour son bien entendu à la façon délicate des agents de police, transportée furieuse ou terrassée, vive ou morte, sur le navire en rade; les parents, avertis par télégramme, seraient venus au port de Cadix recevoir l'objet; et la machine administrative ayant bien fonctionné, chacun se serait frotté les mains.

En Espagne, il en va tout autrement ; la raison peut disparaître, le respect des autres n'abdique point ; une sorte de clémence, qui vient plus du sentiment de la dignité humaine qu'elle ne tient aux tendresses du cœur, sauvegarde l'individu ; les répugnances d'un esprit aveuglé comptent pour quelque chose, l'égarement n'ôte point à l'homme des droits inaliénables ; on fusillera sans trop de façons un rebelle, on se gardera de violenter son humeur; la mort, oui; pas d'humiliation.

Le soir, il a fallu dîner; un fort beau repas. Saint Nicolas, patron de la ville, ce grand jeûneur qui, tout enfant, faisait abstinence et ne tetait qu'une fois par jour afin d'honorer Dieu, n'en eût certes pas ordonné le menu. Nous ne mangeons guère. L'hôte, qui comprend bien de quoi il retourne, s'empresse, et d'une voix tragique : — *Las señoras*, s'écrie-t-il, *las señoras se quieren morir*[1] *!*

[1] Ces dames désirent la mort!

Sur ces entrefaites, une porte s'est entre-bâillée; doña Florida est apparue, elle laisse errer vers nous son regard indécis, et continue d'avancer. L'hôte, d'un froncement de sourcil, l'a retenue; d'un geste impatient il a désigné sa place, là-bas, dans un coin solitaire, et la maigre pitance qu'on doit lui servir. Doña Florida s'assied, on met devant elle je ne sais quoi; la pauvre créature essaye de goûter aux aliments, et tout à coup éclate en pleurs.

Mon ami, un dard nous a transpercé l'âme, nous avons bondi hors de nos siéges, nous l'avons embrassée, la pauvre femme, nous l'avons entraînée: — Venez, venez avec nous! — Elle obéit, elle est là, ses dernières larmes achèvent de tarir, un sourire enfantin, déchirant par la candeur même, succède à l'émotion.

En nous voyant ensemble, son abandon l'avait suffoquée; à notre aspect (les heureux se trahissent toujours), son malheur, étrange, inouï, dont elle ne se rend pas compte, avait fait en elle une de ces explosions soudaines qui d'un seul trait révèle l'excès de la douleur. Pour ce soir au moins elle aura des compagnes.

20 avril 186...

Il pleut.

J'en suis fâchée pour vous, ce temps-là me donne envie de parler.

Bien souvent les splendeurs du dehors nous éteignent. Quand la nature se fait trop puissante, l'esprit se fait indolent. Pénétré de rayons, il reste immobile, comme l'huître qui bâille au soleil. L'âme devient neutre, elle reçoit, j'allais dire qu'elle subit. Mais sitôt que les beautés extérieures se sont voilées, l'hôte intérieur se réveille. A mesure que la lumière pâlit, les idées s'éclairent ; le silence leur prête une voix, l'obscurité leur donne la volée : au fait, ce sont des oiseaux de nuit. Interrogez ces veilleurs que l'insomnie tient debout quand tout dort ; ils ne les connaissent que trop, les bruyants visiteurs des heures ténébreuses. Et si vous voulez savoir le secret de tant d'idylles qui vous ont charmé, de tant d'amour et de tant de poésies, demandez-le à l'hiver, cherchez-le dans les douleurs, que les proses de la vie vous le donnent ; ce qui fait souffrir, c'est ce qui fait chanter.

Ce matin donc plus de mer, plus de côtes ; l'eau tombe en nappes, on ne voit que les averses avec le pavé qui ruisselle.

Sont-ce les monotonies de la pluie, est-ce la scène d'hier? je ne sais quelle indignation à l'endroit des hypocrisies de l'égoïsme, je ne sais quelle révolte au sujet des tromperies à bonne intention tressaille en moi. La voix caressante de notre hôte, alors que se penchant vers doña Florida il essayait d'abuser la pauvre femme, l'effroi de la malheureuse, ses protestations quand elle vit clair, tout me revient au cœur.

Pourquoi trompe-t-on? Pourquoi le mensonge, donnons-lui le nom qu'il a, se fait-il la porte royale par où les gens embarrassés échappent aux situations difficiles ? Encore s'il n'était que les coquins pour y passer ! mais les honnêtes gens la prennent ; pas tous, pas toujours, pourtant ils la prennent. On ne saurait y voir une surprise de la conscience ; non, j'en veux pour preuves les deux mots que je vais écrire, mots qui hurlent de marcher ensemble, mots que vous trouverez en plus d'un saint vocabulaire, mots absurdes, immoraux, odieux : fraude pieuse ! On ne les prononce point avec ironie. Tel brave homme vous fera gravement l'apologie du *beau mensonge*. L'honneur, vous dit-il, en prescrit l'usage, la pitié le commande, le devoir y oblige ; votre vérité brutale, si vous la lâchez, va perdre cette femme, va livrer ce fugitif ; mieux vaudrait assassiner ; périssent les principes, dès que les principes égorgent ! un principe, au bout du compte, c'est presque toujours un meurtrier.

Ah ! mon ami, si les principes savaient peindre, comme ils arracheraient le masque hideux dont on leur couvre le visage ! comme ils reprendraient leur vraie figure, austère oui, mais douce, mais sympathique, et d'une inaltérable beauté ! On ne les verrait plus, pareils au triangle d'acier, tomber d'un mouvement machinal sur les âmes, sur les vies, trancher tout, se relever dégouttants d'un sang qui n'altère ni leur éclat ni le fil de leur lame, pour retomber encore et couper, couper sans cesse, sans trêve et sans repos.

Palpitants d'émotion, touchés de plus de pitié que n'en éprouvèrent jamais ces indécis qui les calomnient ; les principes, ou plutôt les gens qui en ont, car c'est d'eux qu'il s'agit ; fermes, larges, humains parce qu'ils reconnaissent un Dieu ; quand il leur faut frapper sentent un tel effroi, la divination des douleurs qu'ils vont causer leur pénètre le cœur d'une telle compassion, que penchés sur la blessure ils y versent toutes leurs larmes avec tout leur amour.

Au surplus, il n'y a qu'un fait pour trancher la question. Dieu est-il, oui ou non, le maître des hommes? Dieu est-il, oui ou non, le maître des événements? Dieu m'a-t-il, oui ou non, commandé de parler vrai? Dès lors mon obéissance, l'acte le plus sensé de toute créature raisonnable, devient le mouvement filial d'une âme qui s'attend à Dieu. Je ne livrerai ni l'honneur d'une femme, ni la vie d'un proscrit, ni je n'assommerai personne d'un coup de vérité grossière; toutefois je ne mentirai point. J'ai le silence, je saurai m'y réfugier.

Bah! s'écrie-t-on; les lèvres taciturnes sont des lèvres indiscrètes; le silence dit tout.

Il ne dit rien, si Dieu ne veut pas qu'il parle. Je crois pour ma part à la toute-puissance de Dieu. Les diplomates regardent aux circonstances, ils demandent à ces fantasques un motif de ruser; je regarde au Dieu vrai, c'est le Dieu fidèle. Dieu m'a donné l'ordre, il en fera ployer les suites à son gré. Ne m'accusez point d'aveuglement; je ne ferme nullement les yeux pour ne pas discerner le péril, je les ouvre et je vois mon Dieu.

Vous dites que le principe est un cruel, qu'il lui faut du sang, qu'il veut des pleurs; vous vous trompez; les conséquences, voilà les inexorables; ce sont les mères des grandes vilenies et des grandes lâchetés.

Les conséquences! quand on a jeté ce mot-là, on se croit bien habile; on est bien sot. Qui les connaît, les circonstances capricieuses? qui en a sondé le mystère, qui en a dompté l'allure, qui a refréné leurs déductions? vous en pouvez saisir les générations prochaines, mais les autres, mais les filles de celles-là, et cette multitude qui naît d'elles, et les circonstances fortuites que vous n'attendiez pas : caractères, passions, blocs jetés en travers du courant, qui tout à coup précipitent le fleuve où vous ne pensiez point! Ce que vous ignorez, Dieu le sait; là où vous ne pouvez rien, lui peut tout; or ce Dieu qui connaît, ce Dieu qui est le maître, a fait du vrai la pierre angulaire de l'édifice social. Il l'a planté, ainsi qu'une immuable colonne, dans la maison des cieux: Tu ne mentiras point! et nous mentons. Ce serait d'une audace à faire frémir si ce n'était d'une poltronnerie à faire pitié.

On a peur, voilà tout. On n'a pas peur de Dieu, qu'on s'imagine très-loin, on a peur des choses et des hommes, qu'on sent très-près; on croit à la destinée implacable, on ne croit pas aux miracles de la bonté divine. Et que parlé-je de miracle, on ne croit pas à l'action de Dieu, simple, forte, naturelle; on ne croit pas à l'autorité du père de famille exercée dans sa maison. Dieu, quand il nous donna l'ordre, n'en avait pas compris la portée, c'est évident. Il ne savait pas que la vérité déchire; il ne s'est pas souvenu que le silence peut compromettre; les faits déchaînés ne lui appartiennent plus; Celui qui a mesuré les cieux des cieux et qui les a trouvés petits, n'a pas mesuré l'étendue des événements de ce monde; Celui qui a réglé la marche des soleils ne saurait mener les incidents de nos vies; l'homme reste seul en présence d'un mécanisme fatal, d'une horloge si vous voulez, remontée une fois pour toutes, qui va son train, dont le balancier tranche, coupe, à droite, à gauche, et sauve qui peut!

La vérité toujours, la vérité partout, allons donc! Autant demeurer impassible devant une charge de cavalerie. L'intelligence a été donnée à l'homme pour garder sa paix, ou sa peau. Quand les situations se font extrêmes, on les tourne. Quand le commandement devient impraticable, on ne le pratique pas. Et pour en revenir aux conséquences, vous avez beau dire, ce sont des phares ; il en faut sur les écueils.

Des phares! je prends le mot. Tel phare est perfide ; mon ami, n'en connaissez-vous point de pareils? Ne les avez-vous pas vues scintiller dans les tempêtes, ces lumières fallacieuses qu'interroge le navigateur alors qu'il pouvait regarder l'étoile fixe, la sincère, celle qui jamais ne trompa? N'avez-vous point entendu les cris de détresse? Le fracas du navire en perdition, ce coup de tonnerre et cette clameur sinistre ne vous ont-ils pas glacé le sang? Douleurs enfantées par le mensonge qui devait prévenir la douleur; surprises fatales, car enfin elle éclate un jour, la vérité, il le faut, vous ne pouvez la tenir à jamais séquestrée ; l'orage grossi, les foudres redoublées, l'infortune qu'ont préparée vos ruses, avez-vous prévu cela? Et le fer retourné dans la plaie par ces précautions mêmes qui devaient ménager le coup, et tant de complications pour échapper aux complications, tant de cruautés pour éviter d'être cruel, ces ennemis précipités par milliers sur vos pas, les avez-vous comptés? Et l'on ose, de sang-froid, déchaîner cette horde! il se trouve des hommes de bon sens pour se la mettre à dos !

Pour moi, créature chétive, dans les tourmentes de l'âme, dans le chaos de nos vies, je ne connais qu'une parole et je n'en veux savoir qu'une : *Dieu a dit.* La force, hélas! m'est étrangère, je sens bouillonner en mon cœur toutes les rébellions de la faiblesse ; moi aussi, soyez-en certain, la vue d'une larme, un front qui pâlit, il n'en faudrait pas tant pour faire trembler mes lèvres; mais j'ai foi plénière en la puissance de Dieu; c'est là que s'arrête mon regard. Non, je ne trahirai personne, non je n'accablerai ni pécheur, ni malheureux; blottie dans mon silence que nul n'a le droit de violer, forte de ma confiance en Dieu, sachant bien qu'il peut sauver comme il peut perdre, certaine qu'il mène à son plaisir les événements avec les hommes, assurée qu'il écoute les prières, et que l'âme puissante, après tout, c'est l'âme obéissante, j'irai mon chemin : une ligne droite; et je garderai la vérité : une victorieuse.

Mon ami, tandis que je soutenais ce rude combat contre des adversaires qui ne sont pas des moulins à vent, vous pouvez m'en croire, doña Florida est entrée.

Vêtue de sa jupe noire, enveloppée de son vieux schall, les boucles de sa chevelure abandonnées au hasard, les yeux perdus et la pensée errante, elle est venue s'asseoir auprès de nous.

Les caresses de ce regard prennent sitôt qu'il se fixe une intensité dont la douceur devient par moment oppressive; elles vont vous chercher le cœur, elles le troublent; leur insistance qui ne demande rien vous pèse et vous gêne. La pauvre femme, cependant, sourit; un sourire enfantin qui ne se souvient pas, qui ne prévoit point. Son désir, puéril ou motivé, nul ne sait, la porte vers Barcelone: *la gloria de Dios*[1]! Puis elle nous considère l'une après l'autre, elle veut savoir le nom de chacune de nous, elle prend nos mains, s'amuse des soins qu'on lui rend, de sa coiffure dont nous réparons le désordre, de son portrait qu'esquisse mon amie. Lorsqu'elle l'a regardé longtemps: *No tan hermosa*[2]! murmure-t-elle en secouant la tête; et tout à coup, elle me demande si j'aime mon mari.

[1] La gloire de Dieu.
[2] Je ne suis pas si belle.

Faut-il vous dire ce que j'ai répondu? Alors, elle, ses yeux se sont dilatés, une flamme s'est allumée au fond de ses noires prunelles : — Moi aussi, j'aimais le mien! il est mort. — Elle fond en larmes.

Nous l'avons embrassée, nous avons bercé sa douleur. Quand nous lui parlions de Jésus, *Nuestro Señor*, qui ressuscite et qui sauve, elle joignait les mains. Bientôt ses idées ont pris un autre cours. Elle est revenue aux détails incohérents de sa toilette ; elle nous montrait les clefs de ses coffres, un gros paquet de ferraille que ses doigts délicats tiennent serré nuit et jour, sous les plis du schall ; elle nous contait ses belles robes et ses parures de diamants; elle riait des misères de son costume, un soupir profond interrompait le rire, et de nouveau le regard qui se faisait triste, reprenait sa navrante douceur.

— Vous avez du chagrin.

— Mucho[1].

— Dites-nous vos peines, vous en serez consolée.

Cela justement, elle ne le peut pas; la cause de son malheur qu'un instant elle vient d'entrevoir s'est dérobée, son esprit en subit les morbides influences, mais ne la discerne plus; sur ce fond obscur, plein de nuées et d'épouvante, le sentiment de l'abandon se détache seul; il reparaît toujours, ainsi qu'une vague monotone qui vient et revient battre le cœur : — Vous êtes six! — elle nous compte, nous recompte sans cesse. — Moi!... — elle se contemple et se met à pleurer.

« Quand ta mère t'aurait oubliée, je ne te délaisserais point! » — Nous lui répétions cela; elle écoutait notre prière, des mots simples comme ils nous venaient. De-

[1] Beaucoup.

main, dans trois jours peut-être, les parents de cette infortunée arriveront, enfin.

Cependant, nos artistes ont trouvé sur le marché, sous les torrents, je ne sais où, un paysan de bonne prestance: quarante ans, costume à peindre, sombrero en feutre noir, culotte ouverte sur le côté, bas coupés à la cheville, veste ornée de boutons d'argent, figure noble et gracieuse qui pose tant qu'on veut. A mesure que les unes ou les autres nous entrons dans l'atelier, notre homme se lève et salue; lorsque nous y sommes toutes, il bondit hors de sa chaise, frappe des mains et s'écrie d'inspiration : —Il faut faire une *tertulia*, et danser!

Un coup de vent a tout éclairci. Chez nous le temps malade emploie huit jours à se remettre et reste écloppé; ici, demi-heure après l'orage on oublie qu'il a plu.

Nous allons visiter la *Campina*[1] du comte de Pino Hermoso, un des plus aimables et des plus riches propriétaires d'Espagne. Le chemin qui suit la mer remonte un peu vers le nord. Nul désert de ce côté; la verdure abondante a déjà pris les tons fermes de juillet. Bientôt notre route quitte le rivage pour s'enfoncer dans les terres; elle passe au milieu des huertas, des cultures et des terres; quelque mule richement caparaçonnée, à l'approche de nos galleras, se cabre sous le cavalier, dont les aiguillettes sautent et scintillent; les vergers croisent leurs branches sur nos têtes, l'orge courbe sous les dernières haleines son gros épi barbu, des régimes de dattes se balan-

[1] Villa.

cent sur les froments serrés, cela fait une association d'idées et de choses qui laisse l'âme abasourdie et les yeux étonnés.

Que vous dirai-je de ce jardin? Les gouttes de pluie que n'avait pas achevé de boire le soleil glissaient lentement sur l'amphore des callas, les orangers portaient des diamants sur leurs pétales, les passiflores et les roses banks enveloppaient de leurs guirlandes les kiosques à treillis, l'eau jaillissait dans les bassins de marbre, les haies faites de géranium et de marjolaine embaumaient l'air, et les statues se cachaient dans l'ombre que leur jetaient les clématites avec le jasmin.

Il y a peut-être trop d'art dans cette villa merveilleuse, le jardinier y est trop savant, la nature n'y fait pas assez des siennes; mais quoi! les éventails des dattiers s'agitent là-haut, les brises africaines passent sur les papyrus, j'ai entendu le rossignol; enivré de parfums, caché dans les branches que la pluie a semées de gouttelettes, par ce beau soir, tandis que la senteur des grands héliotropes se promène çà et là, que les jets pourpres des fleurs de la passion se balancent avec lenteur, que chaque arbuste semble palpiter, que les couleurs ont pris vie, que les derniers rayons tombent en poussière d'or, il chante, il envoie au ciel ses tenues, ses trilles, ses notes enflées, ses puissants accords soudain interrompus, en maître, en roi; puis il recommence, et jusqu'à la nuit nous l'avons écouté.

21 avril 186...

Voulez-vous un trait de dignité espagnole? Ce mati
nous voyons entrer dans le *Comedor*[1] un enfant qui ven
des journaux. Pâle, guère plus haut qu'une botte, le
habits chétifs, il est estropié. On lui achète ses feuilles
mon frère glisse quelques réaux dans sa corbeille; le peti
les considère, nous regarde, et d'une voix résolue : — Ca
ballero, no[2]! — il a replacé les réaux sur la table. Mai
non, il faut qu'il les prenne : — Nous te les offrons de bo
cœur; tiens, va. — On les remet dans sa main. Alors notr
muchacho, les sourcils froncés et la lèvre frémissante
laisse tomber la monnaie, tourne le dos, et sort avec la
majesté d'un empereur romain. N'aimez-vous pas cela?
Hier au soir, le jardinier de la *campina* refusait toute
étrenne. Voilà des noblesses de race; j'augure bien du peuple qui sait les maintenir.

Nous sommes partis pour Elche, non sans recommander
instamment doña Florida aux soins de notre hôte. Il a promis monts et miracles. Heureusement le gouverneur veille,
et le prochain vapeur amènera du secours.

L'air est tiède, l'aurore teint les cieux de pourpre, on
soupçonne la mer bientôt effacée aux rayons que jette çà
et là son dos nacré. Chaque jour de soleil dore les orges,
dans une semaine viendra la moisson; en attendant l'éten-

[1] Salle à manger.
[2] Non, monsieur.

due se déroule à l'infini, brodée de liserons et d'asphodèles. Il sied au sol de n'être ni semé ni planté. La misère même a son charme lorsque Dieu se charge de la vêtir. Avez-vous remarqué comme la flore naturelle disparaît sous la main des hommes, et comme les progrès de l'agriculture, comme le rendement régulier, opulents sans doute mais d'un ennui à périr, viennent mettre leurs monotonies où Dieu avait répandu les mille formes de sa création infiniment diverse?

J'en suis à me demander si un esprit en jachère ne vaut pas mieux qu'une intelligence labourée par la herse des professeurs. Être âne, à fond! nul ne l'oserait décider pour les siens. Pourtant qu'ils ont d'attrait, les ânes, quand ils gardent leurs idées, leur caractère, leur façon de brouter et de braire, qui n'est pas celle de tout le monde! Nos pays perdus conservent ces trésors d'originalité; des gens ni frottés, ni rabotés, ni sifflés. Ils ont lu ce qu'ils ont pu, comme ils ont voulu; le silence qui règne autour d'eux a laissé chacune de leurs pensées s'exprimer à sa guise; dans la région des connaissances on trouve chez eux quelques lacunes, sans doute; il y a des solutions de continuité et comme des fondrières qui donneraient envie de crier: Casse-cou! Mais l'individu conserve sa figure, qui n'est point celle du voisin; l'esprit a sa vigueur; il est salé, il se porte bien; l'âme voit les choses par ses propres yeux, qui jamais ne prirent de lunettes, et l'on éprouve à rencontrer de tels hommes cette joie faite de soleil et de liberté qu'on sent à parcourir des landes toutes semées de bruyères et toutes baignées d'un air salubre. Être soi, tel est le secret. Jeter par-dessus bord les prétentions, envoyer paître les idées de seconde main; se saisir, se posséder, laid ou beau, ne jamais faire divorce avec soi-même : au fond, la valeur humaine n'existe qu'à ce prix.

Derrière nous s'est abaissée la montagne d'Alicante; nous avons franchi le défilé qu'assure un poste de gardes civiques, le despoblado s'est ouvert.

Si vous pensez y trouver une route, détrompez-vous. Creux, bosses, tas de pierres, mares et flaques, le tout jeté dans l'espace sur une largeur que rien ne délimite, voilà votre affaire. Je vous laisse à deviner les cahots et les tirées de nos misérables chevaux, bêtes surmenées dont maître Renard notre hôte nous a gratifiés, en dépit de nos réclamations. On se met par terre, on va le pas, on saute de ci, on craque de là, on enfonce de cette roue, l'autre reste en l'air ; les botanistes profitent de l'aventure pour faire tout du long main basse sur une infinité de plantes rares et de noms latins ; parfois un laboureur, une de ces belles figures maures drapées de cotonnade, nous considère du milieu de son champ démesuré ; un arriero passe à califourchon sur sa mule, l'escopette en bandoulière ; un berger se tient pensif, la tête appuyée au bâton recourbé en manière de crosse qui lui sert de houlette ; ce sont nos événements

Au bout de trois heures cependant, quelques bouts de vigne, quelques clôtures de palmes, l'étoile des dattiers enlevée d'un trait nous font pressentir le voisinage des lieux habités.

Qu'il a de poésie, cet horizon clair haché de profils inconnus à nos perspectives ! D'abord le palmier n'y jette qu'une silhouette légère, puis d'autres s'y ajoutent, puis les lignes croisées et mêlées frangent l'éther où se marquent leurs courbes exotiques. Près de nous des vergers en vedette, orangers, caroubiers, les grandes chevelures grises des oliviers signalent les abords de l'oasis. On le nomme Elche, et nous en approchons. Les palmiers aussi se sont avoisinés ; ils percent les dômes de verdure, ils effleurent la route, égrenés, solitaires, bientôt pressés en fouillis dans leur désordre magnifique. Ceux-ci, des troncs puissants, assoient sur une forte base leur pilastre monumental ; ceux-là, minces et droits, vont chercher le jour à cent pieds par-dessus les basses verdures ; il en est de capricieux dont le tronc campé de travers coupe en diagonale tous les fûts de la colonnade, il en est de languissamment infléchis dont l'aigrette, après quelque hésitation, se relève et se redresse tout à coup. La lumière ruisselle sur les palmes ; elle tombe en pluie de feu sur les régimes, faisceaux énormes, lourdes grappes, brindilles d'un jaune embrasé qui pendent sous l'éventail et rencontrent dans toutes les obscurités quelques rayons pour les faire resplendir. Mettez le ciel par-dessus, mettez-y son azur intense, si haut que peut monter votre regard ; jetez dans l'immensité bleue la grâce enchanteresse des longues feuilles qui ondulent mollement, et ces tiges sveltes, et ces rudes aspérités des écorces, et ces épaisseurs de la forêt, une forêt de dattiers ; joignez-y la liberté, l'abandon ; étendez là-dessous les champs de pavots qui promènent leurs vagues écarlates dans l'ombre flottante des grands panaches ; ajoutez le hasard ; représentez-vous la royauté de ces nobles arbres ; car ceux-ci sont maîtres : le sol, l'air, le soleil, la contrée, tout leur appartient, ils viennent à foison, sous la figure qui leur plaît, avec l'attitude qui leur va ; et dites, que sentez-vous ?

Pour nous, en extase, les yeux agrandis, les mains pressées, nous aurions envie et de pleurer et de rire, et ce n'est pas assez de la lumière, ni de notre cœur, ni de tout ce qui vit en nous pour contempler, pour exulter et pour glorifier Dieu.

Au surplus, les maisons basses du village africain commencent d'apparaître. Derrière elles les palmiers se sont dressés en muraille; ils jaillissent des petites cours; on les voit dépasser le dôme écailleux de la vieille église. Sur les toits en terrasse pendent les régimes cuivrés ; les grandes palmes vertes, selon qu'elles s'agitent, y promènent la fraîcheur. Et l'on marche là-dedans, comprenez-vous! Lorsqu'on lève la tête, c'est un palmier qui l'ombrage, quand on regarde au fond de cette ruelle, ce sont des palmiers qu'on voit. La douceur embaumée des matinées d'Égypte, les sérénités de cet air transparent et léger, l'idéal qui planait sur ces bois charmants où gémissaient les tourterelles, j'ai tout retrouvé; et j'ai senti cet épanouissement de l'âme soudain portée dans les régions du paradis.

Ah! le paradis, de telles beautés, créations du Père, m'y font penser avec une allégresse et des attendrissements pleins d'émotion. Qui donc a bien osé le dépouiller, notre paradis, le paradis de Dieu? Qui donc, au nom de la sainteté calomniée, de la spiritualité méconnue, en a fauché les verdures, arraché les fleurs, tari les fontaines? Dieu n'avait donc point planté l'Éden! Et ces splendeurs de végétations, et ces limpidités des sources, et la beauté même, ce n'est donc point Dieu qui les a faites? Admirer cela, le cœur tout frémissant d'adoration, ce n'est donc point honorer Dieu? Un paradis stérile, un foyer d'éblouissements monotones siérait donc mieux à la grandeur de l'Éternel? Ces rayonnantes désolations le feraient mieux désirer que la magnificence colorée, vivante, semée d'impérissables fraîcheurs, ne montrera sa puissance et ne racontera sa bonté ?

Je vous ai saluées d'un cœur vibrant de bonheur, ô vous, les belles prémices de la terre nouvelle! vous les abîmes d'éther que chaque nuit jonche d'étoiles, vous, les palmes frissonnantes sous les souffles errants; vous, les troncs hardis, jets d'un seul élan, symboles de nos prières ; vous les tiges allanguies qui me parlez de nos défaillances ; vous, les miracles des séves nouvelles qui relevez ma foi, et toi, soleil et toutes les magnificences de ce jardin du Créateur, je vous bénis, car vous êtes la splendeur de Dieu!

Du haut de la tour nous planons comme ce vautour qui reste suspendu, les ailes immobiles, sur la forêt. Le dôme de la cathédrale, un beau dôme de mosquée, vêtu de faïences bleues que rayent des fils d'or, se détache éclatant du fond brun des colonnades, du fond verdoyant des couronnes. Au loin, quelques montagnes pâles encadrent l'oasis. Les lumières tomblent d'aplomb sur le bourg, sur ses cases raplaties, sur ses rues bien ouvertes et ses toits plats. La mer s'est marquée au levant par un trait clair que sillonne la flottille des bateaux pêcheurs.

Maintenant, perdons-nous sous bois.

Le charme, voyez-vous, c'est d'errer, c'est de toucher les troncs, c'est de promener ses doigts sur les écorces rugueuses, c'est de se placer sous les régimes qui éclairent l'obscurité même et d'aller toujours, et toujours la forêt continue. De petits prés s'ouvrent au hasard, on y voit une case blanche ; des enfants rient et sautent devant, s jouent avec des palmes. Cet homme qui s'enfonce au plus épais du fourré, sa couverture de laine jetée sur l'épaule, c'est un Arabe; et celui-ci qui grimpe au palmier, c'est un fils de la Nubie. Je l'ai vu sur les bords du Nil, il courait de même sorte le long de la tige; une corde à cinq cordons, celle qu'il vient de saisir des deux mains, jetée autour du tronc, soutenait son corps; il gravissait, presque horizontal; il lançait le cerceau du même geste souple, agile et sûr; j'ai frémi comme je tremble en cet instant au dernier coup, suprême, qui porte la corde à travers les feuilles du panache, qui l'assure autour du chapiteau, et si la corde passe par-dessus, si elle rompt, l'homme est perdu. Le voilà, debout, dans la couronne, en plein ciel. Après il redescend un peu, il arrive au niveau du régime, il emplit de dattes mûres sa corbeille suspendue à un fil et la laisse doucement couler; de ressaut en ressaut ses orteils nus qui se cramponnent aux aspérités de l'écorce, franchissent l'intervalle, cent pieds! et d'un bond sautant dans l'herbe, l'homme se rit de nos alarmes. Tandis que nous les savourons, ces dattes exquises, notre grimpeur s'est attaqué à cet autre géant; il court en lézard jusqu'au faîte, glisse du haut en bas, puis tranquillement, sans forfanterie comme sans frayeur, nous raconte que parfois la corde casse, qu'elle ne dure pas vingt jours, qu'on se tue, que le fruit du dattier se vend quarante réaux l'arrobe[1]; et c'est tout au plus si nous parvenons à lui faire accepter le prix de son labeur. Ses enfants, nés comme lui sous la forêt, bondissent tout nus dans l'herbe; les plus petits s'évertuent contre ces rudes titans qui se moquent de leurs efforts. Nous sommes assis, nous voyez-vous, sur ce gazon, la tête appuyée contre les colonnes; nos mains

[1] Vingt-cinq livres.

tiennent des palmes, nos yeux vont chercher là-haut les diadèmes de feuilles vertes, puis nos paupières s'abaissent et nous restons immobiles dans le recueillement des grands bonheurs.

Plus tard, nous avons repris à l'aventure parmi les fûts qui s'élançaient du sol. Ils ont la simplicité sublime de l'ordre dorique ; point d'ornementation, nul piédestal, et pour couronnement le chapiteau royalement épanoui. La forêt où nous marchons appartient à la *Virgen* [1], c'est le nom de l'église. Pendant que je regarde çà et là, me souvenant des fleurs du dattier que me montrait le désert ; tandis que je rêve à ce long faisceau de perles plus blanches que la cire, parfumées, qu'emprisonnent les deux valves de satin vert, tout à coup je l'ai vue, la fleur ; elle vient d'éclore sur ces jeunes arbres ; son enveloppe qui s'est entr'ouverte laisse échapper les grappes ; des aromes enivrants s'en exhalent. Rien ne rendra ni cette pureté, ni ce ton mat si délicat, qu'une haleine le ternirait, il semble, ni cette franche verdure de l'étui, ni cette exubérance de floraison qui déchire la gaîne pour épandre son éclat.

Devant nous, le long du sentier que suit quelque eau courante, marche une jeune fille, brune, aux tresses noires ; ses boucles d'oreilles de forme antique sonnent à chaque pas ; elle porte sur la tête une des fleurs du dattier dans l'enveloppe, posée ainsi qu'un hatelet ; les blancheurs qui ruissellent avec les fils emperlés glissent sur ses cheveux ; cela, l'eau claire, le jour qui frappe les régimes, paquets d'or suspendus à toutes les hauteurs, on croirait errer dans une ouadi de Nubie.

Mais notre ruisseau s'est jeté sur la droite pour arroser

[1] Vierge.

les pâturages; nous côtoyons à gauche la lisière du fourré. Un ravin marqué d'érosions rouges échancre par place notre sentier, que pressent les ondes vives; deux margelles emprisonnent le chenal, quelques palmiers ombragent le flot, qui court sans bruit, sans rides, pareil à un long miroir. Plus loin, au fond de la perspective que forment les palmes entrelacées, blanchit un moulin; des femmes en jupes éclatantes, le mouchoir bigarré sur leurs cheveux, nous regardent, jasent, et quand elles rient, on dirait un éclair.

Par delà le fouillis des dattiers jetés à profusion, les uns épanouis au sortir du sol, les autres lancés au travers des cieux, tous mêlés en une confusion puissante sur le ravin crûment tranché qui leur oppose ses désolations, un horizon immense s'est découvert. Aride et sauvage, il nous fait voir le *despoblado*[1] sans merci que cerclent des montagnes violettes. Devant nous l'arche du vieux pont coupe les lignes, tranche les verdures, enferme le site dans un cadre vigoureux. Aucun peintre n'a rêvé des tableaux pareils. ceux-ci se font tout seuls; ils naissent à chaque pli du terrain; les voilà dans leur grâce attendrie, avec leur beauté farouche, pleins de sourires émouvants.

Notre posada, car il faut bien revenir, complète l'aspect. Personne pour nous recevoir, cela va de soi. Sous le porche, un jeune muletier qui mange sa *tortilla*[2] se lève, et d'une grâce de gentilhomme invite mon mari à partager son repas : — *Gusta usted*[3]?

[1] Littéralement *dépeuplé*.
[2] Omelette.
[3] Cela convient-il à Votre Grâce?

Ils me plaisent ces grands vestibules blanchis de frais, avec le sol battu qui leur sert de plancher, l'escalier qui descend entre ses vieux balustres, la tablette chargée de poteries qui s'appuie aux faïences du mur; je n'ai jamais fini de les voir, ces alcarazas aux formes classiques. Je vais me planter devant les cruches; je regarde celle-ci, un lacrymatoire dont les flancs amincis laissent filtrer l'eau ; celle-là, plus pansue qu'une citrouille; l'autre, aplatie sur ses deux faces; toutes avec leur col élancé que termine un double goulot. Les vases du premier rang se nomment *Cantaras* ; sur chacun d'eux on établit les *Jarras*, pointues par le bas, accompagnées de deux anses; le petit couvercle qui les coiffe s'appelle *Tapadera ;* les gouttelettes suintent à travers l'argile poreuse, et je les contemplerais encore sans une énorme affiche collée aux murailles :

GRAN CORRIO DE TOROS DE MUERTE [1].

Chaque *Espada* [2], chaque *Picador* [3], chaque *Banderillero* [4] y a son nom imprimé en grosses lettres : *El celebre y acreditado Francisco Arjona, Guillem Cuchares*, etc., *mataran* [5]! La place *sombra* [6] coûte trois réaux de plus que la place ensoleillée.

Mon ami, vous irez sans moi.

[1] Grand combat de taureaux de mort.
[2] Épée, celui qui tue.
[3] Piqueur, celui qui excite l'animal.
[4] Qui enfonce les banderoles dans la chair du taureau.
[5] Le célèbre et très-connu *Francisco*, etc., tueront.
[6] Ombragée.

22 avril 186...

N'aimez-vous pas le réveil du village, au matin, dans les grands jours d'été, quand le faucheur part de nuit pour aller trouver les prés trempés de rosée, quand l'hirondelle appliquée au mur gazouille, lorsqu'elle parcourt à tire-d'aile les petites rues jonchées d'herbe, que les portes des granges s'ouvrent l'une après l'autre, que les jeunes filles viennent baigner leurs bras à la fontaine, que tout s'émeut, troupeaux, chansons, appels des faneurs, mugissements des bœufs sous le joug, et dans les étables quelque sourde bramée qui répond ?

Nous sommes à Elche, j'ouvre ma fenêtre, les palmiers effleurés du soleil par le haut gardent une nuit absolue sous leurs branches ; quelque sentier sort du bois encore obscur pour arriver en pleine lumière ; un jeune homme, monté sur un âne, la figure ensevelie sous le sombrero, suit les méandres du *Sendero*[1] ; il murmure une Rondeña, il s'avance dans l'ombre, une trouée lui verse des flots de clartés, sa bouche aussi laisse courir des notes vibrantes ; l'ombre reprend, la voix baisse ; le voilà dans la rue, il se tait. Le long des murs passe un *hombre* les bras chargés de lampes; elles sont de cuivre, brillantes comme la lampe d'Aladin. Que nous donnerait-il de plus, le talisman magique, et que pourrions-nous bien lui demander? Rien; nous laisser où nous sommes, et poursuivre notre beau chemin sous le regard de Dieu.

[1] Petit chemin.

Les femmes, enveloppées de châles rouges, car pour ces Africaines-là, les tiédeurs de l'aube sont des âpretés, sortent languissamment de leurs demeures; elles s'accoudent aux balcons qu'ornent toujours deux palmes croisées ainsi que deux épées; elles renouvellent l'eau des *jarras*, traînent du bout du pied leurs petites mules de maroquin, vident les *tapaderas*, poussent devant elles un balai de jonc qu'abandonnent bientôt leurs mains nonchalantes, tandis que les mendiants, point trop guenilleux, celui-ci en bonne veste fourrée, celle-là les oreilles et le cou chargé de corail, nous considèrent, sourient, font un geste de l'épaule et disent: *Limosna*[1]! du même air dont ils revendiqueraient un royaume.

Beaucoup d'hommes ici n'ont guère d'autre occupation que de ne rien faire. On les voit à cheval sur une chaise de canne, devant leur boutique, rouler des cigarettes, regarder comment vont les nuages, échanger un mot avec le marchand de *cantaras* qui marche derrière son âne, discourir de la révolution prochaine avec le barbier dont les doigts paresseux promènent quelque rasoir sur le cuir, ou bien jeter une raillerie à l'enfant demi-nu qui débouche, grave, planté tout d'une pièce, les jambes écartées, sur la charge d'herbe que porte son bourriquet. Tout cela est imbibé de soleil. Les ombres ont des profondeurs moelleuses, le ciel s'emplit de lumière, les rameaux soulevés mollement ondoient avec des frissons qui me font tressaillir. Il me semble que nous aussi nous nageons dans les grands cieux ouverts, et que ni douleur ni péché ne peuvent plus nous saisir.

[1] Aumône!

Maintenant, mon ami, nous avons passé le vieux pont. Le ravin désolé continue d'étendre ses lambeaux à côté des verdures balancées par le vent du matin ; le désert arrive jusqu'à la ville, les écailles des dômes miroitent, les tours se détachent d'un accent net, les sombres hachures des palmiers, leurs mille colonnes jettent de belles obscurités parmi ces transparences, et quand un dernier regard nous a mis pour la vie entière en possession du site ; le chemin, un espace vague, écorché, dilaté sans mesure, nous mène par les jachères à la rencontre de cette montagne bleue, la sierra d'Orihuela, redressée tout au bout de l'horizon. Quelque rivière en a marqué les bases de son fil argenté. La plaine s'étend à perte de regard, mouchetée çà et là de trois ou quatre dattiers solitaires ; des vapeurs lentement cardées s'emmêlent et se démêlent au loin ; des teintes lilas flottent vers les bords du désert ; de distance en distance quelque rare point blanc signale un village ; par degré la sierra s'accentue de fortes cassures, elle dessine ses plans successifs, à cela l'on connaît qu'on avance.

Et rien ne respire, rien ne bouge, rien ne chante ; rien, sinon l'alouette qui s'enlève des touffes du romarin, monte, plane sur les vastitudes, les emplit de ses notes étincelantes, retombe vaincue par la splendeur, puis une autre jaillit du sol, une autre encore, et le despoblado déroule son immensité.

N'était notre attelage misérable et qui souffre, on irait toujours ainsi, dans un silence contemplateur. Hélas ! nos traits cassent, nos moyeux disparaissent au fond des trous, la carcasse des voitures crie et se disloque. On marche beaucoup, on se laisse un peu traîner. Vers ce tournant où siége une colossale église plantée telle quelle au milieu du désert, nous avons retrouvé la route royale, guère meilleure que l'autre; quelques charrettes combles de nattes en rompent la solitude; six à sept mules, plumet en tête et sonnailles au cou, tirent à la file; le conducteur, couché sur le ventre, entortillé dans sa capa rouge, lève la tête et nous suit longtemps du regard. Voyez ces haies de grenadiers, nous approchons d'un village; des couples de bœufs, lourds, tristes, coiffés de leur cocarde étoilée en tournesol, se dirigent vers les champs; les aires se sont ouvertes au soleil, de grandes meules de paille s'entassent sous les palmiers qui croissent en bouquets; l'iglesia toujours flanquée de ses deux clochers, monument énorme, à l'architecture tourmentée, écrase de ses gigantesques proportions les masures qu'elle devrait protéger d'une ombre familière. On se croirait au Mexique; le crayon des voyageurs nous a montré ces lourds entassements de pierres et ces prodiges de mauvais goût érigés au centre des bourgades qu'ils étouffent. Là dedans vit et se meut une population au teint maure, aux vêtements lumineux, cotonnade blanche, capas écarlates, feutre noir, parfois quelque bonnet pourpre. Ces gens ont la dignité des poses, la noblesse du geste, l'aisance de l'hidalgo, avec sa politesse. La guitare sonne aux mains du paysan, de celui-ci qui la porte sous le bras et dont les doigts chemin faisant interrogent les cordes, de cet autre qui se tient accroupi sur la devanture de sa boutique, à côté des galettes qu'il vient de pétrir, et qui chante mezzo voce en frappant sa mandoline d'un geste négligent.

Après ce village : *Albatera*, les cultures envahissent le pays entier. Orges barbus, figuiers, vignes, orangers en pyramide, sainfoins en fleurs, tout croît de rage. Ce ne sont plus des palmiers en forêt comme Elche nous les faisait voir. Non, ceux-ci jaillissent trois par trois du même tronc; ils se groupent le long des routes, au milieu des champs, sur les flancs de la montagne. Les *Lugar*[1] se rapprochent, massés autour de leurs grosses églises, dans le chaos de leurs végétations désordonnées, venues comme il plaît au soleil. Les orangers foisonnent à côté des aires qu'ils sèment de boules d'or, les palmiers s'épanouissent par-dessus; les figuiers, dont les fortes ramées ont jeté bas le mur, abritent les enfants nus parmi leurs agneaux et leurs biquets; des bœufs au repos s'allongent dans l'enfoncement de quelque taillis; les femmes, en veste noire, la jupe rayée de rouge, devisent entre elles, et les nopals et les aloès font à la bourgade un formidable rempart.

A cette heure nous venons d'aborder la sierra. Je n'en vis jamais de pareille, toute vêtue d'agavés, tout hérissée de raquettes épineuses, avec le bruit du vent qui passe comme un courant d'eau sur les palmes, et ces grandes ombres portées d'une ineffable douceur. Les hameaux se pressent, les *labradores* fourmillent; abricotiers, pêchers, grenadiers débordent à l'envi les clôtures vives des cactus. Ah! tenez, pardonnez-moi, il faut bien que ces noms des zones enchantées : dattiers, orangers, et les aloès, et les nopals, reviennent sous ma plume; ils sont là, je les vois, toujours plus beaux, toujours éclairés de splendeurs nouvelles; ils ont cette puissance, ils montrent cet éclat des royautés qui se sentent obéies. Sur la route accrochée aux versants de notre montagne, les hommes, cette race hautaine, ce costume éblouissant, la mante si noblement portée, le pantalon flottant qui fait souvenir de la fustanelle, tout jette sa blancheur avec ses flammes. Le paysage

[1] Villages.

en reçoit une dignité que l'Orient seul m'a montrée; il s'y mêle ces grâces du printemps, récoltes fleuries, fèves au parfum subtil, épis roses des esparcettes, et voyez, cet âne qui disparaît sous sa charge de citronnier, fagot odorant que suivent la mère et les filles; celle-ci, une matrone, le front grave, la démarche lente, le buste légèrement porté en arrière; celles-là rieuses, qui courent de leurs pieds nus, quelques brins de folle-avoine parmi leurs tresses emmêlées.

Tant bien que mal nous avons atteint Orihüela.

La posada, modèle du genre, possède l'eau de ses cantaras, une cuisine ouverte à tout venant, une hôtesse ahurie, un hôte assis sous son porche, jambes croisées, qui roule des cigarettes et vous en offre à l'occasion; plus les œufs de ses poules, quand elles pondent. Elles ont pondu, nous voilà sauvés.

Si vous aimez les œufs, allez en Espagne. Les œufs y forment le premier et le dernier acte de tout repas national; venta, posada, simple case de paysan, toujours vous y trouverez la tortilla, toujours la fricassée d'œufs à l'huile, ou au lard, ou con *hamon*[1]; on vous présentera infailliblement le plat rempli d'*uevos pasados por agua*[2], frais, énormes et cuits à point; ajoutez des oranges, vingt, trente, quarante (mon ami, nous avons commis ces excès), des oranges le matin, à midi, le soir, de jour, de nuit; on se tirerait d'affaire à moins.

Nous voici donc assurés de notre almuerzo[3]. Nous fixons une planche sur deux escabeaux; le sol, du mortier battu,

[1] Jambon.
[2] Œufs à la coque.
[3] Déjeuner.

nous servira de siéges; un taudis blanchi à la chaux nous abrite; de cuillères ou de fourchettes il n'en est pas question; on boit aux gargoulettes; l'hôtesse, qui nous voit tirer des couteaux de nos poches, s'émerveille à ce luxe inouï, et, vous pouvez m'en croire, jamais on ne déjeuna mieux.

Cependant, les filles d'Orihuela se promènent sur la place, une rose plantée derrière l'oreille; cela rit avec leurs yeux brillants; les séminaristes et les abbés qui se glissent le long des murs, ployés dans leurs étroites robes noires, en sont tout égayés.

Nous laissons ici nos chevaux; ils devaient nous traîner jusqu'à Murcie, la pitié nous a pris, et nous leur donnons congé pour nous mettre dans un véhicule quelconque attelé de trois mules. Nommez-le tartane, galère ou patache, comme il vous plaira; à la rigueur on y logerait six, on s'y entasse dix, sans compter le majoral devant et le zagal derrière; tout le long du chemin on ramassera de braves gens qui se pelotonneront sur l'impériale, on sera vingt et l'on ira comme le vent.

Nous voilà donc dans notre boîte. Le zagal penché sur son marche-pied, à l'arrière, avance sa tête parmi nos têtes, enfile du regard la perspective, surveille ses mules à travers les vitres de la delantera et jette ses : — *Morrô, morrô, cordovèse, attô, attô!* — Bah! si nous avons le tympan brisé, notre âme est contente. Par ce beau soir, car le soleil décline; dans l'embrasement de ces lumières plus rouges que la fournaise, les nopals semblent glorifiés, et les figuiers aussi, et les palmiers encore, et toute cette culture dans son incomparable richesse. Les blés sont d'un vert bleu, les épis portent de fortes aigrettes, c'est puissant, la terre projette sa vigueur par toutes sortes de créations énergiques. Des *Roumani*, en loques éclatantes, ont allumé leur feu vers cette eau calme ; un chaudron de cuivre pose dessus; la femme, agenouillée dans l'herbe, tord d'un beau geste classique ses cheveux qui ruissellent et font fléchir sa tête. De petits fours coniques, blanc de lait, fument près des cases; les paysans qui battent leurs toits plats pour les raffermir, sautent en frappant des mains lorsqu'ils nous voient passer. Et ces cases, des fourrés de cactus les dépassent, ils les dominent de leur mur hérissé qu'étoilent çà et là de larges fleurs jaunes. Les lumières atténuées du crépuscule glissent sur les blés barbus; elles enveloppent la montagne d'un manteau vermeil; l'ombre même de la nuit qui s'avoisine semble toute remplie de clartés d'or. A chaque pas on rencontre des groupes de jeunes filles, la jupe bleue battant les talons et la rose à l'oreille, ou bien c'est quelque troupe de villageois drapés dans la capa déployée de son grand long, roide, tombant autour du corps à la façon d'un vêtement royal. Toutes les perspectives nous montrent ces fières figures; cette magie des couleurs, chaque détail la fait briller à nos yeux. Puis le soleil disparaît; sur notre droite le Monte Agudo, piton abrupt, porte sa ruine trouée qui s'estompe dans les pâleurs du soir. Les splendeurs se sont éteintes, on dirait un silence plein d'harmonie après les derniers accords du concert. La nature est restée en extase, un calme divin a pris la place des vibrations, quelque reste de lumière fait doucement reluire les canaux avec les fontaines des Maures, la végétation se repose, les fleurs des cactus se ferment lentement, les palmiers promènent dans les hauteurs de l'air leurs branches qu'on distingue à peine; sur ce pont quelques hommes avec quelques jeunes filles rient et jasent, on ne discerne plus ni les bouquets de fleurs ni les raies bigarrées, les blancheurs seules du vêtement jettent une lueur incertaine, et le parfum des orangers qui nous arrive par bouffées intermittentes, les aromes flottants des figuiers, des aloès, des dattiers, de toute cette flore exotique; les senteurs de juin qui montent du foin coupé, la fraîcheur de l'eau courante, que vous dirai-je, la nuit, la belle nuit constellée, mon ami, notre cœur est bien près de fléchir.

Alors, tandis que les pensées allaient ainsi, d'autres images lointaines, à demi voilées, se sont vaguement esquissées au fond de notre souvenir. Qu'était-ce? des sapins, des sommets neigeux, des excursions plus modestes; un char à échelles, quelque course de vingt-cinq heures dont on revenait glorieux... Nous nous regardons, voici Murcie.

Eh bien, quoi! nous sommes des Roumains, et chaudron sur le dos nous courons les hasards.

23 avril 186..

Murcie s'étale au soleil. Rome l'avait créée, les Maures l'embellirent. Ils ont vu la Segura promener ses flots limoneux autour du vieux château. J'aime à me les figurer, mes Africains, traînant leurs longues robes sur ce pont antique. Certes, elles n'avaient ni plus d'éclat, ni plus de poésie que ces capas rouges magnifiquement drapées, que ces mouchoirs bariolés noués autour de la tête, que ces jupes bleues, que ces robes jaunes des femmes, et ces bijoux qui leur pendent aux oreilles, et les volants de leurs basquines et la dentelle noire qui se joue sur leur front ; les acacias balançaient, je me l'imagine, leurs grappes de bonne senteur sur ce même ciel, et la place égayée des mêmes couleurs rayonnait ainsi.

Pendant que les Murciens promènent leurs toges éclatantes et qu'on voit sortir de ses plis le pied nu chaussé d'alpargatas, d'autres figures, maigres, l'air astucieux, l'œil clignotant, vêtues de nos habits étriqués : veste de drap usée aux coudes, pantalon flasque, le tout misérable et qui laisse passer de longs membres mal attachés ; d'autres hommes se tiennent debout, fouet en main, gauches, gênés de leur personne, confus, on le dirait, de se trouver au grand soleil. Ils attendent quelque promeneur qui prenne leur galère de louage, ou quelque chaland pour marchander leurs mulets. Ce sont des *gitanos*, pas les beaux ; très-authentiques pourtant. Seuls dans la population ils affectent l'habit prosaïque de nos villes, amoindri, racorni, ridiculisé. C'est étrange et cela déconcerte. Eux des Roumani ! Il en existe d'autres, prenez patience, nous les trouverons. Quoi qu'il en soit, je garde, en dépit de l'opinion reçue, ma conviction particulière qu'ont formée de précédents voyages et que fortifie celui-ci. La race des Gitanos est une race mêlée ; on y rencontre plus d'un type ; plus d'un sang coule dans ces veines-là. Si la vie des Roumani présente partout de mêmes habitudes, expliquées, il faut le dire, par d'injustes persécutions, les traits accusent une absolue diversité d'origine. Prenez l'ovale mince et parfait avec les lignes délicates du type indou, mettez-le vis-à-vis des lèvres prononcées, des yeux allongés, du nez busqué de l'Égyptien ; rappelez-vous ces visages noirs et ronds, ces cheveux crépus, ces prunelles dilatées, cette face pleine et sauvage qui appartiennent aux peuplades du centre de l'Afrique ;

ajoutez au tableau les mines de grigous dont je vous parlais tout à l'heure : profils émaciés, nez pointus, petits yeux éraillés, silhouettes échappées, semble-t-il, au pinceau de quelque maître hollandais en train de caricaturer un vieux juif, et dites si de telles oppositions appartiennent à la même famille humaine.

Brisons là, je ne fais pas de science, de la controverse encore moins, et comme tout voyageur bien appris sitôt qu'il se trouve en ville espagnole, je gouverne droit sur la cathédrale.

La nôtre a grand air, campée dans sa large place ; un désert qu'incendie le soleil. Son caractère lui vient d'une tour formidable, coupée çà et là de fenêtres que broda la Renaissance. Les gradins de ce clocher s'étagent en retrait derrière la façade chargée de statues : tous les genres s'y sont livré bataille.

Souvent un beau désordre est un effet de l'art.

Franchement, je n'en crois pas un mot ; les beaux fouillis conviennent à la nature, sa majesté s'accroît de l'indomptable puissance de ses expansions. Mais lorsqu'il s'agit des conceptions humaines, il faut qu'on sente la domination de l'esprit. Un chaos, c'est presque toujours une marque de faiblesse ; au travers des richesses de l'ornementation je veux reconnaître la pensée, et si je ne la trouve pas, j'abandonne vite un dédale qui me fatigue sans me contenter. Quant à la tour, sobre avec vigueur, elle n'exprime qu'une idée, la solidité ; jet viril où la majesté domine.

Quelque souvenir de la fantaisie arabe a prolongé sur la

droite ce corps de logis, chapelle, palais d'évêque, séminaire, on ne sait quoi, trop orné, mais qui ne ressemble à rien. J'en sais gré, pour ma part, à l'architecte.

Certains esprits ont le culte du banal : Cela se fait, cela ne se fait point, telle est pour eux la règle d'or. Le beau, si tout le monde était laid, ne trouverait pas grâce devant eux. Ressemblez-vous à l'ensemble des médiocrités humaines, le niveau a-t-il écrasé vos saillies, vos idées sont-elles barbouillées du badigeon reçu, êtes-vous du haut en bas lisse, gris, fruste ainsi qu'il convient ; votre chevelure, dites-le-moi, obéit-elle aux ondulations prescrites, votre taille a-t-elle la finesse ou l'épaisseur voulue, voit-on à votre robe les plis d'ordonnance, faites-vous la révérence comme la font les poupées, ouvrez-vous les yeux, branlez-vous la tête, levez-vous les bras, dites-vous : oui, non, papa et maman, selon qu'on tire la ficelle ; en un mot, êtes-vous le mannequin patenté qu'il faut ; bon, tout va bien, la marque de fabrique une fois constatée, rien ne vous manque plus ; vous avez droit de circulation ; faites ce que vous voudrez, comme vous voudrez ; vous êtes tout le monde, le monde est à vous. Mais si vous vous avisez par hasard de conserver et votre physionomie et vos façons d'agir ; si vous y joignez cette audace des mouvements spontanés et des opinions individuelles ; si vous émettez cette prétention monstrueuse de rester vous, de pied en cap, à la face du soleil : haro ! Les gens que j'ai dits, ces fanatiques de banalité, eussiez-vous le génie, et plus d'attraits pour vous le faire pardonner que la boîte de Pandore ne renfermait de misères, ceux-là ne vous absoudront point. Éternellement vous leur serez étrange, que dis-je ? vous leur deviendrez scandaleux. Des défiances plus subtiles que l'air mettront entre eux et vous une muraille plus haute que n'est celle de la Chine. Pour eux, le jugement des aristarques fait la poésie et décrète l'idéal. Pour eux, la musique c'est le Conservatoire, rien en deçà, rien au delà; toute symphonie que n'ont point estampillée les archets de l'orchestre classique, arrivât-elle des cieux, n'a qu'à s'en retourner d'où elle vint. La peinture, c'est Ingres ou c'est Delacroix, selon que va l'opinion; la sculpture, c'est Phidias; l'architecture, c'est Bramante ou Palladio. Il n'y a pas à en revenir; vous ne les sortirez pas de là. Non qu'ils y aient regardé ou qu'une école plus que l'autre leur dise quoi que ce soit; mais penser au rebours du gros de l'armée, vous ne leur arracherez point d'énormité pareille; en toute question, profane ou sacrée, il y a la foi du curé, et c'est la leur.

Je crois que je vous ai laissé le nez en l'air devant la cathédrale de Murcie.

Dedans je ne vois guère que cette chapelle *d'el Nacimiento* pour nous arrêter quelques instants. Le portail présente une dentelle de marbre; des arceaux romans, sobres et déliés, s'accouplent et se croisent vers le faîte; une couronne en caractères gothiques imite les sentences arabes gravées autour des mosquées; de fins clochetons s'appliquent aux parois ciselées, et des pendentifs creusés, fouillés, tournés en spirale, nagent dans le vide, tandis que les enlacements des pampres à fortes nervures, à feuilles largement découpées, reçoivent et renvoient la lumière. Il y aurait pour un jour à contempler. C'est ma faute, mais de telles merveilles ne me satisfont qu'à demi. Le beau tout seul, l'accord des lignes et leurs rencontres heureuses, quand rien d'autre n'y palpite, contentent mes yeux sans intéresser mon imagination. Dès le premier élan mon vol se heurte à des limites. Si l'infini n'ouvre pas ses profondeurs, on retombe vite lassé. Il n'est que les abîmes de l'air pour soutenir les ailes.

Que vous dire des rues? On en trouve de larges, d'étroites aussi. Chaque balcon porte un rossignol emprisonné dans sa cage qu'assombrissent des barreaux épais; il chante, le malheureux, il chante les bosquets d'orangers, les nuits d'avril, sa liberté perdue. Les señoritas s'accoudent aux balustres de fer, elles errent sur les toits en terrasse de leurs maisons, elles glissent le long des *calles* avec le bouquet sous la mantille. Rien de gracieux et rien de confortable comme l'écharpe de taffetas noir dont elles s'entortillent de la sorte. On est chez soi; pourtant on met, quand on veut, son œil à la fenêtre. Le voile tantôt rabattu sur le visage et tantôt rejeté sur les cheveux, l'écharpe ramenée sur la figure ou bien abandonnée au hasard, on se cache, on se laisse voir, on ouvre ou l'on ferme sa porte. Un mari même, si elle ne veut pas, ne reconnaîtrait point sa femme. A-t-on du chagrin, nul regard indiscret ne viendra l'arracher au frémissement des lèvres; a-t-on de la joie, le plaisir saura bien briller à travers le réseau de la dentelle. C'est une coiffure modeste, égalitaire, et cependant les noblesses natives, le caractère même se trahissent à chacun des plis qu'elle fait. Mon ami, nous l'avons adoptée: Sangre d'azul! un Espagnol s'y tromperait.

Quelques mots sur notre Posada : Deux corps de logis pareils disent qu'avec deux palais voisins on a construit un hôtel, de sorte que nous avons sous les yeux la véritable habitation murcienne. Ce qui la caractérise, ce sont les appartements du haut en bas identiques, et dont voici la distribution : un cabinet noir à deux lits par où l'on entre; un rideau pour séparer ce premier réduit du second qui lui fait suite. Cette pièce-là, plus grande, s'éclaire par une arcade ouverte sur ce qu'on appelle ici : *el balcon*. Le balcon, car au fait c'en est un, meublé d'une table, de trois chaises et d'un petit miroir accroché près du plafond, avance dans la rue sa croisée en surplomb qui occupe tout un panneau. Dans l'angle des cellules à coucher, une espèce de trou, lanterne ou phare, je n'ai pas d'autre mot, traverse les murs; quand on l'allume, il réjouit de ses rayons la chambre à coucher parallèle; et l'on sent, vous pouvez m'en croire, une certaine insécurité à découvrir cette communication mystérieuse, partage des lumières qui révèle on ne sait quoi et s'arrête on ne sait où.

Mon ami, comme nous avons pris la mantille, nous acceptons le brazero. Nous voilà donc réunis pour la veillée autour du vase de cuivre. On souffle, les cendres volent; on roule des cigarettes et l'on fume; que voulez-vous? rien ne nous paraît plus simple. J'ai toujours été effrayée pour ma part de la promptitude avec laquelle notre nature s'assimile aux milieux étrangers. Italiens le long de la mer de Gênes, un peu Turcs sur les flots du Bosphore, Tartares dans la Dobrutscha, tour à tour Bulgares, Serbes ou Valaques selon que nous portait le courant du Danube, Hongrois à Pesth, Fellahs sur le Nil, ici Maures. Au fait, on ne comprend bien les nationalités qu'en y plongeant.

Un homme savant et bon, une des célébrités de la province de Murcie, le docteur G..., nous est venu voir.

Nous causons de la langue espagnole. Elle a des vigueurs, et parmi ses noblesses des familiarités inattendues dont l'énergie nous étonne toujours. Tel mot présente les choses par leur angle saillant, et je dirai par ce trait un peu vulgaire qui les fixe à jamais. Vous en montrerai-je un exemple? *Cabeza* pour tête, *hablar* pour parler, *cortar* pour couper, *criado* pour serviteur, *gastar* pour dépenser, *sonarse* pour se moucher.

Voulez-vous le sens moral rendu par le mordant de l'expression ? *ruin*, ce mot qui veut dire méchant, vous le donnera ; cet autre encore : *tener*, qui signifie avoir ; *querer*, aimer ; *disimular*, pardonner (celui-ci doit venir de Philippe II) ; et ce lourd *pesadumbre* qui exprime puissamment l'ennui. Je n'en finirais point : *angosto* ne vous met-il pas à l'étroit, et *limpio* ne fait-il pas reluire à vos yeux la propreté même?

S'il vous plaît de retrouver quelque parcelle du vieux français dans l'idiome ibérien, *racciocinar*, raisonner, vous la restituera ; *cobarde*, lâche, encore mieux. Est-ce du latin? *arar*, labourer, bien d'autres encore vous le rendront.

Mais j'ai hâte d'arriver à l'arabe, car le langage espagnol en est plein.

Les mots qui commencent par *al* sortent tous d'Afrique, ils ont passé le détroit ; plus heureux que les Maures, ils sont restés sur le sol conquis : *alcazar*, boutique ; *alcanzar*, tromper ; *almazara*, moulin à huile ; *alijar*, jachère ; *almohada*, traversin. On les compte par milliers, sans parler de l'article *el*, qui se met partout. Ici comme au désert du Sinaï *moyar* veut dire mouiller. L'exclamation arabe : *Ya!* le *Ya Mohamed*, le *Ya Selim* qui retentit des bords du Nil aux rives de la mer Noire, vous l'entendrez à chaque pas que vous ferez sur la terre espagnole : Ya Miguele, ya Dolores ! Ici, comme au Caire et comme à Stamboul, on frappe des mains pour appeler un serviteur ; ici, de même qu'à Thèbes d'Égypte, qu'à Beyrouth de Syrie, le jour néfaste est le mardi; on ne part point, on ne se marie point ce jour-là[1].

Quant à la prononciation, très-bizarre, l'habitude que nous avons de l'italien nous déroute absolument.

Lorsque vous rencontrez le *j*, le *c*, parfois le *d* ou le *x* terminal, mettez votre langue entre les dents, à la manière des Anglais quand ils prononcent leur *th;* dites : contri*th*ion pour contricion, et Cadi*th* pour Cadix. Dès que vous voyez un *j*, par-ci par-là un *g*, ou un *x*, ou même l'*h* espagnole, aspirez fortement, comme font les Allemands et les Arabes; dites Aren*h*ue*th* au lieu d'Aranjuez, *H*ativa au lieu de Xativa, Carca*h*ente au lieu de Carcagente. La lettre *s* fût-elle prise entre quatre voyelles, prononcez-la double, *ss*, toujours : corte*ss*ano[2] pour cortesano, *dessassir*[3] pour desasir; et le *c* de même, à l'occasion. Lorsque vous apercevez un tréma sur l'*n*, faites-en *gn* : do*gn*a pour doña. se*gn*ora pour señora. Mouillez invariablement les *l* doubles; que vos *r* résonnent franchement, délibérément. Vous parlerez comme un Andalous peut-être, comme un Murcien, je l'espère, comme un Castillan, j'en doute; car si les traits généraux se maintiennent dans l'ensemble

[1] L'alcayde Muley, qui se laissa prendre Alcala par Ferdinand le Saint, voyant du haut d'une tour brûler sa ville natale, se lamente ainsi : « Quand tu es venu devant Alcala, je l'appris au bain; je laissai le turban de soie qui ceint mon front... je sortis dans la plaine afin que nul ne m'accusât de lâcheté. Tu m'as enlevé mon âme avec une Moresque de Tunis, laquelle était le feu de ce pays et la lumière de mes yeux. Le roi, son père, me l'avait donnée, je l'amenai d'Afrique en Europe, sur une galère turque couverte d'or et de soie. La poupe en était dorée, et je l'occupais avec cent esclaves chrétiens vêtus de toiles blanches et bleues. Les noces furent célébrées il y aura demain un an. C'était un *mardi*, jour *de malheur*..... »

[2] Courtisans.

[3] Dessaisir.

du royaume, chaque province garde son accent spécial, et l'Académie s'occupait naguère encore de fixer la diction de telle ou telle lettre indécise et d'assurer l'orthographe de tel ou tel mot incertain.

Notre docteur énumère les prodigieuses richesses du sol. Trois ou quatre récoltes s'y succèdent chaque année; mais la grande propriété envahit tout, et l'habitant des campagnes demeure réduit au rôle de fermier. Quand les vers à soie prospéraient, le paysan, qui gagnait largement sa vie, pouvait mettre de côté quelques épargnes. A cette heure, mal nourri, fatiguant comme s'il mangeait bien, il paye sa rente à grand'peine et ne possède pas un réal.

Les dattiers comptent parmi les ressources du pays. Le fruit qui mûrit tantôt sur l'arbre, tantôt sur la paille, s'exporte et se vend; le tronc donne dans les climats secs un bois flexible et dur; on en construit la poutraison des toits; les nervures servent de clôture.

Que nous apprend encore le docteur? Ceci : deux vastes canaux d'irrigation fertilisent la contrée; ce sont des canaux arabes, ils ont conservé leurs noms maures : *Aljufia, Alquibla.*

Mon ami, me voilà au bout de mon papier, de ma science et du jour; bonsoir.

24 avril 186...

Nous allons ce matin à Carthagène, nos colonnes d'Hercule; après il nous faudra remonter vers le nord.

Aussi, vous pouvez penser de quel cœur nous saluons ce

beau nom arabe de la première station : *Beni-Ajon*, et de quel œil nous regardons les orangers en fleurs, nos derniers peut-être ! Quelques palmiers se balancent dans l'échancrure d'un défilé de montagnes. Bientôt la végétation se rabougrit, la terre prend des tons grisâtres, les collines à travers lesquelles nous courons ressemblent aux derniers sommets d'une chaîne alpestre, qu'on aurait posés sur la plaine dans toute l'austérité de leurs attitudes ravagées par l'avalanche et bouleversées par l'ouragan.

Entre le bas pays et ces cônes pelés il n'y a ni région médiane, ni zone bocagère ; le sol qui presse de toutes parts ces dos pierreux est une terre tourmentée, jaunâtre, misérable et sans grandeur. De temps à autre, au fond de quelque repli mieux abrité contre les vents d'Afrique et qui garde la fraîcheur des ondées, un jardin s'épanouit. Point d'arbres ; des fleurs sauvages dans leur éclat et dans leur grâce, les tapis du liseron d'un rose vif, de grandes bourraches à tige amarante, un ail lilas qui ressemble à la cardamine de nos prés, les boutons argentés de la camomille, les buissons dorés du genêt, le glayeul rouge, le chardon aux feuilles sculpturalement découpées avec ses pompons étagés en candélabre : tout cela croît dans le sable, comme au désert. Une grande Hacienda posée sur ses arcades blanchit de loin en loin. A Riquelme, on sent les approches de la mer. Les lignes se sont égalisées ; la lande répète, on le dirait, les monotonies de l'infini ; c'est tout au plus si quelque renflement du sol, là-bas, permet à ce moulin de tourner son aile, petite aile triangulaire qu'on croirait arrachée à la proue d'une balancelle. Les gens du pays, enveloppés jusqu'aux yeux dans la capa, sur leur tête la *montera*, bonnet conique pareil à la coiffure que le roi Louis XI couvrait de médailles bénites, vont errant aux abords des stations. Une gigantesque ombellifère, la férule, seule production vigoureuse du steppe, dresse ses parasols jaunes qui dépassent la cime des oliviers. Les seigles sont rares et chétifs, les orges qu'on abat laissent tomber des épis flasques; sans les nopals que déchirent les bourrasques, sans ce chamérops qui déploie son éventail au ras du sable, on croirait cheminer dans quelque pauvre vallon alpin.

Mais quoi! l'antique nom de Carthagène nous fait trouver belles toutes les laideurs et poétiques toutes les misères. La voici, la ville des Barca, la cité d'Annibal. Le désert, au lieu de mourir à la plage, jette sur l'immensité le profil de quatre durs pitons; on pressent derrière la Méditerranée africaine; en six heures les flots nous porteraient à Oran; sur la droite, par delà les crêtes qui s'abaissent, passent les vergues avec la mâture des vaisseaux.

Nous avons tourné la colline, des rues larges et gaies se sont ouvertes, le port n'est pas loin; nous voulons plus, il nous faut de libres horizons, l'aspect tout entier, et nous montons à la tour des Maures.

On y grimpe par des sentiers de chèvres. Le rocher laisse les vagues battre sa base formidable tandis que les troupeaux s'éparpillent le long des versants couverts d'un fin gazon que mai desséchera. Et quand on met le pied sur la cime, porté au sein de l'air bleu, suspendu dans les limpidités de l'abîme, les déserts du Sahara soupçonnés au loin, les aridités du sol faisant une morne ceinture à ce rayonnement, on se sent l'âme grandie de toutes les majestés du tableau et de toute l'ampleur des souvenirs.

Pauvre Carthagène! ta gloire a passé, plus de flotte, plus de jardins, plus de batailles; la magie de tes couleurs a disparu, tes mines d'argent se sont perdues, les entrailles de tes montagnes ravinées gardent le secret de leurs filons. Seul, l'azur de ta mer, avec les teintes pâles de ton rocher, te restent. Et du fond des perspectives, sur ces transparences désertes, je crois voir les galères phéniciennes lorsqu'elles arrivaient courant de leurs pattes rouges sur le lapis du flot riant, qu'elles déployaient leurs voiles pourpres, qu'un peuple de marchands syriens couvrait tes quais, qu'on chargeait l'argent brut, l'argent ouvré, que les flancs de la galère ployaient, que la carène s'enfonçait, et que, ne pouvant y mettre une once de plus, les matelots jetaient leurs ancres d'airain, attachaient des ancres d'argent à la poupe, et que repartait le navire, labourant pesamment la mer sous ses trésors.

Après celles de Phénicie viennent les flottes de Carthage; elles portent Asdrubal, elles portent Annibal, des commerçants qui sont des guerriers et des rois. Ils demandent au sol autre chose que des pépites; ils veulent asseoir leur domination en face de la puissance romaine et lui jeter un défi. Du haut de leur forteresse, levée au couchant et que baignent les mêmes vagues qui vont clapoter le long des murs d'Ostie, ceux-là plantent leur bannière, ils dressent un mur, ils disent à Rome: Tu ne viendras pas ici! Et Rome y est venue, les Scipions ont pris Carthagène, ils ont jeté les gradins de leur théâtre aux collines de Sagonte, ils ont laissé leur tombe aux rivages de Tarragone. Le chant des Phéniciens, le bruit des rames, le son des musiques barbaresques, les boucliers qui se brisent, les hordes au poil fauve précipitées du septentrion vers les pays du soleil, Goths, Visigoths, et les Maures apportés par un vent de simoun, les races heurtées, la clameur des combats, tant de magnificences, tant de richesses qu'elles faisaient des deux bouts de l'horizon accourir les peuples avides, tout se mêle. Ce passé rayonne, il flamboie comme le soleil au moment de sombrer. Alors on se tourne et l'on voit le sommet nu; sur la muraille du fort quelque écusson de marbre montre sa toison d'or qu'effaceront bientôt les exhalaisons salines; le berger dans sa capa rouge, les chèvres égrenées çà et là se profilent au milieu de l'étendue; quelque voile perdue en cet azur le coupe d'une trace huileuse, un de ces chemins paisibles que laissent derrière elles les barques des pêcheurs quand elles partent le matin; nul autre sentier ne l'est venu rompre, nul autre fil n'a jeté ses méandres à travers les plis de la route solitaire. C'est triste et c'est beau. Oui, des couleurs mieux accusées, les blancheurs d'Alicante, les palmiers d'Albatera, les nopals d'Orihuela, l'exubérance de la Vega de Murcie iraient bien ici; mais les tons verdâtres, le silence des teintes avec l'isolement marquent mieux le deuil.

On exploite encore les mines. Des compagnies étrangères ont repris les travaux; toutefois, dès que l'argent se montre les fouilles s'arrêtent. L'apparition d'un [illegible] de *plata*[1] exproprie le possesseur. L'argent appartient de droit au gouvernement espagnol (certes nul dans le royaume n'en a plus besoin que lui), et ce qui ferait ailleurs la fortune du propriétaire, ici consomme sa ruine. Malheur donc à qui rencontre bonne veine! mises de fonds, travaux antérieurs, tout est perdu. L'État fouille ou ne fouille pas, ceci le regarde, mais vous restez à sec.

Dans les rues on rencontre quelque gitana la jupe gonflée de volants, la main sur la hanche, le pied cambré, la tête haut portée et le pas élastique comme si elle allait

[1] Argent.

s'élancer au bruit des castagnettes; les boutiques abritées sous leurs tentes laissent flotter de longues ceintures rouges avec des jupons bariolés. La *plateria*, ces grelots d'argent dont les hommes garnissent leurs vestes, ces boutons pleins qui alternent avec les aiguillettes, ces bourses en mailles souples que Mahon fournit aux orfévres de Carthagène, scintillent à côté des calices et des ostensoirs. Si vous allez sur la muraille de la mer, longue terrasse projetée au front de la ville; si vous passez derrière la rangée de canons inoffensifs d'où vous écarte la sentinelle, l'odeur du varech montera vers vous avec le remous languissant. Le palais, taciturne et qui semble vide; une ligne de maisons jaunâtres, le monastère garni de ses grillages en lattes, de ses *Moucharabiehs*, — il me faut le mot arabe pour exprimer cette chose africaine, — bâtiments solennels et mornes vous jetteront leurs grandes ombres, et le froid des choses mortes vous fera frissonner.

Ah ! mais, le jardin botanique n'est pas mort, ni son gros gardien en culottes courtes, en bas blancs bien tirés; carapace rebondie d'où sortent deux mollets énormes, sans compter des bras qui ressemblent à des nageoires, un triple menton, une tête d'amour bouffi, le tout enfariné, rosé, et surmonté de la *montera* plus rouge qu'un coquelicot. Ce gaillard-là devrait être aubergiste chez nous, ou fromager dans l'Emmenthal et s'appeler Hanz, Joggely, je ne sais quoi. Il a l'audace d'être jardinier à Carthagène et de se nommer Pablo, Miguel, Ruy, comme le héros de quelque drame espagnol. Le jardin, en fait de raretés scientifiques, contient un champ de pavots, deux rangs de soucis, trois bordures de pieds d'alouette, quatre planches de laitues, sans compter les carreaux de céleris et de choux. Notre homme, sa rotondité soutenue d'un large baudrier écarlate, se trémousse dans les allées. Il n'a d'autre préoccupation que de se faire cueillir des grappes d'acacia par un grand gaillard de six pieds, barbu, découplé, le profil oriental, type achevé de noblesse et de crânerie. Notre gardien songe à ses beignets; en fait d'horticulture il ne voit pas au delà, désigne ce mouchet, cette fleur, content plus qu'un roi, figure absurde et burlesque, telle qu'il en existe à Carthagène puisque la voilà, et que je plante devant vous, sur ses deux piliers massifs, afin que vous ne m'accusiez pas de peindre plus beau que nature.

Ce même goût du vrai nous a tous empilés dans une gallera pour nous mener voir les environs.

Notre tombereau, couvert de toile, est attelé d'une mule qui saute dans sa peau. Les gitanos l'ont rasée, leur goût a découpé la naissance de sa queue en mosaïque ; l'animal porte sur la tête un plumet de tambour-major ; à chaque pas, des paquets de grenades en laine lui frappent les yeux; des pendeloques en cuivre, clochettes, grelots, de la ferraille de quoi défrayer la boutique d'un chaudronnier sonne à son cou; le cocher, *montera* sur la tête, silencieux, sa capa jetée en sautoir, s'assied de travers sur le placet, une manière de champignon qui pose en l'air. Nous partons au pas, nous continuons au pas, nous revenons au pas. Ni l'homme ni la bête ne changeront leur allure traditionnelle. La mule rêve, le cocher dort; nous, sous notre berceau de cotonnade, balançant de ci, penchant de là, les uns vis-à-vis des autres, nous naviguons au gré des bosses du chemin. Ceux qui ont pris place sur le devant voient le dos de la mule, sa queue, la silhouette de l'homme, le mouchet de sa montera, le bourg San-Anton quand on y est : cases nues et basses, un village grec dans une nature sèche. Ceux qui occupent les deux places de poupe voient le paysage à mesure qu'on l'a quitté, un âne avec ses outres, un palmier, les maigres nopals de San-Anton, puis la porte de Carthagène et le soldat qui la défend. Au centre de la galère, on se voit les uns les autres, rien de plus, rien de moins, et l'on se salue à chaque tour de roue comme ferait une rangée de mandarins chinois.

Peu ou point d'industrie. Les gens du pays, nous dit-on, vivent de salade crue et de poisson. Ils arrivent à la gare, d'où nous allons repartir, chargés de bouquets montés en pyramides ainsi que les pompons de leurs mules.

Après Riquelme, localité si malsaine que naguère les ouvriers du carroferril, décimés par les fièvres pernicieuses, se virent contraints d'abandonner leurs travaux pour ne les reprendre qu'en hiver; le train, lancé d'une vitesse effrénée, vibre, cahote et bondit en soubresauts désordonnés. Je vous laisse à penser l'effet par une nuit noire. Nous demandons plus tard pourquoi de tels emportements.

— Parce que, nous répond tranquillement le docteur G..., on ne peut pas retenir.

On ne peut pas retenir ! voilà de quoi rassurer.

La pente est trop rapide, les constructeurs, talonnés par la maladie, ont fait au plus court, et l'on passe ric-rac, quand on passe.

N'importe, si vous pouviez nous voir, assis devant le faisceau de jasmins, de roses, de géraniums et d'héliotropes que vient de nous offrir le docteur, au milieu des corbeilles d'oranges qu'il a fait déposer sur notre table; en face de ces paniers de *limas*, un fruit entre le citron et l'orange, sans trop de saveur, mais nouveau, mais parfumé ; si vous rencontriez le regard noble et doux de notre ami, si des attentions soutenues vous parlaient chaque matin de bienveillance et de cordialité; vous trouveriez avec nous que l'Espagne est belle, qu'elle est bonne, et que les grâces de son hospitalité la révèlent seules dans ce caractère de courtoisie, éternellement voilé pour quiconque l'effleure et ne la connaît pas.

25 avril 186...

Vous ne savez pas d'où nous venons ce matin? De chez les gitanos.

Deux mots échangés à Valence avec la comtesse de Pino Hermoso m'ont logé la bohême dans l'esprit : — Où donc verrons-nous les zingari? lui demandais-je.

— A Murcie.

Sitôt arrivée, je m'informe auprès de nos hôtes : ils lèvent les bras au ciel : Des Roumani ! chercher des Roumani ! autant se mettre en quête de voleurs et d'assassins. Voilà quelle opinion donnent d'eux ces braves gens. Est-elle justifiée, est-ce une calomnie, je ne vous le dirai pas. Au fond, je ne les crois ni meilleurs ni pires que nous.

Le *criado* de la Fonda, cependant, honnête garçon qui voit mon envie, une fois le premier étonnement passé, s'écrie : — J'en connais bien une, moi, de gitana, c'est la *Hermosa*[1] ; une fameuse, qui dit la bonne aventure.

— L'aventure, nous n'en avons que faire. Mais nous voudrions voir la gitana; conduisez-nous chez elle.

[1] La belle.

Nous voilà donc partis, non sans avoir vidé nos poches, par mesure de précaution.

La place inondée de soleil où les paysans de la Vega promènent leur noble prestance ne nous retient pas un instant.

Nous franchissons la Segura, nous traversons l'ancienne *plaza de Toros*, vaste parallélogramme qu'environnent des maisons blanches, à toits plats, garnies de leurs balcons de fer, et voici le quartier Roumani. Nous le côtoyons sans y entrer, car Martinez, notre guide, a conservé toutes ses répugnances. Heureusement pour lui, la Hermosa demeure de ce côté, hors de la gitanerie.

— Ya Hermosa ! fait notre homme en soulevant un loquet.

Quelque voisine a mis sa tête à l'huis : — Doña Hermosa vient de sortir, dit-elle, peut-être la rencontrerez-vous avec les autres, devant le pont.

— Non, elle n'y était pas.

Alors attendons, et pour passer le temps, promenons-nous dans le jardin d'El Carmen, qui s'étend devant nous.

Ah ! mon ami, que je lui aurais trouvé de charmes en toute autre heure ! D'un côté, deux haies de rosiers pourpres suivaient la longue allée ; de l'autre, un mur d'orangers achevait de laisser mûrir ses fruits et tomber ses pétales ; des arbres gracieux, deodoras, araucarias, lancés à plein jet, balançaient dans les cieux leurs feuillages plumassés, ou bien découpaient l'air de leurs fines hachures. Mais je vous l'ai dit, ni les fraîcheurs matinales, ni le miracle émouvant de la nature qui s'épanouit, rien ne parvenait à calmer notre impatience.

Martinez va, vient, du logis de la Hermosa à la plaza ; le temps court, notre départ s'avoisine : — Mon brave homme, prenez votre parti; menez-nous dans le quartier gitano, entrons-y hardiment; au petit bonheur!

Martinez réfléchit, se gratte l'oreille et nous regarde. Comme il voit les señoras résolues et que le caballero ne dit pas non, il se décide, enfile une ruelle, et nous y voilà.

C'est un village grec, pareil à San-Anton. Petites cases avec une porte ouverte sur la rue, et ces rues larges, fangeuses et désertes. Nous suivons tantôt la gauche, tantôt la droite; nul ne bouge. Les habitations semblent abandonnées; nos frères les Roumani vaquent par la ville à leur industrie.

Cependant une femme vient de tourner ce coin. Elle s'avance d'un pas léger, le poignet sur la hanche, un paquet de cotonnade en travers de l'épaule. Elle a le teint bistre, de longs yeux intelligents et la bouche fine. A l'une de ses oreilles pend un joyau de forme étrange, rosace historiée que constellent des pierreries; l'autre lobe supporte un bijou très-différent, losange à jour terminé par des chaînes qui flottent. Une reine d'Orient ne marcherait pas de meilleure grâce. Cléopâtre devait avoir ce regard chatoyant, avec ce sourire où le triomphe reste à demi voilé sous la douceur.

Mon ami, je ne sais comment il se fait, les paroles se sont envolées, nous avons demandé à la gitana l'autorisation d'entrer chez elle.

— Chez nous! il n'y a rien de beau à voir, répond-elle avec un sourire caressant.

— Mais c'est vous que nous désirons visiter.

— Nous autres gitanos! Elle hausse légèrement les épaules.

— Oui; nous aimons votre race.

Sa tête s'est relevée, un rayon part de ses yeux : — Voulez-vous nous voir danser?

— Je crois bien !

Elle a poussé cette petite porte, elle a jèté son paquet sur le sol :

— Attendez-moi là. Elle sort, elle enfile les *calle*, on l'entend qui devant ce croisillon, et cet autre appelle : *Ya Hermanda! ya Dolorès ! ya Carmen!*

Pendant qu'Inès parcourait les rues, nous avons pénétré dans l'arrière-cour.

Quelque tapis magique vient de nous transporter en Égypte.

Un homme, un zingaro, brun, les yeux allongés, les membres fins, accroupi sur le sol, tresse des joncs ; sa femme, Espagnole et catholique (on voit de ces unions), tient un petit enfant serré contre sa poitrine ; les aînés, sans autre vêtement que des boucles d'oreilles démesurées, se roulent dans la poussière ; tout ce monde, d'abord étonné de notre apparition, se rassure après deux mots. On nous donne les enfants à caresser ; mon amie essaye leur portrait, grande joie dans le taudis ; de partout sortent des figures nouvelles. Le logis de nos hôtes consiste en deux réduits à raz terre ; le premier est garni d'un petit fourneau, de quelques-unes de ces cruches que les femmes portent sur la hanche ; le second ne contient absolument rien, ni chaises, ni banc, ni lit : les quatre murs, pas autre chose; on se roule pour dormir dans la capa, on s'étend sur le sol battu, et cela n'empêche ni la femme de mettre au monde un peuple de marmots, ni ceux-ci d'avoir des mines réjouies. Quant au mari, type fellah, il me semble pâle et chétif.

Mais une querelle vient d'éclater entre deux princesses

de céans. L'une vieille, tannée, des anneaux gigantesques aux oreilles, ses mèches grises au vent, debout sur le perron d'un escalier qui conduit à l'étage supérieur, écrase de son éloquence et de ses malédictions une jeune femme immobile, le port de tête dédaigneux, la lèvre ironique, le regard fixé sur la mégère, sans que sa paupière s'abaisse ou tressaille. Quand la sorcière de là-haut a fini de vociférer, l'autre lui lance une parole brève, gutturale, incisive, un dard qui va se planter en vive chair. Alors la magicienne, ses deux bras projetés en avant, trouve des cris plus âpres ; elle secoue les serpents de sa chevelure, les imprécations éclatent comme la foudre. Toujours impassible, la jeune femme monte un degré, la vieille en descend deux; il s'agit d'une poule morte, on l'a trouvée ce matin dans la cour, roide: empoisonnée, cela va de soi. Qui a fait le coup? la jeune femme. Notre mégère lui jette l'accusation; ses lèvres minces la répètent et la soulignent de toutes les exécrations que fournit le vocabulaire roumani.

A ce moment, et comme la dernière marche allait être franchie, paraît un gitano; cinquante ans, haut de six pieds, la veste couverte d'aiguillettes, le sombrero sur la tête, chevelure plate et lisse, favoris longs et soyeux, la petite tresse des picadores allongée derrière l'oreille, un manteau noir jeté sur ses fortes épaules, sa taille puissante entourée d'une ceinture rouge, la démarche, le regard, l'autorité d'un monarque. D'où il est venu, par où il est entré, je n'en sais rien, ni personne. Il reste là, devant nous, sa grande ombre prolongée sur le sol blanc. Il a fait un geste, les femmes se sont tues. Figure magnifique et rusée qui tient à la fois du lion, du tigre et du renard. L'œil sombre, avec une étincelle dans les profondeurs, demeure fixe, froid, impénétrable. Les lèvres, qu'infléchit je ne sais quel sardonique éclair, marquent la résolution. Le front est martial. Cet homme a la superbe d'un maître, roi dans sa tribu ; c'est le mari de la Hermosa.

Pour moi, c'est Ginès de Passamonte. A peine l'ai-je aperçu, le nom s'est écrit sur ses traits, toute sa personne me l'a crié. Il nous considère; point surpris, ni fâché ni bien aise. Lorsque l'une de nous lui demande s'il consent à ce qu'on reproduise son profil, il lève une épaule et laisse tomber ces mots : — A Paris, un de vos peintres m'a donné quatre mille francs pour ça. — Puis il pose, simplement, trop hautain pour qu'une affectation l'aborde. Tandis qu'il se laisse faire et qu'il promène son regard scrutateur sur nos personnes : — Autrefois, reprend-il, comme se parlant à lui-même, autrefois j'étais beau. *Hoy!*... (aujourd'hui). — Il n'achève pas.

Avec la Hermosa il a parcouru le monde; il a visité Rome, l'Angleterre, l'Afrique ; c'est un homme qui a tout vu, j'allais dire qui a tout fait. Majestueux au repos, terrible dès que joue certain muscle de sa mâchoire ; admirable à contempler ici, dans ce cadre ; effrayant à rencontrer au coin d'un bois.

L'esquisse achevée, un crayon expressif; Ginès, toujours immobile, se le fait montrer. Notre monarque s'était arrangé pour qu'on le prît de pied en cap; il ne voit qu'une tête, avance la lèvre inférieure, et d'un suprême dédain : — Le chapeau, dit-il, ressemble.

Cependant Inès nous a fait appeler. On vient de nous introduire dans une autre case. Les matrones, avec un peuple d'enfants, s'y entassent déjà. Ce grand jeune homme, assis contre le mur, interroge négligemment sa mandoline ; nous nous sommes glissés près de lui. Pour se mouvoir dans un si étroit espace, encombré de la sorte, il faudra quelque prodige. Les femmes âgées, aux traits décharnés, à la peau noire et pendante, se pressent le long des parois ; les enfants se groupent vers la porte ; ils ont de belles carnations mauricaudes, des yeux innocents et curieux, des chevelures épaisses, frisées à pleine main. On les embrasse, on les caresse ; parfois une mère saisit dans le tas quelqu'un des marmots, l'enlève, le serre contre elle, le couvre de baisers, puis le remet au paquet ; il y rentre et s'y enfonce comme il peut.

Notre jeune homme, en attendant, le front ouvert, la bouche rieuse, d'une grâce exquise, l'air d'un seigneur maure, frappe sa guitare du dos de la main ou bien en effleure doucement les cordes. Il chante à demi-voix, il lance ces beaux jets farouches, il laisse courir ces modulations indéfinies, il exhale ces soupirs auxquels de longs silences succèdent ; puis il écoute, le regard vague. On dirait qu'il entend au désert le vent rouler ses ondes, les dattiers frissonner comme des harpes, ou quelque panthère promener ses amours avec ses miaulements sauvages.

Tout à coup un bruit s'est fait ; la masse humaine s'est ébranlée, dans la baie lumineuse de la porte quatre jeunes filles viennent d'apparaître. Ce sont nos danseuses. Elles franchissent d'un geste aisé le rempart enfantin. Trois d'entre elles restent debout, leur belle tête inondée de clartés. Rafael, à son tour, s'est levé, il a laissé sa mandoline aux mains d'un compagnon.

Les grands ciseaux du tondeur passés dans sa ceinture, le front décidé, la taille haute, il fait sonner ses castagnettes. Alors Carmen s'avance, mince comme un jonc. Un cercle d'argent interrompu sous la poitrine lui sert de ceinture ; elle a les bras à demi voilés de mousseline ; ses cheveux noirs abattus des deux côtés suivent l'ovale délicat du galbe ; au-dessus de chaque tempe, ce large peigne en cuivre couronne sa tête d'un diadème bizarre et charmant. Elle a passé dans ses doigts effilés le cordon des castagnettes, elle tient son front un peu baissé, elle n'a regardé personne ; ses joues pâles, avec une teinte légèrement rosée, font penser aux blancheurs de l'aube quand elle sort toute frissonnante des obscurités de la nuit ; ses yeux d'un noir bleu, doux, étranges, semblent n'avoir rien connu, rien vu sur cette terre ; des lueurs et comme des secrets d'un autre monde se cachent au fond des prunelles; les longues paupières laissent tomber leur ombre sur le visage. Mais que fais-je de vous décrire ses traits, et que sert de vous dire ses sourcils déliés, son cou flexible, la sonnerie de ses pendeloques, les volants de sa jupe, son corset bleu, les vibrations avec les chatoiements de la lumière autour d'elle ! La verrez-vous dans sa grâce de gazelle, la verrez-vous dans sa chasteté qui s'ignore, la verrez-vous quand les bras levés, ses beaux bras blancs, et la taille souple, et la bouche entr'ouverte, et les paupières abattues ; tout entière recueillie, enveloppée et comme voilée de pudeur, elle danse, et que ses pieds qui glissent touchent à peine le sol, qu'elle tourne lentement, que ses doigts promènent les castagnettes au hasard, qu'elle semble errer à travers les régions sidérales, et que devant elle ce grand jeune homme, Rafaël, qu'elle aperçoit à peine, le port hautain, le front rayonnant, le geste vainqueur et courtois, le regard gitano, un éclair qui jaillit en dessous, lui jette en passant quelque parole amoureuse qui glisse sur elle et qu'elle n'entend pas !

Ah! celle-là, je l'ai nommée; elle s'appelle *Esmeralda;* elle existe, l'enfant à la chèvre, je l'ai trouvée, la voilà!

Cependant les trois gitanas, nonchalamment appuyées aux linteaux de la porte, frappent des mains; elles balancent leurs têtes brunes, en vraies filles de Nubie. L'une chante et répond aux accords de l'instrument. Sa voix est métallique; elle a les gémissements harmonieux, elle lance les notes stridentes, elle reproduit cette fantaisie arabe que pas une plume ne rendra. Nul bruit dans l'assistance. Tous contemplent; ils ont subi la fascination qu'exerce Carmen, cette fille brahmine, cette péri dont les pieds cerclés d'or effleurent la terre, mais qui n'y marche pas et qui n'est point des leurs.

Telle révélation de beauté nous arrache des larmes; si je ne faisais effort, les miennes couvriraient mon visage. Il y a des enchantements, il y a une puissance de la poésie, il y a un idéal de pureté, il y a des créations qui traversent notre ciel, le ciel de nos rêves; elles apparaissent dans cette voie lactée, lumière diffuse de nos aspirations; en un instant, comme l'étoile filante, elles réalisent nos songes, puis elles s'évanouissent, et quelque trace éblouissante que rien n'effacera plus nous dit qu'elles ont passé.

Carmen s'est arrêtée, sa petite main a essuyé ses joues moites; à peine un coup d'œil furtif échappe-t-il sous les paupières.

Alors une autre jeune fille, Ramona Gorreas, une fille mauresque, s'avance à son tour. Grande, flexible autant qu'un palmier, les yeux bien ouverts, les dents plus étincelantes que l'opale, son sourire brille comme le soleil. Mais dès qu'elle a pris les castagnettes, les paupières de Ramona se sont abaissées; une même modestie enchaîne son regard, une même chasteté modère ses pas; toutefois le charme n'est plus divin ; cette femme habite la terre; sa retenue est une pudeur de vierge, ce n'est plus l'ignorance de la péri. Elle a marché sur nos sentiers, l'autre ne connaissait que les plaines d'azur.

Et voici Dolorès, la poitrine couverte de chaînettes d'argent, des plaques scintillantes aux oreilles, le jupon rouge, la ceinture de galon noir, le buste classique, les attaches fines, le teint couleur de bronze, les yeux veloutés avec la cornée d'un bleu pâle. Mélancolique, triste et languissante, pareille à ces femmes fellahs qui remontent le soir du Nil, leur urne sur l'épaule, elle vient promener ses pas nonchalants autour de Rafaël. Cette danse est un poëme d'Orient, on en écoute les harmonies. Il y a peu de mouvements ; le danseur et la danseuse s'évitent ou se rapprochent avec lenteur ; leurs doigts ne se rencontrent point; les yeux de la jeune fille restent à demi clos, ses lèvres sérieuses; on dirait quelque rite accompli dans les profondeurs d'un temple égyptien.

La dernière, Fernanda, une Judith ; sévère, le visage encadré de bandeaux épais, la chevelure lourde, mate et bleuissante, s'est approchée. Elle ne porte aucun ornement ; à peine si ses doigts paresseux daignent secouer les castagnettes ; elle marche plus qu'elle ne forme des pas ; elle est tragique, son front garde un pli, ses sourcils se rejoignent en un froncement superbe ; tête à peindre qui n'inspire nulle sympathie.

Et comme elle achevait ses orbes dédaigneux, soudain arrive et saute d'un bond par-dessus les quatre étages de visages enfantins, une *muchacha*, quatorze ans, la rose dans les cheveux, une Arabe, une fille des déserts, sauvage, l'éclair aux yeux, aux lèvres, partout. Elle écarte des deux mains ce qui lui fait obstacle, les castagnettes frémissent dans ses doigts, elle s'élance, impatiente, folle de joie et de la volonté qu'elle a de montrer ce qu'elle sait faire, et qu'elle est belle aussi !

Carmen, indifférente, debout, la tête un peu renversée, tout son idéal profil détaché dans la lumière, garde sa mystérieuse expression, sceau de l'origine sacrée.

Et le soleil baigne ce tableau ; et je les vois toujours, entrelacées, les bras passés autour du cou, ces jeunes filles naïves, dans l'abandon de leur grâce un peu farouche, belles sans savoir comment, nobles sans que nul leur ait dit ce qu'est la dignité, des fées, et vraiment je ne sais que ce mot pour exprimer le rayonnement d'un tel éclat.

Deux heures ont fui, nous nous sommes levés. En un clin d'œil jeunes filles, matrones, Ramon, Dolorès, Fernanda, et Carmen autant que les autres, toutes nous pressent, nous serrent et nous étouffent. Pesetas, réaux, ducats, rien ne les contente ; insatiables, elles tendent la main, poussent des cris perçants, et voilà de la poésie bien arrangée !

Eh bien, pas du tout, ce sont des enfants, n'y voyez point autre chose. Elles badinent en même temps qu'elles mendient ; leur avidité vient plus de la passion d'obtenir que de la soif d'entasser ; tant que vous donnerez, elles demanderont ; si vous refusez, le même rire joyeux vous répondra.

Au milieu de la bagarre, M. de Gasparin a fait faire silence ; il adresse à ces braves gens quelques mots du cœur ; on l'écoute : — *Dios bueno, si*[1] ! — Cela part de toutes les lèvres.

[1] Dieu bon, oui !

Rafaël et son compagnon, gentilshommes jusqu'au bout n'ont rien sollicité. Aidé de Martinez, mon mari nous tir l'une après l'autre de la mêlée; on sort non sans peine c'est fait.

Vers le pont, nous rencontrons la Hermosa, svelte ave le port d'une reine. Sa beauté flétrie conserve de noble traits; couverte de joyaux comme son époux Ginès, de cheveux plus noirs que le jayet tout constellés de bijoux elle nous aborde, insouciante mais rusée; sous son apparente indifférence on sent le dépit d'avoir manqué l'occasion.

Après quelques mots échangés avec elle, nous poursuivions notre route, lorsqu'un gitano, lancé à pleine course nous rattrape plus loin.

— Qu'y a-t-il?

— L'ombrelle de la señora.

— Mon parasol!

— Il est resté là-bas.

— Vous me l'apportez?

Notre homme embarrassé garde le silence. L'ombrell est prisonnière; si nous voulons l'avoir, il en faut paye la rançon.

Ce trait les achève.

— Tenez, hombre, allez chercher le *quitasol*[1].

Comme nous touchions la porte de notre fonda, voic que du fond de la rue arrive derrière nous une femme, un zingara, tout essoufflée; elle tient en l'air quelque chos d'informe, chiffon emmanché d'un bâton qu'elle agite; ell nous a rejoints, tombe haletante sur le trottoir, lève so bras défaillant et me présente l'objet. Mon ami, c'est l'om

[1] Parasol.

brelle, en trois morceaux, déchirée, dépecée, souillée de boue. Faut-il qu'on se soit gourmé sur son corps!

Cependant la Hermosa, qui a gagné l'hôtel par des rues détournées, nous attend chez nous. Elle aurait voulu venir ce soir, et danser en jupe d'argent; non par intérêt, ah fi! elle relève la tête de l'air d'une Junon antique; mais à cause du goût passionné qu'elle sent pour nos personnes.

Ainsi finit la comédie. Si nous étions restés, la gitanerie aurait fait de nous ce qu'elle a fait du *quitasol*; morts ou vifs, nous n'en sortions pas entiers.

Du haut de la tour, nous avons jeté un dernier et long regard sur cette vega merveilleuse. Contemplez-la bien, mes yeux, vous ne la verrez plus; ni les belles verdures, ni les palmiers aux panaches ondoyants, ni les bois d'orangers, ni la splendeur de ces régions du Soleil.

Plus tard.

Le docteur est venu nous prendre dans sa gallera afin de nous conduire à la station; il nous montre, chemin faisant, les campagnes environnantes.

— A qui appartient cette hacienda?

— A moi, répond le docteur; puis il se reprend : A votre Grâce. — Voilà les belles façons espagnoles.

Paniers de fraises, bouquets de fleurs, lettres de recommandation adressées aux amis de Madrid, rien ne nous a manqué.

Les diligences, après un bout de voie ferrée, nous mènent à la gare d'Agramonte où nous retrouverons le carroferril.

Et pendant que nous traversons, emportés au galop de notre attelage, l'âpreté des plateaux qui remontent vers le nord; tandis qu'à toutes les perspectives des cônes se lèvent, jetés avec leurs tranchants, leurs pics et leurs vastes croupes dans les clartés de l'horizon; pendant que leurs grandes échancrures laissent jaillir l'incendie du couchant, que le zagal crie : *Castillanô, castillanô, vellatè!* qu'un dernier palmier battu des vents agite sa chevelure, qu'on ne rencontre plus que des caravanes de mulets ou des files de tartanes chargées de sparterie et dirigées par l'arriero qui se balance sur sa monture et pousse sa voix en clameurs farouches; la scène de tantôt se retrace à mon souvenir. Je revois ces filles d'Égypte, ces filles des Maures, ces filles de l'Indoustan; je vois Carmen, unique au monde, dans son nimbe lumineux. Cette danse plus chaste que celle des étoiles, ce long voile des paupières, cette magie de la beauté, cette grâce de l'ignorance, tout m'est restitué. Mon ami, je ne vous en dis plus rien, car je vous en parlerais toujours.

Eh bien donc les austérités du désert nous ont saisis. Je leur trouve de la majesté. D'ailleurs, quand la terre se fait morne, les cieux se font éclatants. La lumière sur ces espaces désolés prend des transparences, elle passe par des dégradations infinies dont jamais sites plus fortunés ne connurent la magie.

Dans ces hautes vallées sans issue, règnent des fièvres pernicieuses; ce sont elles qui chaque été dépeuplent le chantier du chemin de fer; on leur doit l'interruption du réseau. Des bastions naturels étagent leurs contre-forts au milieu de cette vastitude; ils emprisonnent l'air, retiennent les filets d'eau transformés en mares dès que vient la saison des pluies, et quelque grande asphodèle aux teintes pâles incline seule sa longue tige, selon que passe le vent sur l'étendue.

Cependant les sierras succèdent aux sierras, la diligence prend à travers champs. Ces trous que vous voyez çà et là, dans le sable, sont les tanières des gitanos. Ils s'abritent sous le sol, au milieu de ces coins perdus, enfouis comme les Zigueuner de Bulgarie qui ont creusé leurs terriers dans les berges du Danube.

Roumani des villes, Roumani des lieux sauvages, les uns pas plus que les autres ne pratiquent de religion apparente; ils ne suivent point le culte catholique, on ne leur en connaît nul autre; pourtant ils épousent à l'occasion des chrétiennes, leurs noms sont pour la plupart des noms communs à tous les Espagnols, et quand on leur parle de Dieu, même de Jésus, ils donnent des signes de respect et montrent un assentiment presque enfantin [1].

Nous venons d'apercevoir la station d'Agramonte. Elle s'élève en plein désert. On y arrive affamé, il n'y a de rien. Mais vous comptez sans la courtoisie nationale. A peine

[1] Il y a, dit le proverbe espagnol, trois problèmes qu'on ne résoudra jamais :

> Se los gitanos son bautizados y casados,
> Se los sacristanos odien la missa.
> Se los sacerdotos son religiosos.
>
> Si les gitanos sont baptisés et mariés,
> Si les sacristains écoutent la messe,
> Si les prêtres ont la foi.

deux ou trois caballeros ont-ils surpris notre embarras, vite, l'un nous offre la moitié de son pain, l'autre nous contraint d'accepter les œufs durs dont il venait de faire emplette, un troisième apporte les seules oranges égarées en ces latitudes, et nous voilà bon gré mal gré changés en frères quêteurs.

Or vous pensez si d'Agramonte à la gare d'Albacète on célèbre l'urbanité des chevaliers ibériens.

26 avril 186...

Je vous ai quitté, hier au soir pour acheter des coutelas. Albacète est l'endroit où se fabriquent les fameuses *navajas*. Représentez-vous un manche long de deux pieds, renflé par le milieu, terminé en queue de scorpion par le bout; écoutez ce craquement sinistre dès qu'on pousse ou qu'on tire le ressort, voyez cette lame, fine, large, effilée, pointue, luisante, glissante, qui porte gravées en lettres rouges comme le sang des sentences pareilles à celle-ci : *Mas pica que una vibora* (je pique mieux qu'une vipère), vous sentirez avec nous que c'est ici de la couleur locale, et, de dix heures du soir à minuit, vous ne cesserez ni d'examiner les dessins bizarres de la monture, ni de déchiffrer les caractères écarlates, ni d'emmagasiner pour vos frères, pour vos cousins, pour vos neveux et pour vous-même, ces armes terribles qui donnent le frisson rien qu'à les voir! Elles exercent une telle fascination sur les cœurs sensibles, que chacune de nous porte quatre ou cinq de ces couteaux d'ogre dans son sac; jusqu'à la fin du voyage nous en achèterons, et si de l'autre côté des Pyrénées quelque lame, égarée sur le versant français, se présente à nous, elle trouvera très-certainement à qui parler.

Vers minuit, le train qui marche vers Tolède nous ouvre ses wagons à dix places, une abominable invention, et nous empile avec toutes sortes de don Quichotte pur sang. Est-ce la Manche, est-ce le hasard, on ne rencontra jamais pareil assortiment de longs corps, de longs nez, de joues décharnées et d'orbites caverneux. Type chevaleresque au demeurant, avec de nobles façons. Je vois encore une de ces *tristes figures*, mais belle, se tenir dans le coin du wagon, plus immobile que la statue du Commandeur, tandis qu'une gracieuse señora, sa femme, coquettement enveloppée de la mantille, promenait une tête mignonne, avec toutes les impatiences de l'insomnie et tout l'abandon d'un trop court sommeil, sur la poitrine du caballero qui lui servait d'oreiller.

Cependant le train court à travers les plateaux sans limites, sans arbres, sans villages; un néant rendu visible.

Le Toboso doit se nicher là-bas, sur notre droite.

Franchement, quand on habite un lieu pareil, je conçois qu'on aille chercher les aventures. Rien de tel que les monotonies du sol ou que les uniformités de la vie pour délier l'imagination. De manière ou d'autre il nous faut de la couleur. Quand la palette est vide, l'âme broie du noir ou du blanc. Lorsque tout se tait autour de nous, que rien ne bouge, qu'une égalité de plomb menace de nous ensevelir sous son couvercle sépulcral, l'intelligence, le cœur, les pensées et le corps lui-même se détendent brusquement; ils font effort, le couvercle part en éclats, et les plus tranquilles et les plus modérés entrent par effraction dans le monde de la fantaisie, au grand ébahissement de leurs voisins qui ne les avaient jamais vus qu'en bonnet de coton.

Vers six heures du matin, quelques arbres se sont arrondis au milieu des brumes. On crie : Aranjuez ! A demi réveillés, assoupis à moitié, nous sortons des voitures. Nous voyons devant nous un gros pâté de palais qui rappelle Versailles ; nous gouvernons sur la grille en suivant cette galerie que fit établir Godoy, le prince de la Paix, afin de passer plus commodément de sa demeure dans le château royal. On nous ouvre, non sans peine (l'heure matinale déroute les coutumes du pays). Un gazon blanchi par le givre s'étend sous nos pas ; cette nature du nord, pâle, dévêtue encore et froide à l'œil, prolonge nos frissons de la nuit. Nous marchons en silence jusqu'à ce long balustre qui nous arrête ; un fleuve jaunâtre coule à pleins bords sous nos yeux, et là, rangés en ligne, considérant les flots mornes, nous murmurons d'une voix endormie : Fleuve du Tage ! — Mon ami, c'est parfaitement bête, mais c'est comme cela.

Au surplus, ces grandes eaux limoneuses enferment le palais. Quelque part qu'on aille, sous les arbres où commence de pénétrer le jour, dans les parterres où quelques maigres jacinthes, fleurs de notre premier printemps, dressent leurs clochettes, toujours on entend cette voix grave, toujours on retrouve les plis du gigantesque serpent. Il semble que la cour d'Espagne ne puisse pas plus à la campagne qu'à la ville, se passer de tristesse et de solennité.

Il y a des vergers ; les boutons du poirier vont s'entr'ouvrir ; on nous le fait remarquer et combien la saison est précoce ! Hélas ! mon ami, ces précocités-là nous serrent à la gorge.

Nous avons les yeux pleins encore des embrasements de Carthagène; les dattiers se balancent trop près de nous; l'ombre de leurs palmes caressent notre front; le voile éclatant des orangers, les lumières de ce ciel, les éblouissements de cette mer, et les capas rouges des Valenciens, et les corsets bleus des gitanas, et l'étincelle des yeux noirs, tout cela nous enveloppe d'une atmosphère enchantée.

Nous voilà donc sous les ormeaux. Des troncs puissants, de belles branches, je ne dis pas le contraire. L'écorce rugueuse s'est déroidie, les petites feuilles se déplissent; par ci par là quelque parterre, soigneusement encadré de buis, nous montre tantôt un groupe de statues, tantôt une fontaine sans eau, comme chez Louis XIV.

On trouvera de la grandeur dans cette énergie des végétations. La *plaza de los Robles*[1], avec ses arceaux de pierre qui se détachent sur un fond de ramées, produit un contraste dont l'œil reste amusé. Cette perspective qui plus loin met les lumières du ciel au bout d'une quadruple avenue de platanes, cette grotte de Pausilippe taillée en plein fourré, garde ses mystères avec son ampleur. Je conçois que pour des gens perdus au milieu des aridités manchoises, Aranjuez exerce la séduction des jardins d'Armide; mais il ne faut pas revenir de Murcie.

Restent les rossignols, qui se répondent d'un segment à l'autre de la forêt géométrique; restent les notes plaintives de la huppe, assorties aux mélancolies du lieu; restent les souvenirs de Charles III, roi de paille jeté hors du trône, ici même, par son fils Ferdinand VII; et les terreurs de Godoy, lorsque après trente-six heures de transes et de

[1] Des chênes.

jeûne, il se hasarda hors de sa cachette, fut reconnu, pris et traîné tout tremblant devant l'usurpateur qui lui laissa la vie.

L'image plus douce de la pauvre Marie-Louise, cette enfant de Savoie dont nous avons rencontré la mémoire à Figuerra, erre à son tour sous les ombrages. La petite reine se promenait parmi ces grands arbres : « qui font plaisir partout, écrivait-elle, mais surtout en Espagne où l'on n'en voit guère. »

Nous allons de la sorte, entre un passé mesquin dont les pâles reflets ne réchauffent point l'aspect, et les langueurs de cette nature ensommeillée dont les monotonies laissent le cœur figé. N'était le fleuve, n'était la mouvante écharpe dont il étreint le palais, bouillonnement qui indique la profondeur, cours puissant jeté tout au travers du parc royal, on n'emporterait d'Aranjuez qu'une impression glacée.

Deux heures de carroferril nous ont mis aux portes de Tolède.

Le soleil resplendit. Vis-à-vis de nous une antique cité, une de ces villes qui portent leurs lettres de noblesse écrites tout du long de leurs murailles crénelées et de leurs châteaux démantelés, une de ces reines à cheval sur les sept coteaux sacramentels, dresse dans le ciel ses tours, ses forts, ses défenses à moitié ruinées et son profil bizarre, cruellement déchiré par le temps.

Le Tage l'enclave; elle ne tient à la terre que par cet isthme, dont les versants assez doux se relient aux campagnes d'un vert doré. On ne découvre en arrivant ni le cours entier du fleuve, ni l'anneau dont il entoure la presqu'île, ni les escarpements au travers desquels il prendra son chemin ; mais je ne sais quelles transparences font voir que la ville est portée haut dans les airs.

Elle a les chaudes teintes de ce qui vécut longtemps. Ses *alcazars*, tour à tour prétoires des rois goths et palais des califes, tantôt lèvent dans les basses prairies, tantôt dressent sur les collines leurs restes qui parlent d'une gloire disparue, pendant que le château de Charles-Quint étale dans l'azur sa masse carrée dont la pesanteur écrase tout.

On comprend, rien qu'à considérer cela, les fiertés de Tolède, qu'elle fut reine sous les Visigoths, reine sous les Africains, reine sous les monarques espagnols. La tradition lui donne Adam pour fondateur ; de plus modestes légendes la font remonter à Tubal Caïn. Elle serait, d'après quelques savants, cette antique Tarsis qui servit de refuge aux Israélites persécutés en Judée. Philippe II lui ôta sa couronne pour la poser au front de Madrid, une nouvelle venue. Tolède, cependant, a conservé la suprématie religieuse. Son archevêque reste primat de toutes les Espagnes, et son chapitre, dont le roi faisait partie jadis, se donna longtemps la joie de mettre une fois par an l'auguste chanoine à l'amende, pour cause d'absentéisme; cela se pratiquait le jour de la Saint-Jean.

Elle a vu, Tolède la superbe, arriver Léogiwilde, le roi goth aux cheveux tombants, la tête ceinte d'un de ces bandeaux d'or à pendentifs étincelants de rubis et d'émeraudes que des fouilles récentes nous ont restitués. Elle a vu Récarède, croyant pour la multitude douteuse, soumettre son peuple entier à la foi catholique ; mais quoi, dans ce bon siècle, la religion du monarque servait pour tous. Elle a vu le roi Wamba construire ces palais qui nous montrent encore le cintre gracieux et simple de l'ordre roman.

Après, les Maures sont venus. Le traître comte Julien leur a fait signe, ils sont accourus pareils à des sauterelles africaines; ils ont élevé leurs alcazars aux fines tourelles, aux arcs déliés; ils les ont placés sous les ombrages, près du fleuve, parmi les prairies; ils ont jeté la guipure de leurs murailles crénelées au flanc des coteaux; ils ont dressé sur la route incendiée du Soleil leur porte d'El Sol avec son fer à cheval évidé, la fantasque, l'élégante, toute dorée de clartés ambrées, toute pleine de lumière, pure, caressante à l'œil, et qui redit, rien qu'à la voir, les poésies de la domination sarrasine.

Don Alonzo, le maître du Cid, se tenait à Tolède, sous la protection d'Ali-May-Moun le calife (car les chrétiens n'ont pas toujours guerroyé contre le Maure; maltraités ou battus des leurs, ils savaient fort bien invoquer la générosité des mécréants); don Alonzo dévorait donc ses ennuis à Tolède, lorsqu'il apprit la mort de don Sanche, son frère, qui lui avait méchamment ravi le royaume. Notre prince espagnol jouait aux échecs avec l'Arabe. Brûlant de partir, mais n'osant manifester son désir, il gardait le silence. Par trois fois le chrétien gagne le Maure :

— Va-t'en, va-t'en, va-t'en! s'écrie alors le calife, avec cette chevalerie qui déguise la valeur du don sous un semblant de courroux.

Don Alonzo ne se le fit pas redire. Il quitte le palais, retourne en sa maison, se dévale par-dessus la muraille, court à Zamora, saisit le sceptre, empoigne l'épée; et ce fut lui qui reprit Tolède aux Africains.

Les Juifs cachaient ici le luxe de leurs habitations sous des dehors sordides. Pressurés tour à tour par les Goths, par les Maures et par les chrétiens, ils surent garder leurs richesses avec leurs synagogues jusqu'au moment où Vincent Ferrer, ce cruel, les déchira de ses ongles d'airain; jusqu'à l'heure où le roi Ferdinand, les recherchant jusqu'au dernier, effaça leur ombre même de cette ville qu'ils avaient habitée avant les Espagnols, avant les Goths, avant les Maures, avant les Romains. Si quelques-uns des fils de cette race proscrite vivent encore à Tolède, ce sont des gens craintifs, mystérieux, qui dérobent leur origine sous le manteau castillan, et qui dissimulent leur désespoir avec leur foi, derrière les cérémonies d'un culte qu'ils exècrent tout en le pratiquant.

Elle a des fastes sanglants, la reine au port altier. Assise à l'écart, couronnée de son auréole ecclésiastique, elle demeure sans communication avec le reste du monde. Ceux qui la viennent voir sont des admirateurs, ils lui apportent leurs hommages; elle les reçoit de haut. Je ne sais quoi de brusque et d'hostile a remplacé l'exquise urbanité des royaumes de Valence et de Murcie. Le *Usted*[1] a disparu. Les formes, de moelleuses qu'elles étaient, se sont faites rudes. On répond court. Le regard toise, il n'accueille plus. Des uns aux autres nulle courtoisie ; on est bourru, volontiers on est agressif. Les majestés déchues, quand elles ont perdu le pouvoir, renoncent parfois à leur superbe ; l'habitant de Tolède, qui a conservé l'orgueil, me rappelle ces bourgeois de la Rome actuelle, le front dédaigneux, le sourcil froncé, le regard malveillant, l'air rogue, tout l'extérieur tendu sur une grandeur évanouie, cet ensemble en un mot qui gronde et grommèle, et du haut de ses ruines voit grouiller bien bas le petit monde barbare à peine digne d'un regard de pitié.

[1] Votre Grâce.

Nous avons traversé le Tage, imposant et austère. Nous l'avons franchi sur un pont monumental, *el puente d'Alcantara*, que défend à l'entrée une lourde porte érigée par Charles-Quint, tandis qu'une tour octogone protége la sortie. Le chemin qui monte vers la ville jette ses plis autour du rocher; il laisse de côté la Puerta del Sol, s'accroche aux pentes roides, coupe la *Plaza del Zocodover*, vieille place entourée de vieilles maisons, bien au soleil, bien à l'air, portée ainsi qu'un balcon sur les flancs escarpés du promontoire qui domine le pays. Quelques ruelles enchevêtrées et grimpantes nous ont menés dans la *Fonda del Lino*. Point d'hôte, des *criados* farouches, des portes fermées à clef, un *comedor* qu'on prendrait pour une salle de cabaret, quelque galerie tapissée de nattes, des antiquaires qui promènent là-dedans leur museau de fouine avec leurs faïences arabes et leur ferraille visigothe, voilà notre palais.

Une fois logés, et ce n'est pas sans peine, nous mettons la main sur un guide, vieux carliste jadis interné en France. Il sait ses antiquités par cœur et nous les mènera voir. Voulez-vous l'individu? tête carrée, sourcils en brosse, moustache en étrille, avec une bouche diserte et des yeux de charbon vif; cette balafre au travers du front complète l'homme; le caractère se révèle en deux mots :

— Ma fille, dit Perez, quand zé souis révénu, il m'aimait pas; il gardait pas lé respect. Alors, moi, z'ai donné loui dé coups de pied, pour mé faire connaître!

Telles sont les façons paternelles dont use cet antique appui de la légitimité.

Quant aux idées, Perez a gardé celles de Vincent Ferrer et d'Isabelle la Catholique:

— Des Juifs, des protestants! nous autres, à Tolède, nous souffrons pas cé tas dę païens.

Mais nous voilà dans le *patio* d'une maison mauresque. C'est une cour secrète pleine de lumière et d'azur; elle n'a d'autre toit que les cieux; un cordon d'arceaux et de colonnettes l'enlacent; des fleurs se groupent au centre en un massif embaumé. Si vous suivez la galerie et que vos yeux se lèvent, ils trouveront la boiserie arabe, un plafond cloisonné; l'outre-mer dont les caissons furent peints subsiste encore; les arabesques d'or qui jetaient leur dentelle sur ce fond richement coloré conservent toute la finesse du réseau. Le moucharabieh croise toujours ses lattes devant les croisées. Penchez-vous sur ce puits, les chaînes qui couraient entre les doigts des belles esclaves en ont rongé le marbre; vous sentez le poli de l'échancrure.

Est-ce du Goth qu'il vous faut? alors venez plus loin, regardez ces pleins cintres ornés de loupes en pierre et ces murs au front rude que couronne quelque feston aérien.

A chaque instant des portes énormes, lourds battants de chêne qu'étoilent les clous sarrasins, nous montrent leurs mamelons armés d'un dard ou taillés en pointes de diamant. Goths et Maures vous saisissent au passage, tous vous parlent à la fois. C'est la tour de San Tomaso, une Arabe; c'est le château de Wamba, un Visigoth. Tantôt des colonnes, tantôt des arceaux empâtés de maçonnerie arrêtent vos yeux. Trois ou quatre capitales bâties par trois ou quatre races effacées du sol ont entassé là leurs magnificences.

Et *San Juan de los Reyes*, l'ancien monastère catholique, reste debout au milieu des ruines.

Je la trouve belle, cette église campée par Isabelle et Ferdinand au front de la vieille cité. Ils l'érigèrent en commémoration d'une victoire remportée sur le Portugal. Fruste des côtés, elle assied son chevet sur la pente jaunâtre et déserte qui descend vers le fleuve. Là, des balustres ciselés jettent leurs découpures à travers les plaines du bas pays; là s'étagent les statues des guerriers; là, des aiguilles hérissées d'épines enfoncent leur pointe dans le ciel. Il y a de la royauté, de la domination, de la bravoure castillane dans ce monument viril. Et qu'il y a de chevalerie aussi dans le souvenir des captifs délivrés à Grenade, dans ces chaînes qui pendent aux murs, lourdes, avec leurs anneaux noircis que la rouille achève de dévorer.

L'intérieur tient presque autant de la mosquée que de l'Église chrétienne; c'est par où je l'aime. J'aime l'opposition que forme l'arc surbaissé du fond avec cette coupole noyée dans les sérénités supérieures; j'aime les sentences qui courent sur la frise, j'aime les guipures de pierre à toutes les hauteurs, je trouve ici ce contraste du mur plein avec les ogives largement ouvertes, qui par la simplicité, par l'élégance et par le volume d'air plaît tant à mon esprit amoureux des belles lignes et des belles clartés.

Il goûte plus encore cette autre iglesia : *Santa Maria la Blanca*, ancienne synagogue des Juifs.

Trois rangées de fers à cheval ont dessiné leur profil dans la profondeur de ses nefs; des chapiteaux étranges soutiennent les trois étages sur leurs pommes de pin roides et fortement entaillées; au-dessus des arcs, un dessin capricieux a promené ses lignes pleines de fantaisie, que le savoir mesure et qu'il contient; les cèdres du Liban ont fourni les poutrelles du toit. Nous nous sommes assis vers les puits des Israélites, nous errons parmi ces lourds piliers octogones; les guirlandes, les rosaces, les entrelacs miroitent dans une éclatante lumière qui rend l'abandon plus impressif et plus triste le silence. Ah! mon ami, cela fait mal de lutter contre des mots et de se débattre contre toutes les impérities du langage pour rendre ce poëme oriental, écrit avec des couleurs, des courbes et le ciel.

Lorsque nos pas nous mènent en quelque site perdu, parmi les ruines, et que, penchés à ce mur branlant qui surplombe nous regardons au fond du précipice, nous voyons le Tage rouler ses eaux grondantes, et le courant se frayer un chemin entre deux ravins déchirés.

Le pont *San Martin* projette son arche rougeâtre au travers du fleuve; elle relie un désert à l'autre désert; le terrain écorché montre ses blessures qui saignent; quelque bruyère essaye de fleurir là-bas, et dans le fleuve, des murailles noircies et percées d'ogives, racontent la grandeur et les amours éteintes.

Puis nous revenons aux Juifs, à cette autre synagogue : *Nostra Senora del Transito*, construite en 1366 par le fameux Samuel Levy, trésorier du roi don Pèdre; nous entrons dans ce *Taller del Moro* qui nous rend les lambris, les caissons, le lapis, les voussures avec les inscriptions du palais arabe. Hélas! des ouvriers bras nus et manches retroussées y attaquent à grands coups les blocs de pierre dont se bâtit la moderne Tolède; et quelques géraniums sauvages poussent leurs racines dont l'effort a déplacé les dernières faïences que retenait encore le mur sarrasin.

Venez-vous en sur la place de la cathédrale. Voyez-vous ces trois portes sacrées : *l'Infierno, el Pardon, el Juicio*[1]; que vous disent leurs nobles courbures ogivales! Et ces profusions d'anges, ce peuple de statues, le fouillis des cordons, le fourré des pampres, les bas-reliefs, les rondes bosses, ces deux piliers qui séparant les trois baies, montent, étage après étage, flanqués de niches et de saints, jusqu'au faîte, que vous disent-ils? Cette tour, que vous dit-elle, puissante, svelte, dressée de retrait en retrait, ornée de faïences bigarrées, brodée d'arceaux, de colonnettes, de balcons à jour, avec ses grosses cloches et leurs battants monumentaux et leurs gigantesques supports! Plus haut que le balcon, les pyramides; plus haut que les pyramides, les flèches; plus haut que les flèches, les épines; plus haut que les épines, le dard aigu porté dans les cieux avec ses globes d'or et sa croix éblouissante, que vous dit cela! N'est-ce pas, vous restez comme nous, abasourdi, sur cette petite place égayée d'un jet d'eau, tandis que derrière vous le lourd palais archiépiscopal regarde sans sourciller toute cette féerie?

Je vous fais grâce des détails; seulement arrêtez-vous devant la *Puerta de los Leones*[2]; foulez de vos pas le parvis qui la précède; contemplez le grand arc qui la couronne, considérez ces bêtes héraldiques, accroupies sur leurs piliers, chacune son écusson armorial entre les pattes, prêtes à déchirer tout mécréant.

La nef éclairée de vitraux peints s'étend sous une voûte immense que supportent des faisceaux de colonnes. Placé comme toujours au milieu du sanctuaire, le chœur en altère les lignes et en diminue la majesté.

[1] L'Enfer, le Pardon, le Jugement.
[2] Porte des Lions.

Au fond de la Capilla major, ce colossal retable qui représente les scènes de la Passion, œuvre baroque et surchargée, échafaudage de clochetons et de dais historiés ; prodige de sculpture sur bois, diffus assemblage d'imaginations diverses que relie une commune parenté : le mauvais goût entasse des miracles d'exécution sur des monstruosités de peinture. C'est étourdissant, on dirait un cauchemar de bric-à-brac. Et pourtant cette Capilla major reste belle. N'a-t-elle pas, outre ses richesses, les tombeaux des rois goths ? Tout mutilés qu'ils furent par le cardinal Mendoza, dont la superbe, ignorante autant que brutale, jeta bas un côté de l'édifice pour se construire un catafalque, ils gardent leur austérité, et rien n'a pu leur ravir leur souveraine grandeur.

La Silleria du chœur nous montre ces débauches de travail qui toujours me donnent de la tristesse. Tant d'idées, et parfois du génie, employés à décorer des stalles canoniales si bien perdues au milieu de cent chefs-d'œuvre pareils, qu'à peine arrêteront-elles un instant le regard !

Quant au fameux *trompe-l'œil* qui joue le relief à s'y méprendre, ce n'est pas de l'art, c'est de l'industrie, l'âme n'a rien à voir là-dedans.

Des grilles plus ouvragées que l'ivoire sculpté, par ci par là des ornements rococos, dans la salle capitulaire des plafonds moresques avec des portraits d'évêques, une vierge d'argent, le cloître et le trésor, je vous ferai tout voir si vous voulez.

Pour aujourd'hui vous en avez assez, moi trop : *vamos a dormir*.

27 avril 186...

Toute la nuit j'ai rêvé du Cid.

Je l'ai revu lorsqu'il vint dans Tolède, demander au roi don Alonzo raison de l'injure qu'avaient faite à dona Elvire et à doña Sol, ses deux filles, les vils infants de Carrion.

Chimène, les femmes ont de ces intuitions divinatrices, ne se souciait guère de donner ses filles aux infants : — Il ne me sourit pas, disait-elle à Rodrigue, de m'apparenter avec les comtes. — Toutefois, en épouse chrétienne, elle se soumit.

Magnifiques furent les noces ; on eut des courses de taureaux, des joutes et des tournois.

Or, une après-midi que mon Cid, le visage appuyé sur sa main, dormait assis dans le célèbre banc à dossier qu'il avait pris au roi maure ; tandis que Bermude le bègue, un vaillant seigneur, devisait avec les comtes, tout bas, de peur d'éveiller el Campeador ; voici qu'une clameur d'épouvante se fait entendre : Gare le lion ! Mal meure qui l'a déchaîné ! — Bermude reste impassible ; les comtes, frissonnants, se sont cachés l'un derrière le fauteuil du Cid, l'autre ailleurs. La foule se précipite, le lion après elle ; Bermude l'attend de pied ferme. Mais mon Cid s'est soulevé ; d'un mot il arrête la bête. Le lion, tête basse, fouette de la queue ; mon Cid lui a jeté les deux bras autour du cou ; il porte l'animal dans sa loge, il lui fait tout en marchant maintes caresses. Et ne la trouvez-vous pas belle, cette amitié des deux lions?

Vous voyez d'ici quelle figure firent les infants, tirés de leur cachette.

— Pourquoi, leur demanda fièrement Rodrigue, ayant vos armes, vous sauver en poltrons? Et puis n'étiez-vous point avec moi, si je veux y penser!

Pâles de colère, les comtes ont emmené leurs femmes. Les *robles*[1] de Tormes gardent la mémoire du traitement que ces félons infligèrent aux nobles dames. Cela fait, nos lâches prennent la fuite.

Le Cid a tout appris; il tait sa douleur : — On ne doit point, dit-il, pleurer ce dont on espère tirer vengeance. — Et comme le roi don Alonzo tenait les Cortès à Tolède, Bivar assemble ses gentilshommes. Il part de Valence où l'avaient retenu les intérêts de son maître; il chevauche en tête de sa troupe, voit Chimène à la fenêtre, pour l'égayer pique des deux, ôte son bonnet, les trompettes sonnent et tous l'ont suivi.

Arrivé dans Tolède, hautain toujours et superbe, le Cid a fait placer près du trône royal son banc à dossier, trophée de victoire dont il ne se séparait guère.

— Qu'est-ce donc? s'écrie Ordoñez, un des envieux de notre héros; qu'est-ce que ce lit nuptial dressé près de votre fauteuil, sire? à quelle mariée le destinez-vous?

Mon Cid a froncé le sourcil. Mais le roi : — Que nul ne parle du banc qui se trouve ici. Le Cid l'a bien gagné. Que nul ne parle du Cid, qui n'a point son pareil au monde!

Alors le Cid, levé sur son siége à dossier et de la main se caressant la barbe, adjure les comtes de Carrion. Il leur enjoint de lui remettre *Colada*, de lui rendre *Tizona*, les deux bonnes épées qu'il leur avait confiées avec ses filles.

[1] Chênes.

La cause est entendue, les Cortès font justice à Rodrigue, le mariage est cassé, les traîtres payeront l'amende, ils garderont l'infamie. Et voici venir don Pedro d'Aragon, voici venir don Ramire de Navarre, rois couronnés, qui, tous deux, sollicitent la main de doña Elvire et celle de doña Sol. Le triomphe du Campeador est complet, sa gloire a dissipé les nuages, il ne reste au Cid qu'à jouir de sa fortune. Cependant le guerrier se dresse de nouveau ; son honneur exige plus. Les prunelles en feu, Bivar demande satisfaction par l'épée; l'injure veut du sang; on met les glaives à l'air, un effroyable tumulte éclate; et le monarque, embrasé de colère à son tour : — Hors d'ici! tenez-les!

Plus tard, l'affaire définitivement réglée, mon Cid, fier et joyeux, monté sur *Babieça* qu'on a parée d'une fourrure d'hermine, lance à pleine carrière le noble coursier qu'il veut offrir au roi. C'était peut-être devant l'Alcazar, peut-être sur la place du Zocodover, peut-être dans les prairies que baigne le Tage. Babieça, folle, enivrée, rompt sa bride; d'un geste mon Cid l'a retenue; le roi, les *ricos hombres*, tous ont applaudi. Babieça, gouvernée par le cavalier qui connaît à fond les mystères de la fantasia arabe, pirouette, s'enlève, bondit, se plante des quatre pieds dans le sol, repart au galop, change d'allure, obéissante à la voix autant qu'à la main; et comme Bivar l'arrête d'un coup devant le monarque, comme il présente au roi la noble bête qui écume et qui frémit :

— Je ne la prendrai point, fait le roi; car si elle était mienne, je vous la donnerais de bon gré.

Ces beaux songes me tenaient éveillée lorsque les accords d'une mandoline ont retenti.

Mon ami, ce n'était ni le Cid ni Bermude, mais bien deux

caballeros en manteau noir, grands, minces, graves, le sombrero enfoncé jusqu'à l'œil, lesquels exécutaient sous nos fenêtres quelque gandienne ou quelque fandango.

Les notes de la guitare, répercutées par les murs, sonnaient sec ; ces deux figures, sérieuses jusqu'à l'austérité, sautaient d'un pied leste, frappant des mains à chaque passe, à chaque volte, et les longs manteaux suivaient, ondoyants, solennels, pareils à des linceuls. Parfois un éclat de rire échappait à cette majesté, puis tout rentrait dans le silence. Nos gentilshommes ont dansé là, seuls, longtemps, sans qu'une main curieuse soulevât les jalousies; après quoi ils sont partis comme ils étaient venus. Moi j'aurais contemplé toute la nuit ce ballet tragique, où la roideur le disputait au caprice; et ce contraste de l'habit, de la tenue, du désert et de l'heure, avec un acte qui, chez nous, mènerait droit aux Petites-Maisons.

L'aube nous a trouvés dans la cathédrale. On y disait la messe mozarabe.

Quelques Goths, après la conquête de Tolède par les Maures, obtinrent de ceux-ci l'autorisation de conserver le culte chrétien. Ils restèrent donc libres, dans une certaine mesure, sous la domination africaine, et continuèrent de pratiquer leur foi. La rentrée des Espagnols n'y changea rien; les Mozarabes catholiques gardèrent leurs rites et se maintinrent à l'écart. Ainsi se sont formées leurs communautés, dont on rencontre quelques vestiges dans les vieilles cités de la Péninsule.

Ils possèdent une chapelle, déserte, froide et pauvre; c'est là qu'ils célèbrent leurs offices. Nous y assistons durant quelques instants; nous écoutons les litanies que chante le prêtre, tandis que son acolyte, armé d'un stylet d'argent, tourne les pages du livre monumental posé sur l'autel. Mais il nous déplaît d'examiner en indifférents des actes qui pour nos frères constituent l'adoration, et sortis à l'air libre, nos yeux attachés sur cette façade prodigieuse, les regards montant, montant toujours avec la tour qui perd son faîte dans les cieux, nous avons supplié Dieu de bénir Mozarabes, Israélites, Maures, catholiques et nous-mêmes.

Le grand Alcazar, le diadème de Tolède, perd beaucoup à être vu de près. Dégradé par un incendie lors de la guerre de succession, il ne présente guère que des murailles à demi ruinées. Au fait, les côtés les plus détruits sont ceux qui me plaisent le mieux.

La façade nord, œuvre de Charles-Quint[1], tourmentée et surchargée, étouffe l'imagination sous ses lignes courtes et ses moellons épais. La face orientale, restaurée par Isabelle, est plus sobre. Celle de San Fernando montre de beaux ravages. Le mur oriental, qu'on attribue à don Alonzo, conserve seul les nobles caractères d'une forteresse prête au combat. Et tenez, cette statue mutilée du roi Rescesvinte, le Goth qui fit sa profession de foi dans le huitième concile de Tolède, me parle mieux du passé, avec son bandeau fruste et son visage résolu, que tant de restaurations ou maladroites ou déconfites.

J'en reviens à mon dire, il faut voir l'Alcazar de loin, de bas, de partout ailleurs que de près. Lors donc qu'on arrive sur la sommité qui le porte, ce qu'on a de mieux à faire, c'est de regarder au dessous de soi le Tage profondé-

[1] Lisez l'intéressant volume de M. Amédée Pichot, *Charles-Quint, chronique de sa vie intérieure et de sa vie politique.*

ment encaissé dans les érosions du sol, et de contempler au loin la Sierra de Guadarrama qui bleuit vers l'horizon.

Mais savez-vous d'où vient le nom de *Zocodover?* Quand Jeanne la Folle, fille de Ferdinand et mère de Charles-Quint se rendit à Tolède; traversant la place del *Zoco*[1], ainsi que nous le faisions tout à l'heure, elle se mit à dire : — *Zoco da ver*[2] ! — de là Zocodover; telle est la tradition locale. Si l'Alcazar se présente à vous de cette place, il prendra son ampleur. Ce n'est plus un tas de bâtiments massifs, gauchement superposés; la ruine s'est chargée de leur donner l'élégance; l'Alcazar jette au travers des cieux ses arceaux vides qui ne soutiennent plus rien, et derrière ses remparts défaits plus d'une figure héroïque s'est dressée.

Arrêtez vos yeux sur celle-ci, la noble épouse de Juan Padilla. Promoteur du mouvement libéral qu'étouffa Charles-Quint, Juan venait de mourir par la main du bourreau. Maria Padilla continua l'œuvre de son mari; elle brava l'Empereur, s'enferma dans Tolède, y soutint un siége; et les murs de l'Alcazar ont vu la pauvre veuve du supplicié résister au maître de deux mondes[3].

Cependant la *Mezquita*[4], solitaire en un site abandonné, compte les siècles. Ses neuf coupoles s'appuient sur une rangée de fers à cheval. Soutenu par ces arcs gé-

[1] Milieu.
[2] Le milieu (de la ville), vraiment!
[3] Forcée dans son dernier retranchement, elle ne se rendit pas échappa, et fut chercher un refuge en Portugal.
[4] Mosquée.

nialement simples, plus beaux à mon sens que les combinaisons les plus savamment tourmentées de l'art gothique, le monument arabe semble fait d'air et de soleil.

Au moment où le Maure entrait dans Tolède, les chrétiens visigoths, dit la légende, cachèrent un Christ avec un cierge allumé dans cet enfoncement, qu'ils murèrent à la hâte. Le cierge brûla durant trois siècles, et lorsque Alphonse VI, le même qui gagnait au calife Almeymoun et les parties d'échecs et les royaumes, passa devant la mosquée, son cheval s'agenouilla, le mur s'écroula, le Christ apparut avec le cierge qui continuait de flamber. Il est là, ce crucifix; horrible statue en bois de cèdre, décharnée, hideuse, la barbe et les cheveux mêlés, vêtue, j'ose à peine l'écrire, d'une crinoline à bouffants.

Les Romanceros, qui en savent long, nous racontent à leur manière de quelle façon la mosquée redevint catholique.

Don Alonzo VI venait de nommer Bernard, un prêtre, archevêque de Tolède et primat des Espagnes. La reine, en l'absence de son mari, gouvernait la ville. Don Alonzo, tolérant par nature, par souvenir de la protection des Maures aussi, mal sûr d'ailleurs d'un pouvoir trop récent pour être bien solide, avait laissé leur temple aux musulmans.

Mais voilà que la reine, à force de considérer cette belle mosquée, jadis chrétienne, prit d'étranges scrupules :

— Il me fâche, dit-elle, de voir notre église aux mains des païens.

Puis, faisant appeler l'archevêque Bernard :

— Quel moyen y aurait-il, demande-t-elle au prélat, de reprendre notre bien sans que le roi manquât à sa parole?

Lors le sage évêque tombant à genoux :

— Je rends grâce à Jésus-Christ, s'écria-t-il, et à sa mère la sainte Vierge, que vous soyez venue, reine, au-devant de mes désirs ! Enlevons la mosquée aux Maures, plutôt aujourd'hui que demain. Pour une parole temporelle, ne renoncez pas au bonheur à venir.

Cette même nuit, les catholiques entrèrent dans la mosquée.

Vous comprenez l'émoi des ulémas. Ils s'adressent au roi ; don Alonzo en colère marche sur Tolède. Cependant les Maures, une race pleine de retenue et de bon sens, se sont hâtés au-devant du monarque. Eux, les offensés, demandent grâce pour la reine.

— Taisez-vous, mes bons amis, fait le roi ; la chose me regarde. Ceux qui vous ont lésés ont trahi ma parole, j'en ferai un tel châtiment que vous demeurerez vengés.

Mais les Maures, reprenant avec cris et larmes :

— Si de cela vous tirez vengeance, Sire, elle nous coûtera, à nous, bien cher. Car celui qui ce matin tuera la reine, demain s'en repentira. — Puis, cessant de se lamenter : Maintenant, ajoutent-ils, la mosquée est une église, elle ne saurait nous revenir. Pardonnez à la reine, Sire ; dès cette heure nous vous remettons votre serment.

Les pauvres gens avaient grand'peur, la chose est certaine ; mais n'admirez-vous pas, dites-moi, cette modération, jointe à cette fine connaissance du cœur humain ?

Si vous me laissez faire, mon ami, j'irai longtemps comme cela, d'un souvenir à l'autre ; de l'église San Iago, encore une mosquée, à la porte Visagra, et m'y voici.

Il y a deux Visagra, celle de Charles-Quint avec ses tours, ses faïences, son front altier ; et la Visagra des Maures, dont le roi don Alonzo franchit le seuil lorsqu'il mit son pied vainqueur dans la ville. Charles-Quint a fait murer cette dernière, on ne sait pourquoi.

Je m'assieds dans la grande ombre que projettent les tours arabes; mon regard va chercher le cirque romain qui trace là-bas une ligne indécise au milieu des prairies; je contemple à mes pieds l'ancienne basilique, la mère des conciles, ronde, rougeâtre et surbaissée.

Ainsi les races effacent les races ; les dominations successives, comme un flot qui suit l'autre flot, en balayent les vestiges. Une note reste qui gémit à travers les siècles : la douleur humaine. Une chose ne cessera pas de se révolter : la liberté broyée, niée, cent fois écrasée, que rien ne tue, Dieu merci! et qui toute saignante, brûlée, le visage noirci, les membres arrachés, n'existant plus, se relève pourtant, cherche ses débris épars, le souffle divin y passe, ils vivent; la voilà, notre liberté; elle est jeune, elle est belle, elle est forte, elle marche, et ses pas ont délivré le monde.

Les bœufs au pelage gris, aux cornes classiques, montent la route poudreuse et font crier l'essieu. Des gitanos, quelque petit enfant jeté sur le dos, en loques, dénués et farouches, grimpent les roches et viennent camper sur ce morceau d'herbe jaunie; les galériens, enchaînés et gardés à vue, brouettent la terre ; et le soleil, cet éternel indifférent, verse des trésors de joie à nos misères, à nos crimes et à nos labeurs.

Quelques pas plus loin, nous nous sommes accoudés au vieux mur qui surplombe les restes du pont des Maures. Dans le fond, à ras l'eau, un pan disloqué, dernier vestige du palais de Rodrigue, seul debout parmi la solitude, contemple ce désastre pendant que, sur la rive opposée, les bains de *la Cava* laissent tomber l'une après l'autre leurs pierres dans le courant. Pas une âme vivante ne respire là ; mais on entend le cri de la huppe; lorsqu'on se penche, on surprend l'oiseau qui traverse le fleuve à tire-d'aile ; son ombre fuyante, tantôt glisse sur le flot, tantôt court sur les roches. Il me souvient des amours de Rodrigue.

Ah! quand il regardait, lui aussi, du haut de sa terrasse où fleurissaient les citronniers ; quand il contemplait la fille du comte Julien, *la Cava*, sous une épaisse ramée de jasmins et de myrtes, se jouant avec ses damoiselles, *toutes bien contentes et bien joyeuses;* le fleuve ne charriait pas ces vagues irritées, la terre ne montrait pas ces cruelles déchirures, l'horizon n'étendait pas jusqu'aux derniers lointains la désolation de ses nudités ravagées. Alors les pampres s'enlaçaient sur le versant des collines, les prés verdoyaient aux vallées, Tolède semblait une perle oubliée dans l'herbe. Et la Cava parmi ses damoiselles folâtre et rit; et les voilà qui, d'un ruban de soie jaune, mesurent leurs jambes fines ; et ce bâtard de roi Rodrigue, ainsi dit la chanson, enflammé d'amour, ravit la fille du comte Julien.

Une fois qu'il la tint dans son retrait :

— Tu sauras, ma Cava fleurie, murmurait-il à son oreille, que depuis hier je ne vis plus!

Mais le comte Julien, seigneur de Tarifa, apprend l'infamie. Il arrache de son menton et de sa tête *quantité de cheveux blancs* qu'il jette au vent comme fils argentés. Il appelle un vieux Maure, lui dicte la lettre de trahison qui doit livrer le royaume au calife, puis met son poignard dans la gorge du Maure, de sorte qu'oncques depuis le vieillard ne parla.

Perdue la bataille et perdu le pays, notre roi Rodrigue s'en est allé seul trouver un ermite de renom. Il se croyait hors de péril, le roi Rodrigue, et remerciait madame Marie avec tous les hôtes du paradis, quand le bon ermite lui fit signe d'approcher. Le saint homme a reçu du ciel, par révélation, commandement d'enfermer son souverain dans un sépulcre, en compagnie d'une vipère tout en vie.

Le monarque en fut bien aise, c'est la légende qui le dit. Il demeura trois jours au cercueil. Le matin du troisième, comme le saint ermite venait chercher de ses nouvelles :

— Dieu m'aide! répond le roi Rodrigue; la vipère me mange !

Cri burlesque, dites-vous ; cri sublime. Au fond, le serpent, n'est-ce pas notre conscience ; et trouve-t-on la paix ailleurs que dans la dernière victoire qui nous broie le cœur?

Après que nous avons regardé cela : le fleuve en courroux, les âpretés de ces berges écroulées, le désert qui va bosselant son dos aride, et que nous avons longtemps écouté le cri de la huppe et suivi son vol qui la mène des bains de *Cava fleurie* aux tourelles éventrées du bon roi; nous traversons le pont San Martin pour suivre sur l'autre bord les méandres que forme le Tage autour de la vieille cité.

Enfin, j'ai retrouvé le ciel, j'ai retrouvé le sol. Pauvre ou riche, enchantée ou désolée, c'est la nature ; c'est le droit de respirer, de marcher, de rêver comme il nous plaît. Plus rien ne gêne les pensées ; ma mémoire, débarrassée du soin de se souvenir, rencontre toutes sortes d'images aimables. Le passé, que nous ne forçons plus dans ses retraites, nous vient au-devant, dans sa grâce et dans sa liberté. Jamais les cailloux, si bien que les taillent ou que les entassent les hommes, jamais ni forteresses ni cathédrales ne nous donneront cela ; jamais ils ne vaudront les cieux arrondis sur ma tête, la terre étendue devant mes pas, et cette plénitude d'indépendance, face à face avec Dieu, que nous restituent les campagnes et que les villes ne possèdent point.

Tolède, avec qui je n'ai plus rien à faire, prend toute sa beauté. La voilà fièrement campée sur son trône, ceinte du Tage, debout sur son piton raviné. Le soleil a des ardeurs d'Arabie, le sol des rougeurs de brique. Çà et là quelque verdure, quelques-uns de ces vergers d'abricotiers qui fournissent à la ville déchue une de ses dernières gloires avec un de ses meilleurs profits, niche sa maigre feuillée entre les flancs dépouillés. La forêt, la mystérieuse forêt de Tolède où se cachent les brigands, étend là, sur notre droite, ses profondeurs et dérobe ses repaires. Le sentier qu'embrase l'heure du midi blanchit et miroite.

Je trouve cela grand ; mes yeux ne s'en rassasient point. C'est la gamme du désert avec ses tons durs ; c'est une palette dont l'Afrique a broyé les couleurs. Dans le ciel éclatant montent les épines de San Juan de los Reyes. La flèche, les boules, la croix de la cathédrale y étincellent. Le gigantesque Alcazar, blanc, troué par places, y étale son corps puissant. Parfois on croirait voir Jérusalem assise dans son deuil.

Au bas du ravin, parmi les rochers qui sèment la terre de leurs blocs, des femmes en jupon rouge étendent leur linge qui ressemble à des plaques de neige. Puis, quelque troupeau de mérinos s'éparpille sur les déclivités ; le *pastor*, vêtu d'un drap sombre, les jambes emprisonnées de guêtres en cuir, reste immobile, le menton appuyé sur sa crosse d'évêque. Le thym sent bon ; un aloès a trouvé moyen de s'accrocher ici, dans cette fissure. Quelque file de mules gravit les versants opposés ; la caravane tourne avec le chemin, elle monte vers la cité muette, morte on le dirait, accroupie comme un sphinx sur son sarcophage de granit.

La beauté du site lui vient de cette tristesse sans mesure; aussi de ce que racontent les grandes tours, les morceaux de muraille, les dômes, les arcs, les clochers, debout lorsque tant de ruines ont jonché le sol. Elle lui vient encore de ces pans de murs à demi noyés par le courant, solides, pour déchirés qu'ils soient; et cette eau fuit, passe, elle coulera durant des siècles avant d'avoir ébranlé la ténacité de ces cadavres éternels.

Mais quand une gorge s'entr'ouvre, quand le terrain pourfendu dresse des deux côtés ses falaises écorchées, lorsqu'il encadre de ses flancs tourmentés cette ville des Goths et des Maures, lorsqu'elle apparaît, grise sur les moraines grises, avec l'azur pour coupole, saisie au vif, du haut en bas, jusqu'au fleuve, entre ses ravins rocailleux et splendides ; alors c'est un aspect, c'est une détresse et c'est une majesté dont le lyrisme a d'héroïques accords. Il semble qu'on entende une voix gémir ainsi que se lamentait Jésus, en ce jour où du mont des Olives il regarda sa Jérusalem ingrate, qu'il la vit ruinée, étendue à ses pieds, privée de vie sous le ciel implacable, maudite jusqu'au jour du jugement, et qu'il pleura.

Devant nous la *Venta de Machio* a profilé ses jaunes arcades qui se détachent à peine du rocher. Une solitude absolue entoure cette masure de sinistre apparence. Quelque caravane de charbonniers, figures rébarbatives, hommes rudes, campés sur leurs mules dont ils poussent l'escouade en avant, quitte la Venta pour s'enfoncer dans la forêt de Tolède. Près de la ville, dont on toucherait en quelque sorte les murailles, on reste enveloppé du désert, et si quelqu'un de ces honnêtes gens qui tiennent le mâquis en prenait fantaisie, il nous enlèverait sans coup férir. Cela s'est vu et cela se fait.

Maintenant, tournez vos regards vers la plaine. Vous discernerez une maison blanche; c'est l'usine où se trempent les armes.

Ma bonne lame de Tolède! chacun de nous pourra, drapé dans sa capa, redire la phrase sacramentelle du drame romantique. On achète ce matin des poignards, tout comme l'autre nuit on achetait des *navajas*. Admirez avec moi ces moires du métal, où l'or s'unit au bronze pour former des anneaux pareils à la boucle soyeuse de quelque noire chevelure des pays andalous.

La fabrication a déchu; les vieilles épées l'emportent de beaucoup sur les nouvelles. Toutefois l'industrie armurière conserve à quelques égards sa supériorité; l'ancien procédé s'est maintenu, et le voici tel que nous le décrit un ouvrier.

La lame, d'abord chauffée sur un foyer très-doux, enduite après de savon, est replacée au milieu du brasier; elle y demeure quelques instants; d'un coup horizontal et lent, l'armurier la plonge tout entière dans le fleuve; elle rompt comme verre au sortir du bassin; l'ouvrier la ressaisit, et pour la troisième fois fait subir au métal l'action d'un feu modéré; il y prend sa belle couleur violette; dès qu'on plie l'épée, elle doit former l'arc; si une parcelle résiste, on recommence l'opération.

Je souhaite, mon ami, que jamais six pouces de ce fer bien trempé ne vous passent au travers du corps.

29 avril 186...

Madrid me déçoit un peu. J'ai tardé pour vous l'écrire; je voulais donner à mes premières impressions le loisir de se modifier; elles n'en font rien, ce sont les bonnes, et les voici.

Eh bien, je m'attendais à une ville espagnole, je tombe sur une ville française.

Comprenez-vous ce que c'est que d'entendre tout le jour la trompette des omnibus, le cri des vendeurs de journaux, les ponts-neufs des orgues de Barbarie, le roulement de nos voitures parisiennes, et toute la nuit, au lieu des chansons du Sereno, le timbre éraillé de pauvres enfants qui offrent leurs allumettes aux promeneurs.

La banalité des grands centres nous a saisis; les rues ressemblent à nos rues, les vêtements à nos habits; point de miradores, plus de capas, encore moins de sombreros; le paletot règne; rien ne vous dit que vous êtes au cœur des Espagnes, tout vous affirme au contraire que vous n'avez pas quitté la France, et si vous entrez dans un magasin, si vous demandez un bonbon, un bijou, un souvenir des Castilles, on se redresse et l'on vous répond en français que tout vient de Paris.

La Puerta del Sol, jadis une véritable porte, fermait Madrid du côté de l'Orient. Débordée par les faubourgs, elle s'est longtemps maintenue debout, comme la porte Saint-Denis ou la porte Saint-Martin; puis elle a disparu. Reste une place environnée de trottoirs, ronde, vaste, ordinaire.

Au milieu s'élance le jet d'eau. Médiocre la plupart du temps, il devient splendide et magique lorsque vers midi la place embrasée miroite sous les feux du soleil son patron, qu'une invisible main lâche les bondes, que la masse liquide jaillit jusqu'au ciel, qu'elle redescend en nappes neigeuses, qu'elle promène son voile éblouissant sur les palais, et que languissamment, flot par flot, pareille à quelque vapeur suspendue qui hésiterait à tomber, elle baigne tout de son averse, plus étincelante qu'une pluie de diamants. Le candélabre historique, celui vers la base duquel se nouent et se dénouent les révolutions, ni plus ni moins beau que nos lampadaires, groupe au centre ses globes de verre dépoli. La calle d'Alcala, une des grandes artères de Madrid, le boulevard qui descend vers le Prado, reproduisent à s'y méprendre tel quartier de chez nous.

On se frotte les yeux, on prête l'oreille; on entend le noble idiome espagnol, on voit les Madrilènes enveloppées du voile de dentelle, promener sur les trottoirs la moire de leur jupe, ou balancer d'une main nonchalante l'aile diaprée de l'éventail; il y a des Pyrénées encore, et l'on respire.

Elles sont charmantes, les señoras de Madrid, avec leurs yeux rieurs, leur bonne grâce et leur teint mat. Toutes ont des traits. Parfois l'or d'une blonde chevelure, l'azur de quelque prunelle bleue jette son éclair sous la mantille; mais plus souvent on rencontre le type classique : tresses noires, le nez arqué, des sourcils qui se rejoignent à l'orientale, fières, dominatrices, et pas une laide.

Les nourrices de la Vieille-Castille portent sur leur tête le mouchoir de taffetas aux vives couleurs ; elles ont tantôt le jupon bleu, tantôt le jupon rouge à zones d'or. Par ci par là, sur les trottoirs de la Puerta del Sol, vous frôlez au passage quelque picador en veste de peau d'agneau, la ceinture écarlate, le chapeau rond garni de trois pompons étagés, les cheveux coupés ras, sauf la tresse de rigueur qui pend derrière l'oreille. Ce sont de grands garçons, lestes, l'air doux, sans rien de sanguinaire.

En fait de couleur locale, je n'en sais pas plus.

Mais tenez, suivons la calle d'Alcala, rendons-nous au Prado, cette large allée plantée d'arbres qui s'étend à l'ouest, et selon qu'elle côtoie le Musée ou qu'elle se prolonge vers l'hippodrome, prend tantôt le nom de *Salon del Paseo*, tantôt celui de *Prado de Recoletos*, tantôt l'appellation gracieuse de *Delicias de Isabella*. Là s'entassent chaque soir cinq ou six rangs de flâneurs immobiles sur leurs chaises; là, tout comme dans nos Champs-Elysées, calèches, coupés, berlines et victorias brûlent le pavé. De même que nos hôtels s'élèvent derrière les ormes de la grande avenue parisienne, les palais espagnols s'alignent derrière les ormeaux de *las Delicias* ou du *Salon*. On y voit le groupe de Cybèle au milieu d'une eau dormante; on y soupçonne le *Buen Retiro* à travers son rideau d'arbustes qui commencent de verdoyer; quelques pâles fleurs essayent de lutter contre les rigueurs de la fin d'avril. C'est le Nord, c'est la civilisation, c'est le rouleau compresseur promené sur toutes les physionomies; et sans l'attelage à six mules qui entraîne les infants[1], si l'on ne voyait galoper ces puissants et reluisants chevaux à la Velasquez; n'était la reine elle-même qui passe dans sa calèche et que nul ne salue (une manière de lui témoigner le

[1] Les équipages seuls de la reine sont attelés de chevaux; des mules traînent les voitures de la cour. Ainsi le veut l'étiquette.

mécontentement général), on se croirait aussi bien à Paris qu'à Madrid.

Ce qui manque ici, voyez-vous, c'est un passé : des Romains, des Goths, ces Maures que nous avons laissés sous les ruines de Tolède; sans compter la chevalerie espagnole, rois guerriers accompagnés de leurs hommes vaillants.

Philippe II inventa Madrid; il ne put lui octroyer ni vétusté, ni fastes historiques. Aucun de ces joyaux du temps jadis qui enrichissent l'écrin des villes ne brille à son front. Pour elle, le caprice d'un monarque découronna Tolède, découronna Burgos, et Madrid n'y a rien gagné. Le roi qui l'assit sur un plateau balayé des vents, glacé des frimas, et qui lui donna pour ceinture une rivière sans eau, le Man çanarès; cette puissance taciturne et tenace n'est pas par venue à mettre autour de Madrid la magique auréole formée des clartés que jette en s'éteignant chaque siècle qui meurt.

Que voulez-vous, on se promène par la ville, on cherche où se prendre, on ne trouve rien, on descend machinalement vers le Prado, et l'on se rabat à l'occupation la plus niaise du monde : voir passer. En effet, les uns passent et repassent dans leur voiture, ils font et refont vingt fois le même tour; les chevaux mettent le pied aux mêmes empreintes, les roues creusent les mêmes ornières, les mêmes têtes saluent du même sourire les mêmes figures indifférentes; d'autres les regardent et se stupéfient à cette inerte contemplation; de belles dames en robe étalée, de beaux messieurs, les gants finement glacés, la botte irréprochable, raffinés plus que pas un dandy du Jockey-club, font ce que vous faites, ils regardent. Quand on a tout vu, l'on revient; on rentre attrapé, on s'accoude à la fenêtre, et tandis que trompettent les omnibus, que crient les gamins aux allumettes, que les orgues, plus barbares que la Barbarie qui leur servit de marraine, écorchent les oreilles ; pendant que la foule citadine, ce fleuve uniforme aux ondes incolores, glisse lentement sur l'asphalte, on se prend à rêver de la Huerta de Valence, des gitanos de Murcie, on se cache la tête dans les mains, et par toutes les puissances de la mémoire, on évoque le soleil, le peuple d'Afrique, les forêts de palmiers, tout, jusqu'aux steppes de la Manche désolée.

Pourtant j'ai découvert du vieux, c'est la *Plaza Mayor*. Une façon de place Royale, qui garde son caractère parce qu'elle a des souvenirs.

Au centre du carré que forment ses maisons à balcons de fer, par devant la tourelle à clochetons qui domine son glezia de Santa-Cruz, des bûchers se sont allumés. La Sainte-Hermandad promenait ici ses processions ; les holocaustes d'hérétiques plus d'une fois y fumèrent ; naguère encore on y donnait des combats de taureaux. Alors, les fenêtres et les balcons, jusqu'au faîte, étaient chargés de spectateurs ; les taureaux couraient dans l'enceinte rétrécie par les estrades qui ployaient sous le faix de milliers d'hommes et de milliers de femmes, entassés là pour voir tuer. *Picadores*, *banderilleros*, *matadors*, chacun montrait son adresse ; on traînait sur les pavés, on arrachait de l'amphithéâtre les chevaux éventrés et les taureaux agonisants. Il n'y a pas trente années, on immola quatre-vingt-dix *toros* pour mieux célébrer l'avénement d'Isabelle.

Mais quand flambaient les hérétiques, au bon temps jadis ; lorsque Philippe II en donnait le spectacle à sa femme, à ses seigneurs et à ses maîtresses, l'aspect était plus beau. Les victimes bâillonnées, emmuselées, méconnaissables sous un habit effroyable et ridicule, marchaient accompagnées de toute la pompe ecclésiastique ; les enfants de chœur précédaient, les prélats suivaient, la force armée appuyait l'Église, trop miséricordieuse pour frapper de ses propres mains des enfants égarés Hélas ! il avait bien fallu les remettre, ces ingrats, au bras temporel ! On attachait les victimes au poteau, la résine grésillait, le bois petillait, de rouges spirales déchiraient les fumées, les crochets de fer qui attisaient le brasier arrachaient par morceaux des chairs pantelantes, et quand la Sainte-Hermandad prenait des pitiés de femmelette, elle étranglait le patient.

Le sang, vous le voyez, cette rouge couleur des armoiries d'Espagne, ne fait point défaut à la Plaza Mayor. Si la traversant, nous nous engageons dans la rue de Tolède, nous trouverons le Madrid espagnol, celui que j'aime.

De beaux haillons pendent aux fenêtres, l'arriero qui pousse devant lui ses mules, promène au milieu du fourmillement populaire ses vêtements couleur de suie et son menton charbonné. Là, sur la place du marché campe une famille de zingari; leurs bruns visages sont couverts de mèches noires, quelque collier de cuir leur pend au cou, l'amulette s'y balance cousu dans un vieux morceau de toile, ou bien ces plaques en argile bleue comme au collier des Arabes et comme au pectoral des squelettes égyptiens. Un homme à cheval, entortillé de sa couverture, sa longue pique en main, talonne le troupeau de *novillos*[1] qui mugissent et brament, car il leur souvient des prairies. Les ânes trottinent là-dedans, les femmes crient, les enfants courent à moitié nus. C'est l'Espagne, je l'ai ressaisie. Et

[1] Jeunes bœufs.

lorsque j'arrive au pont massif, *el Puente de Toledo*, écrasé sous les trophées; lorsque je découvre la campagne à perte de vue, solitaire, déserte, sans une villa, sans un hameau, verte ou brûlée selon que la tache l'herbe ou que l'incendie le soleil; alors ces lignes basses, infinies, et ces teintes étranges me font penser à l'ampleur classique; elles me restituent le ton inusité des tableaux du Poussin. On dirait l'Océan par un de ces jours qui le peignent d'une seule couleur, le vert bleuâtre, le bleu verdâtre, on ne sait quoi; et ce n'est pas sans beauté.

Mon ami, je vous conduis à l'*Armeria.*

Les noblesses de l'Espagne nous jetteront ici leurs clartés. J'ai besoin de ces rayons, il me faut ces perspectives. Lorsqu'en étendant la main je trouve le bout de mon horizon, lorsque ma pensée qui s'élance rencontre un mur, lorsque le ciel se rabat, que l'antiquité date d'hier, qu'il n'y a ni hauteur ni profondeur, les ailes me tombent, je suis en cage, et j'étouffe.

Entrons.

Une salle immense s'est ouverte devant nos pas, entourée de trophées et de vieux fer.

Regardez : voici le casque ailé de don Juan d'Autriche; les sabres musulmans le froissèrent à Lépante. Voici la *Borgognôte*[1] de Philippe II. Relevé en ronde bosse, l'airain nous présente les figures joyeuses de Silène et de Bacchus, singuliers personnages rapprochés d'un tel roi. Plus conquérant qu'il n'était guerrier, on s'étonne de lui trouver un si grand nombre de cuirasses, d'épées, de jambières, de

[1] Nom que portent certains casques, dans l'Armeria.

morions et de salades. Charles-Quint, son père, un autre homme, n'en avait pas tant. Et qu'il est beau ce casque impérial dont l'ample bordure reproduit le combat des Centaures! cet autre encore, significatif, Borgognôte noire dont un Turc abattu forme le cimier : un Maure coiffé du turban, étendu sur le dos, à qui deux anges arrachent des deux côtés la moustache. Cette selle arabe, la selle de l'Empereur, dresse vis-à-vis sa double emboîture de fer. Tout auprès, une litière portée sur deux bâtons et fermée d'épais rideaux en cuir, a dessiné sa maigre silhouette; c'est le fauteuil de Charles-Quint, la chaise de goutteux qui remplaça son cheval de combat. Le monastère de Saint-Just, on le dirait, projette son ombre sur les splendeurs du règne; le côté prosaïque, étroit et méticuleux de cette nature si ferme, si puissante, si héroïque à ses heures, apparaît tout à coup, grandit, domine, et rabat ses lourdes portières sur l'âme qui gouvernait l'univers.

Plus loin, les couronnes votives des rois goths ont suspendu leur anneau d'or mat avec leurs chaînes finement ouvrées, au bout desquelles se balancent des pierres que nul ciseau ne tailla.

Regardez *Colada*, ce large fer, cette poignée à barreaux recroisés; on croit voir la main du Cid, la fidèle, pesante au roi, rude aux Maures, alors que frappant d'estoc elle tranchait les Sarrasins comme des épis de blé mûr. L'épée de Fernand Cortez, à côté, est sévère. Celle de Gonzalve de Cordoue porte une médaille : quelque talisman incrusté dans le pommeau, qui rendait le guerrier invincible. L'écu de Minerve étale ailleurs l'étonnante énergie de sa tête de Méduse. Boabdil, le dernier roi Maure d'Espagne, a laissé là son glaive noir, mince, triste, qui ne sut pas lui conserver sa belle Andalousie. Le casque damasquiné du calife, d'un goût exquis, reproduit ces entrelacs mêlés au métal même, dans la virile nudité du bronze, et ces fils d'or, et ces arabesques, et cette élégance accomplie que nous avons tant admirées aux palais tolédains. Le morion d'Ali pacha, que don Juan lui prit à Lépante avec sa gloire, porte un verset du Koran, noble consolation dans la défaite :

Je me réfugie en Dieu pour qu'il me délivre de Satan.

Près de la cuirasse de l'électeur de Saxe, ce protecteur de Luther que Charles-Quint fit prisonnier, je vois le casque du duc d'Albe, couronné d'un sphinx : figure hautaine, fermée et dure, digne cimier de cet homme à l'âme féroce, aux impassibles méchancetés.

Et tandis que ces vestiges tout rouillés de sang font passer devant nos yeux des visions funestes ; telle bizarre carapace qui métamorphose l'homme d'arme en une espèce de tortue, à califourchon sur son destrier ; tel soldat du Japon ou de la Chine, Croquemitaine à mâchoire de requin avec des yeux de grenouille ; telle gaîne étroite qui emprisonnait le fantassin dans un étui, comme Sancho Pança dans son tonneau, met le burlesque à côté du tragique et le sourire à côté du frisson.

Toutefois l'histoire reste debout ; elle se déroule avec les bannières de Lépante, l'éclair de *Tizon* l'illumine, les capricieuses niellures des cimiers maures y mettent leur poésie, les lourdes épées à deux mains des grands capitaines y jettent leurs grands coups. Celle de Christophe Colomb, pauvre et simple, de sa pointe émoussée montre encore la terre nouvelle ; le morion altier de Charles-Quint, son lit de misère et de bataille semblent deux phares, l'un brillant, l'autre fumeux, plantés aux deux bouts de sa carrière ; et si je veux parler d'art, jamais on ne vit le fer, on ne vit l'acier, on ne vit le bronze ou l'or mieux burinés, mieux repoussés, soumis par des mains plus énergiques et plus savantes aux nobles fantaisies de l'esprit.

Le palais de la Reine fait face à l'Armeria. L'herbe pousse dans la cour qui sépare les deux monuments; le silence y règne; trois ou quatre étages de fenêtres rayent les murailles uniformes; le côté qui regarde la campagne, plus large, percé de plus de croisées, offre le même aspect grandiose, massif et indifférent.

Un instant nous nous sommes arrêtés vers le mur qui surplombe. Nous avons considéré les prairies monotones, le lit du Mançanarez où quelque lavandière bat son linge, les horizons vagues, le ciel gris et froid. Que de reines ont appuyé leur front ennuyé contre ces vitres, que de reines ont contemplé ces mornes aspects! Les souvenirs de la patrie absente leur revenaient au cœur, leurs rêves de jeune fille allaient errant dans ce ciel effacé; et l'on sentait l'étreinte des murs pesants, de l'étiquette implacable, et l'on avait pour se distraire quelque défilé de la Sainte-Hermandad, le petillement des brasiers, la boucherie des taureaux, ou bien une lettre du roi quand il était en chasse:

> Madame il fait grand vent,
> Et j'ai tué six loups!

Rendons-nous au Congrès.

La salle rappelle, en de moindres proportions, notre vieille Chambre des députés. Les armoiries des provinces, disposées sur la frise, lui donnent un caractère aristocratique. La tribune est basse. Ce banc tapissé de bleu, à gauche, attend les ministres.

Un bruit s'est fait; deux massiers[1] en robe de velours noir viennent d'apparaître; ils portent une toque rouge qu'ombragent des plumes d'autruche; l'écusson aux armes d'Espagne est brodé sur leur poitrine, leur épaule soutient la masse d'argent; le président les suit; ils vont se placer derrière son fauteuil et restent debout, la main posée sur la lourde massue, plus immobiles que le marbre. Cela sent son moyen âge. On ne se défend pas d'une certaine émotion, comme si quelque grande figure de preux, Rodrigue, Bermude, Ferdinand le Catholique, tout à coup relevée, dressait sa haute stature parmi nos hommes d'aujourd'hui.

Cependant la clochette de l'huissier qui résonne dans les couloirs appelle les députés. Ils arrivent sans trop se presser, comme partout; ils prennent place sur leurs bancs que ne garnissent ni pupitres pour écrire des lettres tandis que pérore un collègue, ni couteaux à papier pour témoigner du déplaisir ou de l'enthousiasme qu'excitera son discours. A la tribune, un membre du Congrès parle en termes abondants et rapides; ses lèvres laissent courir plus de phrases que le Mançanarès n'a de flots; on l'écoute sans l'interrompre; il irait ainsi jusqu'à demain qu'on ne l'empêcherait pas. C'est oriental; dans ce beau calme je retrouve la rêverie arabe, le kieff asiatique; aussi la sou-

[1] On retrouve des *massiers* dans l'histoire de Pèdre le Cruel. Ce fut un massier qui, sur l'ordre du roi, s'en fut tuer, à Medina Sidonia, dit le Romancero, Blanche de Bourbon, la femme de ce triste prince. Blanche, au moment suprême, exhale un soupir de regret en songeant à la France; elle a dix-huit ans. Bannie de la cour, emprisonnée aussitôt que reine, elle détourne ses pensées de la vie, qui lui fut sévère, pour arrêter ses regards sur la couronne des cieux; et comme elle achève une sorte de chant du cygne : le *massier la frappa, et la cervelle qui jaillit de sa tête couvrit toute la salle.*

mission au fait accompli, le respect de la fatalité : il est écrit que M. X... ou M. Z... m'ennuiera, Allah ou Allah !

Narvaez répond quelques mots à l'orateur. Narvaez est un homme de tenue grave, de traits réguliers, modéré de langage, d'un geste sobre et fier ; toute sa personne respire l'autorité.

Mais l'assistance entière s'est levée ; un nouveau député va prêter serment ; une fois la formule jurée, le président donne une poignée de mains au récipiendaire et la discussion reprend son cours.

On en comprend mal le sens ; la salle confond les échos ; toutefois nous avons cru saisir les mots d'Indépendance religieuse, bien étranges à Madrid.

Nous ne nous sommes pas trompés, nos voisins confirment le fait ; un orateur vient de réclamer la *liberté religieuse!*

Chez nous, sous un régime pareil à celui qui règne en Espagne, cette proposition eût déchaîné l'ouragan ; les cris se seraient croisés comme un feu de batterie : Non, oui ! parlez ! la clôture ! des éclats de tonnerre.

A Madrid, rien. Cet éclair de liberté traverse l'horizon sans y laisser de trace ; il n'embrase quoi que ce soit ; il ne scandalise personne ; les vieilles fins de non-recevoir que lui oppose Narvaez n'excitent ni plus de sympathie ni plus d'hostilité que n'en a rencontré le discours ; on dirait des gens qui regardent passer les questions.

Un tel calme n'est qu'apparent, je l'admets ; un si beau nonchaloir se compose de gravité castillane encore plus que d'assoupissement moral, je le veux croire ; les Espagnols conservent le front muré de l'Oriental, je ne l'oublie pas ; ils gardent cette retenue qui volontiers soupçonne une défaillance où nous voyons les généreux entraînements du cœur, c'est possible. Pourtant j'aurais aimé quelque signe de vie, fût-ce une violence; j'en aurais mieux auguré.

Quoi qu'il en soit, la révolte gronde à l'horizon; le fil de cette épée tranchera bien des problèmes. L'indépendance de l'âme lui devra-t-elle son essor? qui peut le dire. Pour moi, j'aime à penser que la liberté prendra son élan toute seule, par un effort de sa propre énergie, dédaigneuse des surprises, et ne voulant point d'un secours qu'hésiteraient à lui prêter des convictions mal décidées.

Quand la nation croira, elle agira. Quand le pays aura soif du vrai, il saisira la liberté.

C'est la bonne indépendance, celle-là; elle jaillit du cœur. Nul ne l'a imposée, nul ne la saurait ravir.

30 avril 186...

Depuis trois jours nous ne bougeons du Musée. La royauté de Madrid y réside tout entière. Madrid est reine de par Murillo, Velasquez et Ribera. Ils ont touché son front de leur doigt génial; ce sacre en vaut un autre.

Mon ami, je vous mène devant la *Concepcion purisima*, le chef-d'œuvre de Murillo.

Voyez-vous cette jeune fille portée dans l'éther; quatorze ans à peine, les mains jointes, le pied posé sur l'arc lunaire, la tête un peu renversée, les yeux agrandis par l'adoration, la bouche entr'ouverte, les cheveux d'un blond presque enfantin déroulés sur les épaules, une candeur plus pure que la pureté même, avec cette fleur de l'ignorance sur laquelle l'ombre du mal n'a point passé! Elle monte de cieux en cieux, vers la lumière, vers les mystères insondables, vers les innénarrables bonheurs; des clartés commencent d'inonder son beau visage, elle commence de voir, elle commence d'entendre; un étonnement radieux la tient suspendue, sa bouche en a pâli; elle ne connaît plus rien de la terre; son pied chastement voilé du pan de sa robe effleure à peine l'astre lumineux; le monde s'est enfui, les jours ont reculé; son Dieu, elle a vu son Dieu! la vie divine refoule en elle la vie terrestre; elle est du ciel, le ravissement la possède, toute son âme s'est transfigurée. Dès qu'on a rencontré cela, une révélation se fait; quelque chose en nous se prosterne; des effluves lumineux nous ont envahi; le voile terrestre, celui qui dérobe les immortelles allégresses, s'est soulevé, une splendeur en illumine les bords; des harmonies éclatent; la foi nous porte, nous aussi, plus haut que les étoiles; nous contemplons, les bras étendus vers l'éternelle gloire; une joie, une humilité sans mesure, les étonnements de l'infini, Dieu même, nous saisissons tout; notre front a rencontré cette magnificence, et quand nos yeux s'abaissent, lorsque nous revenons à nous-mêmes, il semble que des clartés restent attachées à notre âme, comme le rayonnement au visage de Moïse alors qu'il descendait du Sinaï.

Faut-il vous parler de la couleur? L'éclat de la robe virginale, l'azur du manteau, les teintes presque incorporelles de cette figure enveloppée d'un jour splendide, ont la transparence de l'air. Et pourtant cela vit. On dirait que le peintre a demandé ses limpidités à l'aube du matin, ses clartés aux blancheurs de l'Orient, et qu'il a pris pour les répandre sur le manteau de la Vierge, les bleus célestes du zénith, dans leurs incomparables vigueurs, dans leurs défaillances idéales.

Si je la rapproche, ma belle jeune fille, de l'*Assomption* du même maître, je retrouve la terre et je rencontre l'effort.

Ce n'est plus le paradis. Une pose maniérée me ramène aux traditions d'école. Cette correcte personne peut bien s'élever dans les cieux, je ne l'y suivrai point; le geste apprêté par où elle témoigne son extase ne me ravit en aucune façon; il y a de l'azur et du blanc de neige, tant qu'on veut; mais l'une des figures est descendue des régions suprêmes, l'autre fait ce qu'elle peut pour y monter; celle-là venait de Dieu qui l'avait révélée, celle-ci vient d'une combinaison de l'art qui a fait de son mieux.

Je me réfugie vers cette autre *Madone*, moins candide et moins ignorante que ma jeune fille au rayonnant visage, mais qui porte, elle aussi, le sceau des célestes visions. La figure s'arrête au-dessous du buste, enveloppée d'un croissant argenté; les mains se sont unies sur la poitrine. Cette femme contemple; elle a souffert; ses yeux, brûlants de l'amour éternel, ont pleuré; nos douleurs ont passé sur son front, elle a connu nos langueurs; le soir qui s'approche va l'enlever dans des clartés lunaires un peu tristes; l'autre montait avec les vapeurs du matin tout imprégnées de radieuses fraîcheurs.

Je mets ici le *Saint Bernard*, immobile devant une apparition de la Mère du Sauveur. Le saint n'a rien d'idéal, le visage de Marie rentre à quelque degré dans le type convenu. Mais le pinceau largement manié commande par la liberté même du mouvement, par la puissance des couleurs et par cette possession de l'âme, absolue, sans merci: un envahissement, que le peintre excelle à reproduire.

Nous aimons assez l'art, d'ailleurs, pour séparer nos admirations de notre goût personnel, sachant bien que l'attrait ne s'unit pas toujours avec la beauté, que ces rencontres divines sont une rare fortune et qu'on doit reconnaître le génie lors même qu'il a dédaigné le charme, tout comme on adore le soleil alors qu'il éblouit sans réchauffer.

François de Paule, cette autre toile, va nous présenter un non moins grand caractère du peintre : la souveraineté de l'idée.

Le saint ne quête pas seulement de sa main tendue, il sollicite de toute son attitude qui implore, de tout son corps qui s'amoindrit, de toute sa vieillesse consacrée à bien faire, de son pauvre habit, dernière guenille que lui ait laissé sa charité. En vain chercheriez-vous ici quelque préoccupation des effets; l'artiste, possédé de la pensée qui possédait le saint, n'y a pas songé. Un même cœur bat dans les deux poitrines; le peintre disparaît en quelque sorte devant le sentiment objectif qui prime tout, qui déborde tout, seul vivant, splendide, dominateur.

Et d'un tel désintéressement, sans faiblesse et sans repentir, naît la suprême éloquence; celle des lèvres comme celle du pinceau.

Voulez-vous Murillo dans sa franchise qui touche au réalisme. Regardez les jeunes filles près du puits. Je crois que cela se nomme *Rebecca*. Ce sont les fraîches paysannes de quelque *pueblo* manchois, jupe retroussée, cheveux tordus, la cruche au bras, le poing sur la hanche, dans l'énergie de la bonne santé, passablement étonnées de voir Éliézer arriver là, curieuses, point gauches, le nez en l'air, dans la pleine liberté de leur attitude champêtre que nul règlement classique n'a jamais ni prévue ni gênée.

Plus loin, les *Bergers en adoration* vous rappelleront ces *pastors* que tant de fois nous avons rencontrés par le despoblado, figures ingénues et sérieuses, une peau de mouton jetée à l'épaule, les cheveux épandus en mèches, avec la beauté native d'un mouvement vrai.

S'il vous faut les clartés divines rayonnant à travers l'enfance du Christ, venez, je vous les ferai voir.

Regardez le *Jésus au Mouton.* Il se tient assis, solitaire, sur quelque ressaut du terrain. Sa main droite porte un roseau terminé en croix; l'autre s'est posée sur la toison de l'agneau; d'un geste délibéré il projette en avant sa jambe potelée. L'enfance des hommes n'a pas plus de candeur, elle n'est ni plus souriante, ni plus grave. On trouve à cette figure le grand sérieux des âmes qui hésitent, semble-t-il, au seuil de la vie; et cette joie innocente qui leur vient d'un rayon de soleil, d'un brin d'herbe ou d'un bêlement de brebis. Mais de ces yeux-là jaillit un flot de lumière, ce front respire l'autorité, le roseau qui se balance aux doigts est un sceptre; rien que la décision de la pose, rien que cette tête qui fait face, rien que la tranquille profondeur du regard vous ont dit: Celui-ci est ton Dieu.

Faites deux pas. Je vais vous montrer la plus sublime de ces enfances révélatrices.

Jean-Baptiste, Jésus, un agneau; il n'y a pas autre chose. Le jour est chaud, la terre est brûlée, on sent les aridités de la soif. Or, Jésus debout, tend au petit berger, son camarade, une coquille pleine d'eau fraîche. Jean, tout son corps porté en avant, immobile, les lèvres à la coupe, boit.

Il a bu, il boit encore; il boit depuis ce matin, depuis hier, et ce n'est pas fini; il met à boire cette eau limpide, cette eau vive, la gravité solennelle, suivie, le recueillement de l'enfant éternellement altéré. Et le mouton veut boire aussi, il aspire, on le dirait, les émanations humides, son museau s'allonge, sa lèvre frémit; et l'eau n'a pas achevé de sourdre, elle coulera toujours, et Jésus paisible tient la coquille, et l'on voit sur son beau visage la joie du petit enfant qui donne un plaisir, mêlée au céleste rayonnement du pouvoir divin qui étanche des soifs plus ardentes. Cette toile n'a jamais tout dit. Elle me parle de candeur, de bonté, de royauté souriante, mesurée à notre petitesse, miséricordieuse à nos puérilités, comme la *Purisima concepcion* me racontait les radieuses surprises de l'âme glorifiée, son éternelle ascension en des cieux plus splendides, et pour tout dire, la présence même de Dieu, sa possession, le mystère des mystères, le Paradis découvert à nos yeux.

Revenons ici-bas,

Voici la *Vierge*, accoutrée comme une petite infante, bien droite dans son épaisse robe de brocart, une longue jupe étalée derrière elle, un nœud rose planté sur ses cheveux flottants. La grâce même a dicté ce contraste de la candeur enfantine du visage avec le grand sérieux de la physionomie et les ondes pesantes du tissu. Un livre ouvert pose sur les genoux de la mère. Marie se tient devant, et le considère. La leçon n'est pas facile, on le sent à l'effort du regard. Volontiers notre vierge infante laisserait là cette page rébarbative; mais la figure de sainte Anne, une femme âgée qui fut très-belle; le sérieux des lèvres qui répriment un sourire, l'autorité de la prunelle, tout prescrit le devoir. La mère a gardé sa majesté; les lettres seront épelées l'une après l'autre ; et l'idée, une idée virile, a posé son sceau sur cette toile qui n'offrait, semble-t-il, qu'un modeste tableau d'intérieur.

Je veux vous montrer l'acte suprême par où Murillo s'est hardiment séparé des traditions.

Vous avez nommé la *Sainte Famille*.

Qui dit Sainte Famille, dit une jeune femme blonde et belle, immobile, un enfant sur les bras, la tête inclinée vers son nouveau-né, tandis que debout derrière elle, un vieillard à barbe grise les contemple tous deux d'un air de respect assez froid. C'est si connu, si prévu, si constamment la même chose, que pour éprouver un trouble quelconque en présence de ces trois figures étagées sur trois plans divers par la banalité des siècles, et figées dans leur impassibilité glaciale, il faudrait un miracle du génie.

Ici, rien de pareil. Le tableau largement ouvert vous introduit dans une pauvre demeure, l'atelier du charpentier, établi d'un côté, outils de l'autre. Un homme est assis sur son banc d'ouvrier. Dans la force de l'âge, beau, noble, ses cheveux noirs ruissellent sur ses épaules; de longues moustaches encadrent ses lèvres royales ; sous les paupières à demi closes on sent le regard très-doux et très-fier du père et de l'époux. La main, une main de travailleur, délicate et fine dans son énergie, ramène d'un geste de grand seigneur les plis du manteau fauve. Marie, à l'écart devant son rouet, digne et sage, presque une matrone, regarde. Quelle que soit la pauvreté des habitudes, la race a mis son empreinte sur ces fronts ; le sang de David, un sang royal, emplit les veines.

Je vais vous dire ce que regarde Marie. Elle contemple

son petit enfant, debout devant elle, quelque lambeau de couverture autour du corps; une tête blonde, d'un blond ardent; un hardi compagnon, pas très-débonnaire, pas soumis du tout. L'humanité domine; ce n'est plus l'enfant divin; l'étincelle sacrée a pâli; c'est un vigoureux petit drôle, l'œil résolu, le mouvement impétueux, qui de son bras levé tient un oiseau, et le montre à cet épagneul, posté là dans une attitude pleine d'impatience et de désir. L'enfant lui fait voir l'objet de ses convoitises; l'oiseau palpite; ce mauvais garçon serre ferme; et tout son front, et tout son regard, et toute sa fière mutinerie disent : Tu ne l'auras pas!

Si vous cherchez l'idéal des cieux, il n'est point ici; si vous voulez quelqu'une de ces émancipations comme en ose le génie, quand il prend à deux mains les codes conventionnels et qu'il les brise contre terre; si vous voulez la puissance du peintre dans sa mâle vigueur, si vous voulez une couleur à la Rembrandt, un front à la Van Dyk, et sous les simplicités de la vie pauvre, j'allais dire sous ses vulgarités, retrouver les noblesses de l'âme humaine; sous le charpentier, le père; sous le père, le monarque; si vous aimez les belles clartés, les profondeurs sincères du pinceau, la décision des lignes, l'œuvre à plein jet, comme Dieu l'a donnée, sans retours, sans regrets, dans son harmonie qui jaillit de toutes parts; alors vous ferez comme moi, vous resterez là, vous vous enfoncerez dans cette saine contemplation; un souffle d'indépendance dilatera votre poitrine, vous respirerez largement; cette énergie libératrice vous aura grandi le cœur.

Et maintenant saisissez-vous, dites-moi, quelque chose de Murillo; un pâle reflet de son génie a-t-il traversé les impérities de mon langage; l'avez-vous rencontré, ce pinceau chaste, idéal, vrai, la lumière même; vous a-t-il transporté par delà tous les cieux ; l'avez-vous suivi dans ses humbles sentiers, dans ses chemins de village; vous êtes-vous assis parmi les bergers, vous êtes-vous accoudé sur la margelle du puits; les révélations de la divine enfance vous ont-elles fait rougir d'émotion, vous ont-elles fait pleurer de tendresse; le libre mouvement de cet esprit virilement débarrassé de la vieille chape de plomb a-t-il réveillé votre fierté; par dessus tout avez-vous compris la grâce, les séductions, la diversité, le caractère enchanteur de cette palette éternellement fraîche parce qu'elle est éternellement sincère! Alors il suffit, vous avez entrevu Murillo; je prends votre main et je vous mène ailleurs.

Celui-ci, un autre homme, s'appelle Ribera.

C'est le fougueux athlète, c'est le conteur aux rudes histoires, c'est le chirurgien sans faiblesse qui met à nu les plaies du corps. Triste, la vie comme elle va, l'âme saignante jusque dans les triomphes, et farouche.

Le ciel, oui, parfois il vous le montre; mais à travers les nuages, mais sillonné de foudre. Indépendant, car l'école espagnole est une école de liberté, son pinceau ne charme ni n'entraîne; il s'impose. Ce génie-là jette sur nos pas des pensées et des faits dont on ne se débarrasse point. Toutefois , quand sa superbe s'abat, quand sous les proses de son accent dur et rauque on surprend une note attendrie; l'étonnement, le contraste, ce caractère poignant d'une émotion qui tout à coup déchire la rugueuse écorce nous trouvent sans défense; notre cœur a tressailli, et des larmes que n'eussent point fait couler de plus tendres accents tombent de nos yeux.

Le voilà bourru; il réveille *saint Pierre* au fond de la prison.

L'apôtre, un vieillard morose, ramassé sur son grabat, meurtri des coups qu'il a reçus, dort pesamment. Pas une idée ne veille ; c'est le triomphe de la chair malmenée qui se revanche. L'ange, une radieuse apparition, jette les clartés du ciel à ces murs sordides. Il a la flamme aux yeux; on dirait que le sommeil de cet homme l'irrite. Rayonnant, éblouissant comme celui qui de jour, de nuit, plonge dans la contemplation des splendeurs divines, qui ne comprend pas nos misères humaines, qu'elles impatientent encore plus qu'elles ne l'attendrissent; de sa main il frappe le côté de saint Pierre : un coup de haut, brusque, un appel qui est un reproche, une délivrance qui est presque un châtiment. Vous le voyez, l'idéal a disparu ; dans cette scène magistrale, l'éclat seul vient du ciel; mais le peintre y demeure vivant, et son éloquence y parle.

Elle a mis son empreinte sur un autre tableau : *Saint Jérôme au désert.* Vieillard tanné, ridé, sale, car le maître ne recule devant aucune laideur et pas une de nos brutales réalités ne l'épouvante.

Ici, la peau est du cuir, les vêtements sont des haillons, l'âme du solitaire semble plutôt une faculté de vouloir qu'un hôte divin capable de sentir. Le squelette ne vit que par ses énergies; la résolution le tient debout ; vigueur d'un esprit qui fait loi, qui a dompté le corps, qui a muselé le cœur, qui, ayant vaincu ces grands rebelles, se rit du reste, défie la mort; et quand il se sentira fatigué, le solitaire l'appellera d'un signe; rampante, obéissante, elle viendra se traîner à ses pieds, elle ne le touchera de sa faulx que lorsqu'il voudra bien la laisser faire.

Tout à côté, voici une de ces émotions dont naguère je vous parlais : *Saint Barthélemi.* Songe ou vision, on ne sait lequel.

Le saint est assis, sa grave figure tournée vers les cieux. L'âge n'a point terni l'éclat des yeux rougis et doux ; la main droite tient le couteau, instrument du supplice; l'autre main ramène sur la poitrine un pan de la robe longue, comme si la chair défaillante cherchait quelque protection. L'apôtre a levé le couteau, il le présente à son Dieu. La prière est intense, elle est douloureuse : Quoi ! tu m'aimes, et tu me permettrais cela ! — Dans le tremblement des lèvres on sent frissonner moins l'effroi du martyre que la peur des faiblesses. Cet homme demande la délivrance, peut-être ; je suis certaine qu'il implore la foi. Ce sont de ces instants où l'âme perçoit l'horreur des agonies, où elle comprend bien que Dieu veut la fournaise, qu'il y faut passer ; où, palpitante, elle se répand aux pieds de Jésus, et de toute son ardeur, et par toutes les soumissions lui crie :

— Si tu viens avec moi, j'irai !

Regardez plus loin. Les tortures ont commencé. Le saint est étendu, les bras liés à la poutre qui va le suspendre. Son visage émacié raconte ses souffrances ; sous la terreur qui dilate les prunelles on sent la foi. Des hommes féroces ont saisi les chaînes ; le bourreau, son bras nu bien dégagé de la tunique, empoigne les jambes du martyr ; il contemple avec une sorte d'étonnement stupide le combat que se livrent l'épouvante et l'amour céleste sur cette figure qu'ont déjà touchée les lividités de la mort. Nos nerfs attaqués au vif par un réalisme sans pitié se tordent et se crispent. Mais quoi ! l'âme a perçu le rayon divin.

Qu'il lui arrive plus pur, mieux dégagé des troubles de la chair, par cette tête expressive et résignée : *le Sculpteur aveugle.*

Celui-là ne verra plus, c'est fini. Son art, le compagnon de sa vie, l'a quitté ; la poésie est remontée à tire d'aile ; les heures vont commencer leur procession morne ; les régions de l'idéal se sont fermées ; les belles images qui l'ont tant visité s'assoient dans les ténèbres ; elles le regardent et se lamentent. Enseveli vivant, son génie se débat en vain ; la pierre du sépulcre est retombée, elle est scellée, il faut mourir. Point de révolte, nulle amertume envers la destinée. Et cette résignation qui mesure lentement l'abîme laisse le cœur mieux touché que les plus âpres rébellions du désespoir.

Mais voici la *Madeleine*.

Je ne sais si Ribera l'a faite belle ; je n'en ai point vu qui détestât mieux son infamie.

L'horreur de sa vie passée la tient sous une horrible étreinte. Son péché ! elle ne peut contempler que cela. La chevelure, que nul profane ressouvenir n'a savamment déroulée, s'épand au hasard, avec des tons ardents et lumineux. Ce n'est pas une coquetterie du peintre qui a laissé voir l'épaule nue ; non, Madeleine a jeté les bras sur sa tête, la tête s'est abandonnée, les yeux fatigués ne savent où prendre les pleurs. Elle regarde, elle considère les perspectives souillées ; des pâleurs mortelles défont son visage. Le pardon viendra l'absoudre, elle ne se consolera point ; les compassions divines lui ouvriront le Paradis, elle s'en approchera défaillante ; elle s'affaissera sur le seuil ; il faudra que Jésus la relève et qu'il jette sur elle un manteau de pureté.

Cela, c'est l'âme de Ribera; ce sont les tendresses cachées qui font effraction; c'est l'idée, retrempée en pleine vérité; c'est la lame qu'on plonge dans le fleuve de vie, comme à Tolède les armes de prix, qu'on passe après par la flamme, et celles-là pénètrent jusqu'au cœur.

Un dernier Ribera : *le Songe de Jacob.*

Il n'y a point ici de pâtre traditionnel, vêtu de la tunique, chaussé des sandales, la chevelure bouclée, le bâton épiscopal aux mains; vous n'y trouverez pas davantage le patriarche à barbe longue, solennel, soucieux, qui marche devant ses troupeaux; ou bien encore cet athlète romain, ce héros du pugilat, qui soutient contre l'ange une lutte académique.

Le maître a jeté de la terre aux cieux une gloire de lumière; à travers les rayons il a laissé flotter de vagues apparitions aux grandes ailes, plus mobiles et plus fugitives que les fantômes de la nuit. Sur le sol, terrain abrupt que soulèvent les fortes racines d'un vieil arbre, il a couché son homme. Ni beau ni jeune, les traits rudes, les habits d'un travailleur : paysan énergique, entier, rusé, tout à son idée. La tête et les bras sont baignés de clartés. Ribera fait ployer Jacob sous l'obsession du ciel. Il a creusé le pli de ce front que la vision tourmente; cette main qui s'appuie au sol va déchirer la terre pour en arracher un mystère oppressif; l'effort suprême de la pensée se marque par la tension des muscles. Le caractère divin réside tout entier dans la puissance de l'impression. Le génie se révèle par la possession même de cette âme; une âme comme la vôtre et comme la mienne; une âme de tous les jours et de tous les pays. Cela frise le cauchemar, cela n'en a ni les vaines angoisses ni les trivialités. La souffrance vient du travail intérieur, de ce labeur secret qui seul réalise les conquêtes.

Tout don divin exige un élargissement du cœur ; toute grâce d'en haut veut une dilatation de l'être moral ; l'enfantement ne s'opère ni sans déchirement ni sans douleur.

Par là Ribera se révèle à nous.

Son pinceau, si fidèle à reproduire les accidents de la vie matérielle, soudain va fouiller, va plonger aux sources de la pensée, y trouve le ton vrai ; et toujours, lorsque je parle des Espagnols, il me faut finir par ce mot : Vérité !

Le soir.

Êtes-vous fatigué? Non. Alors retournons au musée.

Voyez-vous ce Titien ; la grande figure du *Charles-Quint à cheval.*

Le voilà seul dans la campagne, blême sous le casque d'airain qui laisse tomber une ombre sur les yeux, et les yeux sont d'un aigle. La mâchoire inférieure se projette en avant. L'attitude a la superbe espagnole ; on y sent une germanique roideur ; je ne sais quelle gaucherie hautaine y marque l'homme qui appartient à deux races, à deux peuples, à deux trônes, et que sa rare fortune oblige à réprimer tous les élans. Le visage, bien fermé, garde les secrets de l'âme ; jamais un frémissement de cette bouche, jamais un éclair parti de ces prunelles ne révéleront une émotion ni de tendresse ni de courroux. La résolution, non pas seulement cette décision qui fait les héros, mais un certain entêtement carré qui borne les destinées, se lit dans le dessin anguleux de la tête et jusque dans la tension des nerfs. Le cheval lui-même baisse le front par un vigoureux pli de l'encolure. Monture et cavalier sont de ceux que rien n'arrête, que rien ne détourne, qui vont au bout de tout. Enlevés d'un seul mouvement, projetés d'une seule ardeur, contenue, opiniâtre et tranquille, leur volonté les mène où ils ont résolu d'aller. Sous la pénombre de la visière le regard luit ; il est perçant, il trahit des vues immuables et nettes. Ce regard qui franchit les obscurités de l'horizon va se planter dans l'avenir, comme un dard. Le corps a la maigreur et la solidité du fer. Rien ne fléchit, rien ne s'amollit, rien ne prête en quelque sorte dans cette nature d'une seule pièce. C'est là sa mauvaise grâce et c'est là sa grandeur ; un mystérieux, sans hypocrisie ; une âme dure, sans contours emmiellés ; un homme qui commande et qui se commande. Lancé dans son siècle à travers les guerres politiques, à travers les embrasements de la pensée, il aura raison des forces matérielles ; il posera son gantelet d'airain sur l'Allemagne, sur les Pays-Bas, sur l'ancien et sur le nouveau monde. Cependant une chose avec laquelle il ne comptait point va lui résister : la conscience humaine. Son impériale volonté, toute taillée qu'elle soit dans le granit, s'ira briser contre une autre volonté non moins royale : la volonté d'un peuple. Cet univers immatériel qui commence de s'émouvoir sous l'Esprit, de tressaillir dans les ténèbres, de surgir à la lumière, possède un capitaine ; il a nommé son empereur, tête non moins carrée, front de taureau, une âme fortement charpentée qui ne reculera pas plus que ne recule Charles-Quint. Si le monarque espagnol garde ses projets, circonscrits, arrêtés, sortis tout bouillonnants du moule de son intelligence absolue ; s'il a du bout de son épée tracé la ligne que ne dépasseront ni les idées ni les événements; l'autre, le prince de la réforme, voit se prolonger devant ses pas des perspectives sans mesure, comme Dieu les fait. Il a pour lui demain, car il a le travail de l'âme humaine. Il a la victoire, car il a les puissances de la vie. Il possède la terre, car il tient le ciel.

L'Empereur pourra bien décréter l'uniformité de croyance, l'uniformité de soumission, et bannir, emprisonner, tuer au besoin; du fond de Saint-Just, ses doigts goutteux pourront bien pousser les chrétiens au supplice, activer le zèle du grand inquisiteur, et ses lèvres minces déjà pâlies ordonner : qu'on porte la *hache à la racine du mal*, faisant punir les coupables *avec toute la rigueur due à leur crime;* cette voix éraillée pourra bien, sortant du tombeau, adjurer Philippe II, par l'obéissance que le fils doit au père, de *ne faire grâce à personne*. C'est inutile, le despote a rencontré son obstacle, car il a rencontré Dieu. La Bible déchaînée fera son chemin qui contrarie, coupe et renverse la voie royale. Le petit moine Luther, de sa forte main, a saisi cheval et cavalier; il les jette hors de sa route, et passe.

On dirait que Charles-Quint voit cela. Roidi, prodigieux de majesté, la lèvre serrée, la main crispée, inébranlable lors même que vaincu, il présente à ses destinées cette ténacité qui va les pétrifier, ce semble, comme faisait, aux temps païens, le masque de la Gorgone antique.

Toutefois, un cœur battait dans cette poitrine. A travers les tristes aventures de sa galanterie, l'Empereur conserva le culte d'un premier amour. Les portraits de sa femme, la seule qu'il eût vraiment aimée, le suivaient partout. Sa mère, Jeanne la Folle, lui avait légué cette belle démence des regrets qui ne savent point finir.

Une autre page du Titien nous montre le monarque arrivant dans les cieux avec sa royale compagne ; des anges présentent les époux à la sainte Trinité. Ce tableau, qui restituait à Charles-Quint les traits de sa bien-aimée, ne le quittait pas. Il avait fait placer la toile sur le maître-autel de Saint-Just ; une ouverture pratiquée dans son réduit de moine lui permettait de la contempler ; et lorsqu'il fut près de rendre le dernier soupir, ses yeux avec son âme s'y attachèrent d'une telle énergie, qu'il se trouva mal et retomba pâmé sur son lit.

Je la préfère, la suprême défaillance qui me découvre un homme où je ne voyais qu'une volonté, je la préfère à toutes les grandeurs de ce règne éblouissant.

Comme il avait eu ses jours de tendresse, le potentat eut son heure de bonne grâce. La cour ébahie, presque scandalisée, vit un matin le maître universel se baisser jusqu'à terre pour ramasser le pinceau du Titien.

Aussi Titien répète-t-il, sans se lasser, cette énigmatique figure.

Il l'avait campée à cheval ; il la met debout, solitaire, en pourpoint d'or, au milieu des horizons déserts. Mais ici, le trait défectueux, cette proéminence de la mâchoire inférieure, trop souligné, vulgarise le visage. C'est que, fût-on Velasquez ou Titien, on ne rencontre pas deux fois la même fortune. L'artiste peut bien retourner à son sujet, l'idéal ne revient pas. Rarement la perfection redit son mot magique. Titien l'a entendu. Quiconque a vu le *Charles-Quint à cheval* emportera pour toujours le souvenir de ce poëme épique jeté sur la toile, et que nul, pas même l'artiste qui le chanta, ne reproduira jamais.

Je ne puis les quitter, ces Titiens révélateurs, sans vous

montrer en passant la *Foi catholique*, éplorée, qui vient, franchissant les mers, demander asile à l'Ibérie. Celle-ci, une forte matrone, ouvre ses bras à la fugitive, tandis qu'une suivante brandit la *Navaja*, coutelas significatif.

Voici Philippe II sous la figure d'Adonis ; encore un Titien. Le roi chrétien s'arrache des bras de Vénus ; il y apporte une solennité gênée, sorte de roideur emphatique et pompeuse qui rend plus étrange le contraste, burlesque s'il n'était sinistre, des grâces de l'amour avec cette nature méthodiquement cruelle, qui avait pris de Charles-Quint les ténacités opiniâtres, laissant la grandeur et dédaignant les générosités.

Plus loin, Philippe II présente à la Renommée son fils, don Carlos. Le frisson nous saisit. Quelle offrande! Savait-il, quand il se faisait peindre dans cette apothéose, les plis du manteau royal jetés tout au travers des cieux; savait-il que la Renommée, en effet, acceptait le cadeau; qu'elle s'occuperait de cet enfant; qu'elle raconterait les doucereuses méchancetés du parâtre; qu'elle dévoilerait l'infanticide hypocrite; qu'elle montrerait cette âme de jeune homme rendue féroce par des atrocités muettes, gantées, tranquilles; que le silence prendrait une voix, que la folie et que les perversités mêmes de la victime appliqueraient au front du père, infligeraient au règne du monarque des stigmates éternels?

Le génie du Titien s'est heurté à cette cauteleuse figure de Philippe II. Il l'a essayée, il l'a répétée, jamais elle n'a trahi son secret. Peut-être qu'elle l'ignorait.

Cet homme complexe, rigoureux et débauché, méthodique et brûlé de passions, cruel par devoir autant que par goût, obéissant à l'inquisition et résistant à l'Église ; ce caractère chez qui l'astuce, un mensonge passé à l'état de vertu, domine tout ; cet homme en savait-il plus sur les mystères de son individualité que n'en devinait le peintre? Je ne crois pas. S'il se fût connu, l'horreur l'eût pris.

On ne découvre ni dégoût ni terreur sur ce visage indéfini, aux lèvres sensuelles, aux traits efféminés, physionomie incertaine qui rappelle la triste effigie d'Henri III.

Pantoja, moins gêné que Titien par les convenances courtisanesques, nous a laissé de Philippe II une image plus naïve.

Il est devant nous, le roi vicieux et pratiquant, coiffé du bonnet noir, à la façon des derviches. Dessous, le visage empâté par les années se présente moitié fourbe, moitié béat. La lèvre est sanglante comme chez les Borgia ; le blond des cheveux a passé au gris ; le menton paternel fait saillie ; les yeux sans éclair sont d'un bleu pâle derrière lequel on ne saisit rien. Discrets, indécis, ils rappellent ces vitres ondulées et troubles qui permettent à l'habitant de tout voir, mais ne laissent rien deviner au passant : Figure d'un niais, face d'un assassin, nul ne le dira.

Et comme pour éclairer le mystère, *Coello*, ce peintre consciencieux, a mis tout auprès la tête de don Carlos. L'infant, très-jeune, compte douze ans, quatorze au plus. Un manteau de velours, doublé de fourrure blanche, enveloppe à demi le pourpoint ; la tête, qu'ombragent deux plumes rejetées en arrière, se couvre du béret noir. Le visage rappelle vaguement les traits de Philippe II. Rien ne s'y définit, rien ne s'y arrête, sauf l'expression d'une crainte fébrile ; quelque chose d'effarouché sans cesse en éveil. Le regard agité des yeux, le pli du front, le tremblement de la lèvre, toute cette physionomie en suspens indique l'attente douloureuse et comme l'effroi de ce qui va venir. Ainsi le lièvre au gîte qui entend aboyer la meute dresse l'oreille, se tient aux aguets, palpite et cherche quelque issue par où fuir.

Mais celui-ci n'échappera point; une main rigide, égale, qui ne tressaille pas, qui ne connaît ni les crispations de la colère, ni le frémissement passager de quelque émotion furtive, l'étreint et l'enserre de son mouvement plein de lenteur, plein de sûreté. L'enfant se sent amoindri, il se sent froid; sa respiration diminuée va s'arrêter; les pensées folles et méchantes commencent à gonfler les veines du front, elles soulèvent les tempes ; il y a dans les lèvres, il y a dans le pâle éclair de l'œil une intime fierté blessée. On devine l'héritier du trône sous l'enfant effrayé. Ce n'est pas seulement sa personne chétive qui est malmenée et qui s'épouvante; le prince royal est broyé, et il sent cela.

Vous me dites que cette âme avait des appétits cruels. Qui donc les éveilla? qui donna pour spectacle aux premières curiosités de cet enfant les agonies de la mort, de la mort lente, atroce, des tortures savamment ménagées, du supplice férocement dramatisé[1]? D'ailleurs, aucun garçon n'a-t-il fait avant lui souffrir de bêtes inoffensives; nul ne se connaît-il dans son passé des souvenirs de créatures mutilées, des images de voluptés diaboliques, par la souffrance et par le sang? Qui donc a désorganisé cette nature, la séparant de quiconque l'aimait, l'oppressant d'autant mieux qu'elle était plus enivrée d'indépendance,

[1] Philippe II conduisit l'infant don Carlos aux principaux auto-da-fé.

ne lui laissant pas une échappatoire, enfermant le cœur dans un étau de fer avant de murer le corps dans une prison vulgaire, prosaïque, sans grandeur? Et c'est ce caractère bourgeois du cachot, c'est cette méticuleuse trivialité des tourments, qui ont fait l'innénarrable misère d'une telle vie.

Je ne sais quelle ironie du sort a placé sur un même panneau le père entre ses deux enfants, don Carlos et dona Clara [1].

Celle-ci, couverte de bijoux, prise dans un corps de taille, son jeune front droit et fier sous les lourds diamants de famille, n'a pas peur. Philippe II ne voyait point en elle un successeur ; il ne s'occupait ni de l'assouplir ni de la dompter. Nulle terreur ne l'obsède. Toutefois elle n'a jamais ri; elle ne rira jamais. Et devant cette gravité qui est de la tristesse, devant cette majesté éclose en même temps que l'existence, on songe à la *Rose de l'Infante*, à cet autre portrait, vivant, royal, tout ruisselant de lumière et de satin, tout éclatant de fraîcheur et de pierreries; à ce Van Dyk signé : Victor Hugo.

Je mets à côté de Philippe II, *Marie la Sanglante*, sa sinistre épouse; une page de Moro.

Philippe II haïssait cette femme. Sous une telle forme, du moins, la cruauté lui déplaisait. Un bonnet mesquin raplatit la tête courte; les yeux sont éraillés; deux traits écarlates marquent la bouche implacable. Type de méchanceté vulgaire et bornée, mieux en place au coin d'un cabaret qu'assis sur le trône d'Angleterre.

[1] Dona Clara Isabel, épouse de l'archiduc Albert. Devenue veuve, elle prit le voile et fut abbesse des Clarisses

Et toujours cette figure de don Carlos revient se placer devant moi. Elle me hante, je ne m'en défais point.

Ce n'est pas seulement de la compassion qu'elle m'inspire; l'image impose à mon esprit ce problème, un des plus terribles qui pèsent sur notre responsabilité : la dégradation par la peur.

La peur n'est pas noble, toutefois elle a sa raison d'être, elle naît souvent de la conscience du droit.

L'attentat au droit, qui chez les forts excite l'héroïsme, produit chez le faible ou la lâcheté, ou la défense à tout prix. Plus audacieuse sera l'agression, plus violente se fera la résistance. Des forces égales peuvent lutter avec une sorte de courtoisie; contre un pouvoir disproportionné, je ne sais que le combat à outrance; il n'y a que les conseils du désespoir contre une brutale invasion.

Si vous violez le domicile d'un homme énergique, cet homme vous recevra le pistolet au poing, et l'on trouve cela bon. Si vous poursuivez un insecte chétif, il fuira; puis traqué, éperdu, acculé dans sa dernière retraite, il se servira de la dernière arme qui lui reste, il vous lancera son venin, et l'on trouve cela hideux. Pas moi.

C'est une pitié sans mesure que je sens, et c'est une indignation contre quiconque violente les petits.

La paternelle oppression de Philippe II, ce despotisme qui n'a jamais fait saigner la chair, cet absolutisme qui s'attaquait à l'âme, qui l'étreignait, qui l'étouffait, qui la forçait dans le plus inviolable du sanctuaire : voilà, suivant moi, le crime et l'horreur.

J'abandonne ma vie à qui la voudra, vraiment elle ne vaut pas la peine qu'on prend pour elle. Mais mon âme, mais ma conscience, mais la direction de mes voies; mais le veilleur, le responsable, le moi, l'immortel, qui n'a, ni ne veut, ni ne doit accepter d'autre maître que Dieu ; n'y touchez point.

Puissant, je vous résisterai le front haut, en plein soleil, avec des armes loyales. Chétif, poussé à bout, livré sans défense à vos tyrannies, d'autant plus asservi que j'ai plus de timidités et vous moins de scrupules ; je ferai ce que font les désespérés, à tout prix je me débarrasserai de vous. Osez dire que vous agiriez autrement.

L'indépendance émancipe toutes nos générosités. Libres, nous sommes magnanimes ; nous ploierons quand il faudra sous un joug légitime volontairement consenti.

Le despotisme dégage le mal ; il va chercher nos lies les mieux cachées pour les mettre à l'air ; vous ne ploierez pas ma vie, car je la défendrai ; vous remuerez les amertumes de mon cœur, j'en respirerai le poison.

L'homme qui m'attaque sur la grande route fait de moi un cadavre ou un meurtrier.

L'homme qui cherche mon âme pour l'asservir fait de moi ou un lâche ou un méchant.

Esclave, je serai vil, peut-être ; à coup sûr, je deviendrai haineux, comptez-y.

Vous approuvez quiconque sait maintenir, du bout de l'épée s'il le faut, l'inviolabilité du logis. Eh bien, moi j'admire quiconque ne laisse ni violenter ses convictions, ni gouverner sa conscience, ni mener sa vie ; fût-ce au gré des meilleurs.

Au fait, les meilleurs sont les pires ; je veux dire les gens qui abritent leur tyrannie derrière un principe ; ceux qui mettent leur despotisme sous le couvert de Dieu ; or Philippe II en était.

Il en reste, croyez-moi, de ces autocrates à bonne intention; durs pour eux-mêmes, je n'en doute point; mais zélés, mais actifs, mais dévoués, mais héroïques pour le compte d'autrui. Ceux-là, gardez-vous-en. Et j'ai connu des vies gênées, des existences asservies; j'ai trouvé sur mon chemin des bonheurs ravagés par des mains brutales, j'ai rencontré des consciences mal à propos troublées, j'ai vu des paix à jamais détruites, j'ai respiré l'âpre saveur de la houle amère soulevée du fond d'un cœur ulcéré, j'ai sondé les plaies d'âmes blessées, j'ai étanché le sang de leurs déchirures; c'était la marque des fers qu'on voyait sur elles; et lorsque la chaîne avait longtemps serré, lorsque le carcan avait longtemps pesé, l'âme restait paralysée, inerte encore plus que meurtrie; l'élan, le mouvement, le libre jet des sèves, l'extension des facultés, la soumission même qui veut le droit de dire : non! tout avait péri.

Allez, c'est de la tyrannie des audacieux que trop souvent est faite la malice des petits. Le despotisme ne donne pas seulement le mot des défaillances, des trahisons, des actes infimes et qu'on cache; c'est le mot des haines, c'est le mot des fureurs. Mon ami, j'ai parfois pensé que les monstres étaient des âmes débiles qui avaient eu peur.

Nous, les faibles, ne nous laissons pas dominer. Subir, c'est faillir. Se laisser mener, c'est forcément ou devenir un lâche, ou devenir un pervers.

Courage donc! Si les autres n'ont pas de respect pour notre indépendance, respectons-la pour eux. S'ils nous présentent un joug, ne nous laissons pas faire. Je défends ici bien plus que mon droit, je défends notre moralité.

Les nations qui se laissent asservir sont des nations toujours prêtes ou pour l'émeute ou pour les défaillances. Les âmes qui se laissent gouverner sont des âmes ou toujours inertes ou toujours révoltées.

Si vous voulez servir Dieu, fidèlement, résistez à l'homme; je dis au plus saint. Sachez déplaire ; supportez qu'on vous condamne ; gardez bien à votre conscience la responsabilité de ses décisions; à votre sens moral conservez l'intégrité de son regard, à votre action la liberté de ses mouvements, à votre âme son Dieu ; que pas un objet, pas un être, pas un pouvoir, fût-il archange ou séraphin, ne vienne se mettre entre Jésus et vous. On n'est homme, bien plus, on n'est obéissant qu'à ce prix.

Je reviens au Musée.

Goya, dont je goûte peu la peinture sèche et maniérée, a complété la collection des portraits royaux. Il reproduit à satiété les deux visages que vous allez voir.

Charles IV vous montrera ce nez prodigieux, figue, aubergine, un objet énorme, charnu, violacé, qui, s'appliquant au milieu de la physionomie stupide, descend bestialement du front sur les lèvres abruties. Sa femme, d'une laideur révoltante parce qu'elle trahit les difformités de l'âme ; tantôt en buste, tantôt en pied, tantôt statue et tantôt pochade, ici, tout de son long couchée, à califourchon plus loin, reine ou *maja*, déesse ou *pastora*, vous présentera cette face de mégère, désordonnée, farouche, coquette, altière ; espèce de monstre que réclament les temples idolâtres des îles Fidgi ; épouvantable révélation des lèpres du cœur et des insanités de la vie, qui vous laisse indécis entre l'épouvante et le dégoût. Disons qu'elle était folle et n'en parlons plus.

J'ai besoin de retrouver la beauté.

Van Dyk me l'a rendue.

Il place auprès du *Comte de Bristol*, dans le même cadre, son admirable tête à lui ; jeune, pensive, joyeuse, chevaleresque, blonde et vêtue de noir : une grâce indicible, le sourire fin, la virilité jointe à la douceur, plus gentilhomme que le roi. Et c'est par ce culte de l'idéal, c'est par cette flamme sur les fronts qu'a touchés le pinceau du maître, c'est par cette révélation de toutes les noblesses de l'âme que ses toiles illuminées nous parlent le langage des cieux.

Maintenant, laissez-moi m'arrêter devant cette mer radieuse, un Claude Lorrain. Le matin vient d'en illuminer les flots, le soleil levant y jette sa traînée de feu, des limpidités palpitent dans l'ombre, les profondeurs qui se cachent aux angles des palais ont des transparences mobiles ; toute cette onde glauque respire la fraîcheur ; les perspectives inondées de clartés me portent vers des terres inconnues ; je sens clapoter la vague, à gros plis, contre l'escalier de marbre ; elle fuit, elle s'abaisse, elle disparaît dans l'étendue qui miroite sous un ciel lointain. Et longtemps je contemple cette poésie de la terre que jamais les peintres espagnols, qui la dédaignaient, j'imagine, n'ont essayé de traduire ou d'idéaliser.

André del Sarto, parmi d'autres toiles exquises, a mis le portrait de sa femme, une créature fantasque et charmante qui l'abreuva de tourments.

Elle porte sur la tête quelque bizarre étoffe orientale ployée au gré du caprice ; un cordon noir joue autour de son cou. Elle ne sait guère ce qu'elle veut ; incohérente, ravissante, faisant le mal sans trop de méchanceté. Une de ces fées qui errent aux confins du paradis et de l'enfer. Je me figure que Manon Lescaut devait avoir ce regard-là.

Le peintre a réservé toutes les mélancolies de son âme avec sa douceur si triste et si réfléchie, pour cette *Vierge Marie*, dont le cœur a sondé l'avenir. Elle tient l'Enfant Jésus debout sur ses genoux, elle donne la main au petit saint Jean. Tête pensive, amour paisible parce qu'il est résigné ; tableau magnifiquement peint, où la douleur sans mesure et sans nom laisse bien loin derrière elle les larmes puériles de nos chagrins d'un jour.

Mais l'ampleur classique, l'idée pure, dégagée, il semble, de l'humanité, m'amène à Raphaël.

Mon ami, je vais vous parler sans ambages. Ce n'est point à Madrid qu'il faut rencontrer Raphaël. Ce n'est point à côté des Murillo, à côté des Velasquez, à côté des Ribera, ce n'est point en présence de ces gladiateurs aux membres robustes et aux actes virils, qu'il faut contempler le lutteur athénien. Ce n'est pas non plus dans le voisinage de ces couleurs chaudes, franches, simples, profondes et broyées par le soleil qu'il faut mettre les teintes savantes, étudiées, parfois légères, parfois étranges, du créateur de la Vierge à la Chaise. L'attitude consacrée de ses madones, le mouvement sobre de ces figures qui ne tiennent à la terre, on le dirait, que par une frêle enveloppe ; cette pensée limpide qu'emprisonne tout au plus une forme corporelle ; la placidité, les souvenirs antiques, la préoccupation du beau, quelquefois aux dépens de l'émotion ; l'immobilité de ce rayonnement à jamais fixé par une même contemplation du même idéal ; tout cet ensemble classique est ici hors du ton.

Loin de rapprocher Raphaël de l'école espagnole, je voudrais l'isoler. Ce n'est pas assez pour moi de la place d'honneur qu'on lui a faite ; si le pouvoir m'en était donné, je lui voterais un musée spécial, et je n'irais m'y renfermer qu'après avoir oublié pour autant qu'il serait en moi les révélations de Murillo, de Velasquez et de Ribera.

Au surplus, il faut le voir.

Approchons-nous.

Sa *Vierge à la Rose*, d'une teinte liliacée, impassible entre Jésus et Jean-Baptiste, deux enfants plus semblables à des Amours païens qu'à des fils d'Israël, oppose une absolue indifférence à la tête douloureuse de la *Marie* du Sarto : un peintre qui, lui aussi, était Italien.

Voici la *Vierge à la Perle*. J'ai retrouvé quelque chose des splendeurs du maître. Non que les effluves laiteux répandus sur le visage de la madone passent jamais à mes yeux pour de l'éclat. Non que cette beauté qui vit à peine, qui pense encore moins, réalise pour moi l'idéal de la femme dans sa plus touchante personnification. Mais le calme impose, mais la grâce émeut ; ce front a rencontré le ciel ; et puis quelle vigueur dans la figure bronzée, ridée, hardiment vieille d'Élisabeth !

Si nous faisons deux pas, la *Vierge au Poisson* nous montrera des tons rougeâtres, et les monotonies d'un type trop semblable à lui-même pour surprendre l'émotion. Jules Romain, on le dirait, a promené sur cette toile les glaces de son pinceau. Reste le vieillard, superbe de franchise ; reste le jeune garçon, Tobie, j'imagine, d'une délicatesse, d'une modestie et d'une idéalité qui viennent d'en haut.

Vous parlerai-je de la *Visitation?* Au premier abord, la couleur déroute. Elle est criarde, elle est choquante. Bien plus, un réalisme inexplicable sous le pinceau de Raphaël; ce fait d'une grossesse avancée qu'accusent fortement et le crayon du peintre et la démarche de Marie, froisse et répugne venant d'un tel maître. On admettrait le trait chez Téniers; de la part de Raphaël il révolte. Mais sitôt qu'on en a pris son parti, la tête chastement baissée de la Vierge, son attitude même qui trahit la confusion et comme l'effroi de la pudeur en présence d'un insondable mystère; la fierté paisible d'Élisabeth, le contraste que forme avec le trouble de Marie son allégresse radieuse qui n'a rien à voiler; cette candeur de l'idée, cette sobriété de l'exécution, cette souveraine science des effets, impriment à l'âme sinon de l'enthousiasme au moins du respect.

Vous le savez, les portraits de Raphaël m'ont toujours paru donner le mot lumineux de son génie.

Là se rencontrent les poésies de sa pensée avec les mâles vigueurs de son humanité.

Soit qu'il nous montre ce cardinal aux joues maigres, à la bouche souffreteuse; soit qu'il nous fasse voir cette tête de gentilhomme, le cou finement encadré d'une collerette blanche, les lèvres fermées, la barbe rasée aux tons bleuâtres, ces yeux dont la paupière ne s'abaisse pas, cette toque noire plantée sur un vaste front, cette chevelure aux fauves reflets qui tombent lourdement des deux côtés du visage; soit encore que se complaisant à la matière, une fantaisie d'artiste, il ride à gros plis ce cou brutal, qu'il élargisse cette face épaisse, qu'il mêle autour du menton ce crin rude, toujours on sent passer le souffle vivifiant de la vérité: l'émancipatrice aux larges ailes.

Mais j'ai rencontré *lo Spasimo*. Pour ce soir je n'irai pas plus loin.

La couleur, vous en savez l'effet sur mes yeux; sur mes nerfs si vous voulez. Il me semble entendre la gamme agaçante d'un instrument accordé au-dessus du ton. C'est rouge, cela brille, cela miroite, et cela m'aveugle.

Le Christ qu'on mène au supplice et qui fléchit sous la croix ne me restitue point la personnalité de mon Sauveur. Je vois un homme écrasé de ses propres infortunes; les agonies maternelles achèvent de l'abattre; il les subit inerte, impuissant, courbé, dirait-on, sous le poids du *fatum* antique. Mais si la divinité disparaît absolument, qu'il y a de tendresse, qu'il y a de compassion, qu'il y a d'amour contenu dans cette lèvre immobile et que pourtant on sent frémir!

Car le mystère de douleur est au-dessus des forces de Marie. Elle ne parvient pas à le concevoir; Jésus ne peut pas le lui révéler. Si par moments elle a deviné le Dieu, elle ne le voit plus. Elle voit son fils qu'on lui prend, qu'on va crucifier, qui s'est précipité vers le supplice, qui l'a froissée, qui l'a déchirée. Ses deux mains qu'elle tord vers lui disent tout : Le voilà donc, mon bien-aimé, l'enfant de mes entrailles, celui qui devait délivrer Israël! C'est donc pour cette heure qu'il m'a quittée; c'est pour en arriver là qu'il défiait les puissants de notre race; c'est là que devaient aboutir tant d'alarmes; et lorsque durant mes nuits de veille je voyais errer des fantômes et qu'ils me menaçaient, c'était donc vrai, et la réalité devait dépasser mes terreurs!

Elle crie à l'Éternel, la pauvre mère; il semble qu'elle lui demande compte de cette vie; il semble qu'elle prenne à témoin cette voix du ciel qui, aux jours de triomphe, disait, partageant les nues : Celui-ci est mon fils bien-aimé ; écoutez-le !

Le reproche confus que je saisis dans les yeux de Marie et que son geste désespéré me raconte, s'écrit en un accent plus ferme sur le visage de la jeune fille qui soutient le corps défaillant de la madone, montrant d'un regard irrité la mère à son fils. Ce n'est point un regret qu'elle sent, c'est une indignation ; ce n'est pas l'entraînement de la pitié, c'est une révolte du cœur contre les jugements de Dieu.

Les soldats, campés comme sait faire Raphaël quand il consent à être vrai, expriment, sous leur pose trop étudiée, les sauvages brutalités de la légion Romaine.

Mais l'accent jailli du cœur, mais la note qui traversera les siècles, je la trouverai toujours dans le martyre de cette mère que pas un bourreau n'effleure du doigt, et dont on va tuer le fils

1er mai 186..

J'ai réservé Velasquez pour aujourd'hui.

On ne comprend pas toujours d'emblée cette peinture dont les touches sont parfois si légères que le tableau paraît en quelque sorte inachevé. Plus d'un connaisseur reste indécis devant de telles transparences ; plus d'un considère à demi charmé, surpris à demi, ces scènes enlevées d'un vif coup de brosse, ces compositions immenses où l'on sent vibrer toute l'inspiration du premier jet sans y trouver ni les luttes patientes, ni les victoires successives d'un labeur prolongé.

Je me demande après tout ce que les veilles de l'artiste, je voudrais savoir ce que les doutes, ce que les recherches douloureuses, ce que cette torture du combat à outrance contre les impérities de la matière ou les obscurités de l'esprit nous auraient valu de mieux. Ah ! quand Dieu fait de ces grâces plénières, comme il en laisse tomber parfois sur les privilégiés de la race humaine ; lorsque sans effort l'âme parle un langage inspiré ; lorsque inondée de lumière elle commande à l'intelligence, aux couleurs, à tout ce qui vit et se meut sous le ciel et que tout lui obéit, l'œuvre naît belle, croyez-moi. C'est la fille du soleil, ne regrettons pas pour elle les fumeuses clartés d'une lampe de travail ; les rosées matinales lui donneront plus de fraîcheur que n'eussent fait nos larmes. D'ailleurs, si la souffrance appuie mieux le burin, bien souvent, sous ses mains fiévreuses, la pureté du dessin s'altère et la flamme s'éteint. Les tristesses de l'ouvrier rendront l'œuvre plus touchante, je le veux ; mais l'idée a perdu sa grâce ingénue, notre souffle haletant lui a ravi cet éclat qu'elle possédait lorsqu'elle descendit des cieux ; nul ne le restituera.

Au surplus, Velasquez est un voyant. Pour lui, regarder c'est exprimer.

Voilà l'image telle qu'il la rencontra dans sa candeur. Laid ou beau, noble ou trivial, peu importe ; l'objet s'applique sur la toile, tel quel.

Van Dyk y aurait mis l'étincelle sacrée ; les vulgarités de la nature humaine se seraient éclairées d'un jour qui descend du ciel. Velasquez se contente ici-bas. Mais n'ayez pas peur, la terre lui a livré tout ce qu'elle renfermait de séve, de puissance et de vitalité

Commençons par les *Nains*.

Le pinceau du maître, idéal quand il lui plaît, s'est attaqué à des monstres.

Non pas seulement parce que la cour l'exigeait, mais par un bon plaisir d'artiste souverain ; par une fantaisie d'esprit curieux; par ce caprice de la grandeur qui soudain s'abaisse et se mesure aux choses infimes. Velasquez s'y est complu; il a déployé, pour rendre de telles difformités, toutes les ressources d'une palette savante et toutes les précisions d'une ligne exacte.

Voyez ces êtres répulsifs. Celui-ci, bossu, tortu, stupide, qui ne se doute pas même de son incomparable malheur. Cet autre, ironique, la malice d'un singe, et que sa méchanceté console de n'être point un homme. Considérez cette créature absurde, le poing sur la hanche, l'épée traînante, la moustache en croc, qui promène ses rodomontades, prêt à demander raison d'un sourire. Et cette paire-ci, l'un crétinisé dans sa robe verte, son large visage niaisement épanoui de sottise; l'autre vêtu de noir, l'air doctoral, le front plissé, un prodigieux sombrero planté de travers sur le front, plongé tout entier dans ce bouquin plus gros que lui, l'encrier à portée de sa petite main ridée, à ses pieds un tas de paperasses; important, profond, le monde sur les épaules. Et qui sait si Velasquez, en nous présentant ce raccourci de nos vanités, n'écrivait point une page de haute philosophie?

Mais je vais vous montrer une image où le génie a mis son plus tragique accent.

Un nain, un de ces êtres misérables se tient accroupi sur le sol. Regardez-le, bien en face, les poings sur les genoux, la tête vigoureuse et barbue, l'œil navré, la lèvre soulevée par le mépris qu'il fait de son destin. Toutes les virilités de l'homme s'accusent sur ce visage énergique et mauvais. On y sent des rages muettes; on y devine une de ces douleurs qui tournent au cynisme tant elles sont ridiculement logées; on y surprend une de ces tristesses éternellement refoulées par leur nature même, une de ces sources de larmes dont les flots n'ont pas le droit de couler, un de ces mystérieux accouplements qui condamnent l'âme pour fière et grande soit-elle à la risée humaine, une de ces révoltes dévorées en silence, car le cœur exaspéré ne peut ni crier, ni hurler, ni se venger; et cette colère sinistre, sans voix, sans secours, sous un ciel d'airain; cette figure absurde assise en sa désolation; cet enfer effroyable et grotesque vous laissent plus épouvanté que les plus terribles régions de la géhenne du Dante.

Ésope, contrefait et remboîté dans sa tunique brune, avec un regard perçant au fond de ses yeux éraillés; *Ménippe*, ce vieux gueux à la bouche sardonique, au feutre sordide, une mauvaise loque de manteau jetée sur les épaules; repoussant à plaisir, sale, haineux, déterminé au rire envers et contre tous, rappellent de très-haut les brutales réalités du pinceau de David.

Je retrouve quelque chose du Marat assassiné dans ces faciès que les laideurs de l'âme et que ses souffrances tournées en fiel ont contraints à d'atroces gaietés.

Votre esprit a besoin de repos, n'est-ce pas? alors contemplons ce *Christ en Croix*, touché dans les tons sourds, avec des réserves et des discrétions auxquelles la liberté du peintre ne nous avait point accoutumés.

Jésus cloué au bois, affaissé sous les agonies, a laissé retomber sa tête. Par une hardiesse comme en osent seuls les maîtres, Velasquez a rabattu sur le visage du Sauveur sa chevelure longue et noire; elle dérobe au monde les mystères de la mort d'un Dieu; ce qu'on ne voit pas dit des paroles plus fortes que ce qu'on voit; les horreurs du passage se devinent mieux, voilées ainsi, que gravées sur les traits en épouvante et en pâleur.

Vous faut-il des portraits héroïques? Voici *Olivarès à cheval*, bien enlevé sur son vigoureux, sur son lourd coursier de bataille; la croupe de l'animal reluisante et solide, l'homme hautain, sûr du succès, le front agressif, la lèvre insolente, toute la personne et tout le mouvement sentant son chef d'État !

Vous plairait-il rencontrer quelque noble figure de femme dans la fleur de la beauté, de la jeunesse et de la gravité chaste? Regardez ce buste correct, ce profil à l'espagnole, l'œil sérieux et doux, la carnation délicate, sans couleur, à peine réchauffée par le soleil d'Andalousie.

Voulez-vous les fils et les petits-fils de Charles-Quint; les voulez-vous dans leur aristocratique laideur; des infants pas plus beaux que ne les fit leur père; avec cette suprême distinction que leur donna le sang?

Alors venez. Je vous montrerai le frère de Philippe IV, un prince quelconque, debout, digne, froid, les cheveux d'un blond terne, le teint blafard, les prunelles d'un azur effacé, cette lèvre dont le disgracieux prolongement fait penser à la mâchoire impériale, toujours ce mystère de la physionomie fermée, murée, qui gardait d'autant mieux son secret que l'âme peut-être n'avait rien à dire. Et cela proclame sa royale lignée, et cette face-là qui ne présente quoi que ce soit de séduisant ou de beau, commande l'attention et contraint au respect.

Voici Philippe IV, lui-même, en pied, son grand chien à côté de lui. Malgré le satin des habits, en dépit de la tenue princière, l'homme garde le visage d'un mauvais drôle, guère plus intelligent qu'il ne faut : grosses lippes rouges, moustache fauve, tordue et retroussée, avec des yeux de faïence.

Le voilà plus loin encore, monté sur son épais cheval, une bête puissante comme les faisait Velasquez, qui les tirait du labour pour leur camper quelque infant sur le dos et les lancer au front des batailles. On dirait que le roi sert ici d'accessoire à l'animal, tant sa tête pâle est faiblement indiquée ; pourtant l'homme vit, marche, hume les hautes destinées, et le prince respire la grande race de Charles-Quint.

Cet individu, ce long Fernand d'Autriche, blême rejeton de la souche impériale, qui promène aux lisières d'un bois son profil émacié, casquette de travers, mousquet sous le bras, l'air godiche, je n'ai pas d'autre mot ; c'est encore un fils de monarque, malgré tout. Et chacune de ces natures, chez qui l'on retrouve les fadeurs avec les défectuosités de famille, se marque d'un trait noble, rencontré de prime-saut.

Une ébauche de Velasquez, *les Fileuses*, nous a montré son pauvre intérieur. De jeunes ouvrières dévident les pelotons et chargent les fuseaux, pendant que de grandes dames groupées au fond de l'atelier considèrent d'un œil indifférent les merveilleux tissus déroulés devant elles.

Je ne sais ce qu'achevé, serait devenu le sujet ; peut-être que l'unité lui aurait fait défaut. Remarquez toutefois la femme en jupon vert, une chemise mal rattachée aux épaules, belle, énergique, librement jetée dans sa lumière, dans sa jeunesse, dans l'indépendance de son mouvement aisé, et dites si le soleil ne pénètre pas une toile pareille, dites si elle ne respire point, et si de telles figures, sincères, nullement idéales, n'ont pas cette double splendeur et de la joie de vivre et de l'éclat du jour.

Maintenant je vous conduis aux chefs-d'œuvre.

Tenez, mettez-vous ici. Ce que vous avez devant vous se nomme *les Forges de Vulcain.*

N'y cherchez point un Dieu ; ne demandez pas même à cette toile des hommes d'élite. Les compagnons qui battent ici le fer, gens de travail, rudes natures, ne s'alambiquent nullement l'esprit. Chagrins ou plaisirs leur arrivent tout d'une pièce, tels quels, à coups de poing. L'affaire empochée, on retourne à l'enclume ; on retrousse les manches, on remet la gueuse au brasier, on tape plus ou moins dru, selon que va le cœur ; c'est ainsi que s'échappent les pensées. Il n'y en a pas beaucoup ; elles marchent droit : un gros fait carré, une grosse colère, une grosse revanche et tout est dit. Cette note n'est point l'accent de notre génération ennoblie par les luttes spirituelles, j'en conviens ; mais c'est l'exacte expression de sentiments vrais qu'un ciel rabattu maintient au ras du sol.

Le voilà donc, maître Vulcain ; forgeron solide, trapu, débraillé, tout fumant de sueur. Les gars, ses ouvriers, poussent le fer au fourneau, manient le soufflet ou retirent les pièces. Un apprenti se tient prêt aux volontés du patron. L'ouvrage allait vite et prenait bien, quand apparaît sur le seuil de la boutique ce grand dadais, dans le costume succinct des dieux : Apollon, pour l'appeler du nom qu'il a.

L'air niais, le sourire béat et sot d'un colporteur de mauvais bruits, Phœbus vient donner des nouvelles de madame Vénus ; rien moins que satisfaisantes, à en juger par la bouche ahurie et par les yeux démesurés qu'écarquille l'apprenti. Le mari, brusquement interrompu dans son labeur, lève la tête ; il considère Apollon : ennuyé, pas trop surpris, gausseur il semble, revenu du chagrin comme d'autre chose, trop affairé pour sonder sa honte, homme de peine avant tout ; qui se rattrapera, oui, par quelque bon tour forgé de sa main rude ; et qui aura son jour de rire, croyez-le bien ; et qui fera, lui aussi, donner de ses nouvelles à Vénus. Pour le moment cela ne va pas plus loin.

Et ces étroites dimensions de la pensée, cette grossière charpente de l'être moral, cette tyrannie du travail, inexorable et dure ; cet esclavage à la glèbe, qui devient l'existence même ; toute cette action ramassée sur soi, sans perspectives, sans profondeur, sans espace ni en haut ni en bas pour battre de l'aile ou respirer, s'impose à l'âme par la brutalité même de son énergie, par les trivialités de sa candeur, par ces proportions courtes, qui sont les vraies.

Murillo n'aurait point consenti à rendre plaisant l'adultère ; Velasquez n'hésite pas. Il en savait long sur ce mauvais lieu qu'on nomme l'Olympe ; l'Italie, terre antique, lui en avait conté les bonnes histoires ; il les redit dans notre langage familier, sans le rhythme épique ; et voilà *les Forges de Vulcain*.

La *Reddition de Breda* (tableau des lances), nous transporte en un autre pays.

Nous sommes parmi des chevaliers ; on sent passer le souffle des belles conquêtes. Deux armées en présence, la phalange des vaincus, le bataillon vainqueur, tous gentilshommes, se considèrent.

Ceux-ci, les Espagnols, front haut, un peu moqueurs en dessous : regardez la tête de Velasquez, nichée dans le coin, voyez ses lèvres rieuses, remarquez son œil railleur qu'ombrage le chapeau retroussé.

Ceux-là, les Hollandais, arme basse, fiers dans l'infortune, tristes sans faiblesse, avec cette sorte de roideur et comme de gaucherie que donne l'insuccès.

Une forêt de lances éteint à propos l'éclat du ciel et raye l'horizon, où vont fuyant et décroissant les lignes de la campagne.

Mais deux figures occupent le premier plan ; à vrai dire elles font tout le tableau ; c'est Spinola, et c'est le gouverneur de la ville gagnée.

Contraint par cette mauvaise grâce dont je parlais tout à l'heure, le défenseur infortuné s'incline et d'un geste anguleux remet les clefs. Spinola, notre bon capitaine, est descendu de cheval. La courtoisie suprême fait ployer un peu sa haute taille. Affable au vaincu, il a découvert sa tête; le malheur veut de tels respects. Tout son noble front, sa bouche fine où l'on recueille des paroles d'urbanité, ce visage rayonnant de la flamme intérieure et couronné du nimbe glorieux des victoires, se détache en lumière sur la croupe sombre, magnifiquement modelée du coursier. Et la chevalerie, modeste devant l'infortune, atténue les splendeurs de l'allégresse. L'attitude, la lenteur à prendre les clefs, le regard qui s'en détourne, les lèvres préoccupées de rendre hommage au courage malmené; cet effort même pour modérer les contrastes de la fortune; le triomphe qui, loin de précipiter les pas, ralentit la marche, l'arrête et laisse à l'ennemi la liberté de se rendre, comme et quand il lui plaira ; de tels caractères, uniques, répandent plus de noblesse sur la toile, ils la pénètrent de délicatesses plus exquises que n'en rêva jamais l'idéaliste le plus raffiné.

Venez, *les Meninas* nous ont souri de loin.

Qu'elle est mignonne la petite infante, corsetée dans sa cuirasse de satin, prise toute roide dans sa belle jupe à fleurs, ses cheveux épandus en une lumière d'or. Le visage rond, enfantin, le sourcil légèrement froncé comme si déjà elle était reine, très-altière et très-naïve ; elle reste debout, immobile, car Velasquez, dans le fond, va la pourtraire. Et c'est bien ce qui la tient si droite et si grandement ennuyée.

Le roi Philippe IV, indiqué d'un trait sûr, vient de tracer sur le pourpoint de Velasquez la croix rouge de Calatrava[1]; il disparaît à l'arrière-plan, tandis qu'une dame de la cour, jeune, riante, profil irrégulier, plein de séductions, tout baigné des tons lumineux et nacrés de Murillo, demeure agenouillée, cherchant à divertir l'infante. N'oublions pas, dans le coin, ce gros dogue à poil ras, l'air non moins impatienté que sa petite maîtresse. Il s'efforce de dormir, le museau résolûment enfoncé dans les pattes, impassible aux taquineries de deux nains hideux, l'homme avec sa femme, qui le poussent, le bousculent, et se disputent l'honneur de tourmenter la pauvre bête.

Toute cette toile est ravissante ; des clartés y descendent en transparentes ondées; la grâce, la dignité, le charme en émanent, vous les respirez comme le parfum d'un lis.

Cette fois, mon ami, nous sommes devant la page ma-

[1] C'est ainsi que le monarque arma chevalier son artiste favori.

gistrale. Contemplez-la bien, car les portes du musée vont se fermer, et nous ne reviendrons pas.

Vous l'avez nommée : *les Buveurs*, c'est cela.

Pour moi, le tableau contient autre chose que l'expression d'un vice rendu dans ses excès, dans ses dégoûts, dans sa folie brutale et diverse. Une pensée plus haute s'y est empreinte.

L'entraînement bestial tient un côté de la scène ; le dédain avec la moquerie des cieux antiques occupe l'autre part. Les hommes y sont mis en face des dieux ; les terrestres abjections en présence des dédaigneuses sérénités de l'empyrée.

Ici vous avez le soudard à face rutilante ; son rire de cabaret ouvre démesurément les lippes barbues ; sa bouche vient de lâcher quelque mot énorme qui secoue les épais visages des drôles attablés autour de lui ; franchement cynique, il foule aux pieds tout ce qui lui pouvait rester de noblesse humaine. A sa gauche le vieillard aviné, cheveux grisonnants, poil hérissé, demi-couvert d'un manteau sordide, conserve quelque tristesse dans le regard ; ses traits sont restés beaux ; on dirait que l'image d'un passé dont les traces ne portaient pas ces souillures, vient parfois hanter sa mémoire. Vis-à-vis, en pleine lumière, le jeune homme agenouillé, celui que couronne Bacchus, se maintient digne sous l'abjection ; les habitudes, la physionomie, le geste, ont gardé je ne sais quels vestiges de race que les trivialités de la vie ne sont point parvenues à renverser.

Mais j'ai nommé Bacchus, et c'est dans cette figure que je trouve l'idée ; c'est ce groupe des dieux païens qui réalise pour moi la plus sublime personnification du génie de Velasquez.

Les dieux sont descendus sur la terre; ils l'ont visitée par une de ces fantaisies pleine de superbe et pleine de mépris, familières à l'antique Olympe.

Bacchus vient se divertir de la dégradation des hommes, tout comme les hommes se riaient de la corruption des ilotes. Il s'est assis, bien séparé de la gent terrestre. Hautain dans sa radieuse beauté, à demi nu, indifférent, ses yeux qui ne daignent pas regarder toute cette infamie, ont la froide lumière des cieux païens. Une ironie se joue sur sa lèvre. Il fait boire, mais il n'effleurera pas même la coupe que lui présente cette autre figure, nue aussi, dédaigneuse aussi, quelque faune en liesse.

Tandis que le troupeau stupide assouvit sa soif, le dieu, d'un geste olympien a couronné ce jeune homme affaissé devant lui; le seul qui conservât quelque empreinte des origines perdues. C'est là ce qui met un éclair aux prunelles de Bacchus. Ce qui fait rayonner son front, c'est le naufrage suprême, c'est la race qui se prétendait divine raplatie aux bestialités d'une allégresse animale; c'est la raison effacée, c'est l'âme avilie, c'est la poudre restituée à la fange dont elle sortit un jour. Ce triomphe cruel, cette risée sans pitié, cet implacable despotisme de la divinité qui n'est qu'un pouvoir, tout se lit sur le front dominateur. Le rayonnement a l'éclat des glaces polaires. On frissonne rien qu'à considérer ce bon plaisir des maîtres du monde. Si les énergies, si les vulgarités d'une touche dont la franchise ne recula jamais, ont pétri, ont ciselé, ont abruti comme à plaisir le type terrestre: une lumière dont l'éther a fourni les transparences, une idéalité dont le génie a donné le secret, descendent des cieux glacés mais clairs, sur le groupe Olympien.

Voulez-vous saisir l'opposition révélatrice de ces deux

moitiés d'une même épopée, éloignez-vous, laissez le tableau s'illuminer de tous ses feux ; d'un seul coup, d'un seul regard, tandis que l'humanité restera plongée dans son abaissement, le côté divin se prouvera par la splendeur, par l'ironie, par le fiato, et par l'épouvante qu'un tel rire va réveiller au fond de vos entrailles.

J'aurais pu vous retenir longtemps encore ; ni les noms des grands peintres, ni mes propres impressions ne me faisaient défaut. Tintoretto, ses portraits ; Giorgione, son *Départ du Guerrier*, très-émouvant dans sa tendresse contenue ; un *Saint Sébastien* magnifique, un non moins beau *Saint Jacques* du Guido ; des Téniers de premier ordre ; un Ruysdaël tout pénétré des mystérieuses clartés de la forêt ; Ribalta, Juanès, bien d'autres, voilà de quoi causer peinture trois semaines durant.

Mais sitôt qu'on fatigue, on ennuie, sitôt qu'on ennuie, on devient un ennemi ; or je ne veux pas être le vôtre.

Je vous entends, votre esprit, plus positif que le mien, demande une appréciation sommaire des maîtres espagnols. Vous voulez un résumé de leur manière.

De manière, ils n'en ont point ; et c'est par là que je les caractérise.

Une invasion de vérité, une émancipation sans le savoir, l'exercice de la liberté sans se douter de ce qu'est l'indépendance, le génie marchant comme il lui plaît, dans la souveraine franchise de son allure ; les traditions, les conventions, tout le classique bagage à vau-l'eau : tels se présentent nos hommes. Prenez la composition, prenez les couleurs, prenez la ligne, toujours vous trouverez le retour au vrai, et toujours ce sans-gêne royal. Les teintes sont tellement broyées avec le soleil; les révélations de la nature ont apporté de telles délicatesses, l'étude du vrai a mis de telles vigueurs sous le pinceau, que ces sincérités à tout rompre surpassent le comble de l'art, et que jamais calcul ou finesses du métier ne donnèrent la diversité de tons, le fondu, l'harmonie que ceux-ci du premier coup ont rencontrées, simplement parce qu'ils ouvraient les yeux.

Nulle préoccupation étrangère à l'art ne vient s'interposer entre le peintre et son sujet. Ces hommes-ci ne cherchent ni à systématiser leur pensée, ni à courtiser l'opinion. Leur duel avec le travail n'est point un de ces combats à quatre ou à six, comme on en voyait au temps de Louis XIII; c'est une prise, et si je l'osais, je dirais que c'est une empoignée, seul à seul avec l'adversaire, par toutes les forces de l'âme, par toutes les vigueurs de l'entendement, par toutes les énergies de la passion.

Entre les maîtres italiens et l'objet qu'ils avaient à reproduire, trop souvent la majesté d'un passé classique dressait son autorité. L'antiquité pesait de toute son éloquence sur l'élan des génies de Rome, de Florence, de Bologne ou de Venise. Un chef-d'œuvre nouveau, c'était presque une chaîne de plus. Ni la douleur n'osait pleurer à sa guise, ni les personnages historiques ou sacrés n'avaient le droit de ressembler aux autres hommes. Une sorte de rituel fixait les mouvements de la physionomie comme il réglait les battements du cœur. L'inspiration se versait bouillonnante, je le veux bien, dans ce moule d'airain forgé par un passé glorieux; mais elle en devenait l'esclave. Par-ci par-là, quelque emportement à la Michel-Ange faisait sauter les morceaux de l'argile; toutefois, l'aventure était rare et le grand nombre obéissait.

Ici, rien de pareil.

Si les Romains ont foulé le sol d'Espagne, l'Ibérie n'était point leur patrie, elle fut leur conquête; les vainqueurs ne songèrent pas un instant à l'enrichir des trésors de la Grèce; on n'y vit point arriver les statues de Phidias; l'idéal ne s'y montra pas, dès le début, sous un de ces types accomplis qui fixent la direction des recherches quand ils ne les arrêtent point.

Aux temps modernes, plus d'un peintre espagnol fut étudier à Rome, je le sais; toutefois ceux qui s'y rendirent y passèrent en étrangers, leur pays resta libre du joug classique et leur volonté maîtresse d'elle-même. Leur enfance s'épanouit, leur virilité se développa loin de ces influences qui facilement dégénèrent en tyrannie. La poésie ne vint pas à leur rencontre, vêtue, ornée et conduite par des pontifes sacrés; il fallut bien l'aller chercher où elle était; rien ne se trouvant fait, tout restait à faire. Et comme s'il n'y avait point assez des libertés que donnait l'espace, vierge encore des efforts humains, les Mores accoururent, menant avec eux la fantaisie. Sur le sol qu'avaient un instant écrasé les amphithéâtres romains, les Arabes jetèrent l'arc délié où rit la lumière, où se joue le caprice. Et l'âme espagnole doublement émancipée prit son vol; elle monta vers les régions du soleil, elle plongea dans les abîmes de la souffrance, elle saisit ces secrets de la douleur, elle conquit ces magies du rayonnement qui pâlissent et qui s'effacent dès qu'elles se transmettent en vertu des traditions.

Quand vous regardez une toile italienne, c'est l'œuvre du maître que vous contemplez sans doute, c'est l'idéal qu'il a conçu; mais c'est aussi la pensée, c'est la forme, c'est l'expression banale qu'ont ratifiées la supériorité ou la médiocrité des âges antérieurs.

Lorsque vous regardez une toile espagnole, l'impression de l'artiste, l'empreinte que son esprit reçut du fait, vivantes et profondes comme des stigmates imprimés par les rayons mêmes de la vérité, vous arrivent en plein ; de telle sorte que sujet, idée, poésie, couleur, et le cœur de l'homme, puissamment liés, jaillissent de la toile, que c'est l'unité absolue, et qu'après avoir senti devant tel peintre italien (je ne parle pas des génies), ce que vous ferait éprouver un Corneille ou un Racine interprété par un Lekain ; tout à coup, vous entendez Talma ! Au lieu de l'habit de brocart, au lieu du hoquet tragique, au lieu des douleurs mesurées à je ne sais quel rhythme prévu qui vous laissait plus froid que marbre, vous avez le désespoir, vous avez la joie ; des voix humaines vous parlent ; c'est votre cœur, et c'est le mien, et c'est la beauté même parce que c'est le vrai, parce que c'est la liberté, parce que c'est l'âme de notre race, dressée de toute sa hauteur entre la terre et les cieux.

2 mai 186...

Dos de Majo! une date sacrée.

En 1808, Murat avait investi Madrid ; l'Espagne voyait sa nationalité disparaître, lorsque deux officiers d'artillerie, deux hommes de cœur, Daoiz et Velarde, soulevant les faubourgs, essayèrent une dernière résistance qu'ils payèrent de leur sang.

Chaque année on célèbre l'héroïque anniversaire. Un

combat de taureaux termine d'ordinaire les cérémonies; cette fois la *Corrida* n'aura pas lieu ; on sent trop bouillonner le ferment libéral, trop souvent les émeutes partirent de la Plaza de Toros. On a fermé le cirque avant l'aube; des bataillons en occupent l'arène; et le défilé militaire, avec la messe devant le monument des martyrs, au Prado, ce sera tout.

Mais les cohortes silencieuses, mais la solennité du souvenir si bien gravé au fond des cœurs que la foule, sans une précaution, sans un garde-police, tout embrasée qu'elle soit par les laves montantes d'une prochaine révolution, reste calme : un tel spectacle a sa majesté, et nulle boucherie d'animaux férocement égorgés n'en accroîtrait la grandeur.

Des clameurs lointaines ont annoncé le cortége.

Voici les éclaireurs, fusil au bras, qui enveloppent la Puerta del Sol et s'égrènent le long de la calle d'Alcala. Voici les hussards de la Reine, sur leurs étalons. Voici les cuirassiers, dont l'armure polie étincelle au soleil. On voit venir là-bas les canons et les caissons, traînés par leurs attelages de mules noires. Le général Sant Yago, une barbe grise, droit et grave, approche au pas lent de son cheval. Les casques des dragons, le fer des baïonnettes, drapeaux et pennons, tout ondoie et tout reluit. Depuis la Puerta del Sol jusqu'aux lointaines extrémités de la calle d'Alcala, on dirait qu'une flamme allumée aux ardeurs de midi court et serpente en éclair.

Les musiques répondent aux musiques. Cependant une voix domine tout; la note des trompettes funèbres; douloureuse, prolongée, toujours la même, à travers les fanfares, les triomphes et le bruit des vivants. Cette note, un coup morne la rompt; le coup des tambours, unique et sourd. Le souvenir des deux morts plane, il semble, sur la fête; il éteint la splendeur même du ciel, et tout ce contentement que donne un beau loisir, et tout ce rayonnement des forces guerrières du pays.

Derrière les gardes civiques se sont alignés les orphelins de la ville; puis les pleureurs, puis les invalides; chaque escouade précédée d'un prêtre en surplis. Les veuves des soldats marchent après, vêtues de deuil. Des hérauts d'armes dans leur tunique rouge, le front ombragé de plumes blanches, un large crêpe sur la poitrine, précèdent le groupe des officiers qui représentent ici les divers corps de l'armée.

Ecoutez; la marche royale a retenti. Ni la Reine toutefois ni le Roi ne paraîtront. La démonstration de ce matin est bien plus un avertissement répressif qu'une patriotique commémoration. C'est moins en l'honneur des martyrs que ce n'est en prévoyance de l'émeute que grondent les canons et que les bataillons se succèdent. Généraux, aides de camp, retiennent leurs chevaux qui piaffent, qui se dressent et dont les flancs polis ruissellent de lumière. Les panaches blanc d'argent frissonnent; la robe des alezans dorés, le pelage délicat des étalons couleur d'ébène, les teintes inusitées et fines dont nos haras ont perdu le secret, chatoient et font miroiter les reflets de leur satin.

On voit passer le vieux drapeau d'azur aux armes d'Espagne; les bannières jaunes d'ambre, celles plus rouge que le sang laissent flotter leurs plis; toutes ont rencontré le feu; celui des guerres civiles, hélas! autant que l'embrasement des batailles. A moitié déroulées, elles agitent leur long voile, et les officiers saluent du sabre ces antiques témoins des misères et des gloires du pays.

Phalanges après phalanges, canons après canons, troupes de ligne après corps d'élite, les artilleurs fièrement campés sur leurs pièces, les lanciers banderoles au vent, hérauts la masse d'or à l'épaule, grenadiers tête haute sous le bonnet fourré, sapeurs la hache au dos, cavaliers le mousquet appuyé sur la cuisse, et des généraux encore, et des capitaines, et les pouvoirs civils, montent lentement vers le catafalque des deux morts. On n'entend que le rhythme précis du pas, la note lugubre des trompettes, le coup morne du tambour. Les commandements à voix brève interrompent et fragmentent l'écho des musiques. Aussi loin que pousse le regard, ce fleuve de baïonnettes, ce frisson des drapeaux, cet éblouissement des masses d'armes, ces figures chevaleresques, toute cette couleur mêlée à tous ces souvenirs nous enivre d'héroïsme.

Mais sur quoi donc passent les canons? N'écrasent-ils que les pavés? Les roues pesantes des caissons chargés de mitraille n'étouffent-elles point des libertés naissantes? n'entend-on pas gémir des âmes et protester des consciences sous ce fer qui broie le sol?

Quoi qu'il en soit, ceux-ci, j'en garde l'espoir, donneront comme leurs pères des héros quand il faudra. Les noblesses du regard, les fiertés de la tenue, la décision du pas, l'austérité du front, la tristesse même et ce courage qui jamais ne faillit : tout l'affirme. La race est de celles qui peuvent dormir, le peuple est de ceux qui savent se réveiller.

En attendant, une autre foule non moins grave couvre les trottoirs. Des gens venus de la campagne, aux souples monteras, aux sombreros largement ailés, aux mouchoirs écarlates, aux vestes de velours, aux culottes fendues qui laissent passer un bout de genou, coudoient les manteaux bruns de Castille avec les capas de Valence, tandis que des picadors à la taille élégante frôlent en passant les belles Madrilènes, pimpantes et rieuses, un voile de dentelle sur le front, l'éventail aux doigts, et les cheveux baignés de clartés. Cela fait des tableaux à la Murillo et à la Velasquez.

La *procession*, comme on l'appelle en ce pays où chaque cérémonie publique revêt un extérieur dévot, a fini de dérouler ses cohortes. Le peuple s'est écoulé. On ne sait trop que faire du loisir qu'on a. Je prends cette rue déserte et je vous mène voir les écuries de la Reine.

L'objet en vaut la peine. Vous ne trouverez ni clinquant, ni poudre aux yeux; mais la simplicité même du logis sent plus que l'apparat sa royauté de bonne maison.

Derrière le palais, à côté, je ne sais trop où, s'élargissent de vastes cours emprisonnées par des bâtiments monotones. C'est ici. Vous exhibez votre carte d'introduction; quand vous n'en possédez point vous présentez votre passeport; le concierge, après avoir regardé votre papier d'un œil nonchalant, fait signe à quelque brave homme qui muse par là. Le brave homme arrive en traînant le pied, vous invite d'un geste à le suivre, pousse une porte, en ouvre deux, trois, dix, tant qu'il reste quelque chose à voir, vous salue après et tout est dit.

Nous voici, pour commencer, entre deux rangées de box. Trois cents chevaux, rien que cela. Le pavé ressemble à tous les pavés, les crèches à toutes les crèches; pas plus de marbre que de cuivre ou d'acier; le Jockey-Club en frémirait. Des palefreniers vont et viennent en habits médiocres, ni plus beaux ni plus laids que chez vous ou que chez moi. Deux ou trois écuyers gentilshommes, plume noire au chapeau, bottes molles aux pieds, la taille serrée d'un ceinturon de cuir, hautains et courtois, vrais hidalgos (*Hijo de algo*, fils de quelque chose), manégent les coursiers de prix.

On se promène entre les étalons gris de fer, gris d'argent, gris de lin, blonds, fauves, rose vif, rose pâle, fleur de pêcher, ou scintillants d'or. Les crinières plus soyeuses qu'une chevelure de femme, les queues flottantes et satinées font vibrer la lumière en chatoiements prolongés. L'encolure est fière, le regard est doux, les membres sont délicats, le mouvement a des souplesses arabes.

On retrouve çà et là le type un peu lourd des chevaux de Velasquez ; quelques attelages destinés aux pesants carrosses de cour nous présentent ces solidités d'attaches, ces rotondités de croupe : paturons épais, flancs largement bâtis, le tout reluisant, avec des ombres et des clartés à faire sauter dans l'étui le pinceau d'un coloriste. Ces bêtes puissantes hennissent comme un lion rugirait. Elles montrent les dents, labourent du sabot, se dressent de proue, s'enlèvent de poupe. Les palefreniers promènent leur beau calme au milieu de ces colères ; point de paroles, une caresse de la main ; puis ils vont natter de rubans la crinière ou garnir de fleurs le frontail du poney que montera tout à l'heure une infante.

Après le salon des chevaux vient le dortoir des mules. Ici comme là, trois cents têtes s'allongent vers le râtelier.

Voyez-vous ces deux objets mignons, lustrés et pomponnés dans leur boîte ; ce sont deux mulets, pas plus gros que deux chiens du Saint-Bernard. De chaque côté bondissent à l'envi des croupes plus noires que l'Érèbe : un kilomètre de ruades ; sans compter dix à vingt bêtes errantes, harnachées à demi, libres aux trois quarts, qui courent les aventures, cabriolent, reniflent, marchent sur les pattes de derrière, ou bien envoient d'un seul coup leurs quatre fers sur le visage du voisin.

Je vous avoue que mon courage s'est mal tiré de l'affaire ; j'ai tenu les mules pour vues, et me suis, en dépit des moqueurs, rabattue sur la sellerie.

Une même simplicité en forme le trait saillant.

Représentez-vous quelque vaste espace, hangar ou galetas, ce que vous voudrez. Là s'empilent les selles, brides, étriers, mors, gourmettes, fouets, cravaches, éperons, colliers, tapis de voitures et de siéges, couvertures et fourrures, habits de cochers, costumes de chasseurs, de piqueurs et de grooms, chaque objet propre et bien tenu ; ce qu'au bout du compte on voit partout, sauf deux ou trois détails qui ont leur caractère.

Ces faisceaux de plumes, par exemple, à n'en pas finir ; ces antiques chaises à porteur chamarrées de peintures et d'ornements ; ces harnais de mules offerts à la Reine par sa bonne cité de Séville : étriers cloutés d'argent, pendeloques écarlates, crépines d'or, colliers garnis de clochettes en fine plateria, des broderies arabes comme si la main des Maures y avait passé.

Maintenant nous voici dans la remise. Je dis la, car il n'y en a qu'une ; grand couvert modeste, sans plus de façons que le logis des chevaux ou que leur cabinet de toilette. Cent trente voitures y trouvent place.

Faut-il vous montrer les coupés, les calèches, les dog-carts, les breaks, les diligences de voyage, les omnibus de famille, les victorias, les mylords et les berlines, et les voitures de gala : celle de Charles IV, tout historiée d'enluminures ; celle de Philippe V, le petit-fils de Louis XIV, large, ronde, avec ce siége de la portière dont nous parlent les mémoires du temps et que nous ne comprenons plus !

Au milieu de la pièce on voit les carrosses des infants ; landaus et berlines en miniature, alignés avec le sérieux qu'on met à tout ici.

Le carrosse du Sacre, une manière d'échafaudage triomphal, quelque chose de prodigieux entre le char de Jaggernaut et le phaéton d'un vendeur d'orviétan, étale dans ce coin le mauvais goût de sa conque mythologique, de ses amours joufflus, de ses génies bienfaisants, et de son dais que surmontait, dit-on, une gigantesque Renommée en plâtre doré, les ailes étendues et les bras chargés de couronnes.

Mais j'ai deviné dans l'ombre une forme que cherchaient mes yeux : la triste voiture de Jeanne la Folle ; quand j'ai vu cela, je ne regarde plus rien. Elle est basse, fermée, construite en bois d'ébène ; les panneaux, soigneusement sculptés, s'éclairent de grandes glaces limpides ; pas un ornement, sauf les ciselures. C'est dans ce carrosse, dont le profil austère rappelle un cercueil, que Jeanne la Folle éperdue de douleur promena vingt ans le corps de Philippe d'Autriche, son époux infidèle et bien-aimé. Un tel acte vint s'ajouter aux transports du désespoir pour caractériser la démence de cette pauvre femme. Elle ne consentait point à l'oubli, donc elle était folle.

Oh ! que je les trouve plus insensés ceux qui ne gardent rien des morts, pas même la mémoire!

Il y avait quelque rébellion peut-être dans les emportements de ce cœur passionné, qui retenait jusqu'aux derniers vestiges d'un trésor arraché par la main du souverain maître. Toutefois nos cœurs, à nous, me semblent bien prompts aux soumissions faciles; la frivolité leur rend bien rapide l'obéissance ; ils sont bien soutenus par le fait de la vie, par ce plaisir de durer, par les surprises aimables que leur ménage l'avenir. Notre résignation remporte de trop commodes victoires à mon gré, sur des désespoirs qui peut-être se seraient consolés tous seuls; les morts nous durent trop peu; trop vite nous les trouvons à merveille où ils sont, et nous encore mieux où nous sommes. Je m'épouvante de nos habiletés au bonheur; je m'effraye de ce bien-être vivace qui plonge ses racines en pleine terre d'égoïsme, qui mutilé d'un côté, se retourne de l'autre, et toujours se découvre quelque sens nouveau pour mener la vie bonne et pour la mener longtemps.

Oui, je consens que le ciel, quand il ouvre ses parvis devant les rachetés qui sont notre amour, je consens que le ciel nous verse des rayons divins; je veux que de telles flammes, intenses, brûlantes, illuminent notre âme du reflet des éternels bonheurs. Mais que la terre aussi, lorsqu'on la déchire pour y ensevelir cet enfant ou cet époux qui nous fut plus que nous-même, que la terre retienne une part de nos émotions, de notre jeunesse, de notre puissance à jouir; que quelque chose de nous demeure là, muet, immobile, en attente; qu'on ne voie point verdoyer sur le sol remué de frais ces plantes vigoureuses, toutes chargées de fleurs nouvelles, qui tirent leur fraîcheur avec leur beauté du mystère même de la mort.

Allez, nul orgueil personnel ne me dicte un tel langage. C'est parce que je regarde à moi-même que je me lamente et que je m'indigne. Plus vite révoltée et à meilleur droit des impéritíes de ma tendresse que des défaillances d'un autre cœur.

Quoi qu'il en soit, notre noblesse, voyez-vous, la divinité

de nos origines s'écrit dans la durée de nos amours. Je ne les vois point balayées, je ne vois point ces sacrés caractères effacés au nom de la sagesse, confondus au nom de la foi, arrachés au nom des affections elles-mêmes, sans que mon bon sens proteste, sans que ma religion, qui va retremper ses souvenirs dans l'amour persistant du Père, revendique le droit des larmes et la vie des morts.

3 mai 186...

Nous avions visité le Congrès, il fallait voir le Sénat.

La salle s'abrite dans un bâtiment assez médiocre, non loin du palais de la reine.

Un huissier nous conduit à travers les appartements. Je leur trouve, comme à tant d'autres objets ici, cette bonhomie qu'on remarque aux choses et aux gens dont la distinction pour s'établir n'a pas besoin de se prouver.

Quelques pièces confortables se terminent par une chambre à coucher. La couverture faite, le lit accommodé s'apprêtent à recevoir les sénateurs atteints de syncope. Leur grand âge communique à la précaution je ne sais quelle actualité de triste augure, peu réjouissante, convenons-en, pour des vieillards.

La salle aux séances, ovale, décorée avec goût, tient encore plus du salon particulier que du local officiel.

Une estrade placée dans le fond supporte le trône de la reine; le fauteuil du président s'élève au-dessous; la table des sténographes se loge au parquet; les bancs avec les pupitres des sénateurs garnissent l'hémicycle, tandis qu'une grande porte s'ouvre en face du trône, et que deux massiers vêtus de la robe de velours, hommes d'âge, épais, la toque roide comme un biscuit de Savoie, trois plumes d'autruche plantées dedans à la façon des caciques, restent immobiles derrière la barre qu'ils ont pour mission de garder.

Cependant les sénateurs ont commencé d'arriver, nonchalamment, tout à loisir. Ils causent entre eux ou devisent avec le président ainsi qu'on ferait au coin du feu; chacun se sent en famille; c'est le laisser-aller, par moments ce sont les bons rires du chez-soi. Nos seigneurs, quand ils ont un peu lorgné les tribunes, bien étonnés, je crois, d'y voir trois figures nouvelles, écoutent je ne sais quel rapport, et votent à l'unanimité la nomination de je ne sais qui, à je ne sais quoi. C'est à peine si deux voix audacieuses ont osé s'égarer loin du programme officiel. Pas un discours; encore quelques votes; les sénateurs fatigués de leur forte besogne lèvent la séance, et nous faisons comme eux.

Eh bien, mon ami, s'il n'y a guère ici d'éloquence, on y trouve encore moins de prétentions. Ces nobles visages n'offrent pas trace de boursouflure ou de morgue; nul ne porte beau, on reste soi; et comme on est gentilhomme, le naturel y gagne tout sans que la dignité y perde rien.

Reste le musée d'histoire naturelle.

Gare devant! je vais vous envoyer une bordée de noms scientifiques.

Labradorite! c'est ce bloc à fond noir semé de reflets bleus et verts: un minéral. *Lumaquela*, c'est ce caillou teinté de rouge sur un ton couleur d'encre : du marbre.

Les soufres à *base de gypses* nous montrent leurs cristaux énormes, jaunes comme l'or, opaques comme l'ambre. Voici des groupes d'émeraudes plus limpides que si on les eût taillées dans les vertes profondeurs de l'Océan. Le *Béril*, dont nous parlent souvent les Écritures, reproduit les transparences bleuâtres de l'aigue marine; la *Chrysoprase*, autre nom biblique, d'un ton glauque et mat, se paillette d'étincelles. Des agates ouvertes d'un coup de marteau nous laissent voir leurs anneaux merveilleusement ondulés. On a trouvé dans une mine de fer ce morceau d'*Aragonite coralliforme*, travaillé en manière de dentelle par la main des gnomes. Le fer, avec ses tons solides sur lesquels glisse la lumière, nous offre le passage des teintes cuivrées au bleu d'outre-mer, et les dégradations qui mènent du lapis au vert positif. Le *Plomb phosphaté* hérisse plus loin mille bras ténus que pourraient revendiquer le règne végétal. Si vous voulez des *pépites*, en voilà ; elles ressemblent à quelque grossier morceau de cuivre. Est-ce du sable aurifère qu'il vous faut? examinez cette terre légèrement rosée ; vous n'y voyez pas d'or ; il y en a pourtant, et la nuance qui colore faiblement le sable, précipitée au fond du vase par des lavages successifs, vous donnera le métal divin. Ailleurs les granules mieux séparés du sol prennent la grosseur d'une lentille. Ce fragment du roc vous montre la veine tantôt raplatie comme une feuille de papier, tantôt épaissie en riche filon.

J'aime ces beautés cachées dans les entrailles de notre globe ; j'aime ces merveilles qui restent un secret. Les feux et les soleils des pierres précieuses, allumés en d'insondables ténèbres par le bon plaisir du Créateur ; ce luxe, et, je le dirai, cette prodigalité des magnificences inconnues, me charment venant du roi de l'Univers. J'y trouve une expansion de richesse qui met mon cœur au large. Mon Dieu n'est point avare, il sème à main ouverte ; ses créations ne se mesurent pas toujours aux besoins des hommes ; elles n'ont pas toutes un but ; l'utile n'est pas invariablement au bout de tout. Mon Dieu se complaît dans la beauté parce qu'elle est belle ; à quelques profondeurs qu'il l'ait enfoncée, elle porte avec elle un reflet de sa grandeur : c'est assez. Mes pensées vont plus librement alors que je découvre de tels trésors, perdus semble-t-il ; et quand les abîmes de la mer, fouillés par le plongeur, restituent au jour l'éclat nacré des coquillages, quand leur lumière d'iris apparaît à travers l'onde pâle, lorsque les découpures infinies des madrépores me révèlent leur élégance et que mes yeux éblouis saisissent tant de richesses destinées à n'enrichir personne, je me sens le droit de m'épanouir à mon tour dans mon amour des harmonies, des formes, des couleurs, de toutes sortes de choses qui ne servent à rien. Après tout, mon Dieu les a faites ; et ces muettes et ces inutiles sont autant de voix qui, d'un bout à l'autre des cieux, crient : Gloire à l'Éternel !

Faites quelques pas ; les marbres d'Espagne étalent ici le luxe de leurs nuances. Quand vous aurez fini de les considérer, une bête fossile, le megatherium, coupé en deux faute de place et l'arrière-train logé au second étage des vitrines, vous épouvantera de ses ossements qui ressemblent à l'armature d'un vaisseau de haut bord, sans compter la queue, d'une puissance à renverser les pyramides, lorsqu'il prenait fantaisie à l'animal de chasser les mouches de son temps.

L'œuf de l'*Epiornis*, ce colossal oiseau de Madagascar, anéanti par l'imbécile curiosité des hommes, réalise les voyages fabuleux de Sindbad le marin. Énorme, dur, poli, quelque roc l'a pondu, et l'œuf d'autruche, qui s'arrondit à côté, paraît une boule d'ivoire, bonne tout au plus à rouler sur le tapis vert d'un billard.

• Vous voilà bourré de science. C'est bien. Alors je rentre dans le domaine des arts par cette porte qui justement s'ouvre sur l'Académie.

Vous y verrez deux toiles, pas plus. Un Murillo : *Elisabeth de Hongrie ;* un Ribera : *Madeleine enlevée dans les cieux.*

Le sujet du Murillo vous est connu. Elisabeth soigne de ses mains les teigneux assemblés dans la cour de son palais ; tableau splendide qui va nous traduire les plus doux mystères de la charité.

Eh bien, non ; il y faudrait l'amour, et l'amour demeure absent. Elisabeth, très-royale, souveraine encore plus qu'elle n'est femme, touche de ses doigts effilés une des têtes répugnantes que voici. Sa volonté l'y contraint, sa compassion ne l'y pousse pas. L'âme a donné l'ordre, le cœur ne s'est point attendri. Le visage de la reine, chaste et noble, n'exprime ni les triomphes de la pitié ni même la révolte des sens. Indifférente, elle conserve un regard froid. L'accomplissement du devoir la met au niveau des cieux ; elle y entrera tête levée. Quelque chose de la superbe des saintetés officielles règne sur ce front rigide, pur comme le glacier.

Ah ! qu'elle eût été plus touchante si le peintre nous l'eût montrée mieux saisie des souffrances qu'elle daigne effleurer ! Plus absente d'elle-même, mieux penchée vers les infortunes qu'elle soulage, ou bien encore troublée mais vaincue, éperdue d'horreur mais subjuguée par la compassion, plus humaine, en un mot, qu'elle eût été plus divine.

Le Seigneur ne touchait point ainsi la chair corrompue des lépreux; il n'avait point ces princiers nonchaloirs; le malheur de sa créature pourrie lui était autre chose qu'une occasion à miracles; l'humanité pleurait en lui à de telles rencontres; il portait vers les misérables ses deux mains émues; son âme se donnait tout entière avant que ses bienfaits.

Voilà pourquoi la pitié d'Elisabeth, et cette bonne œuvre congelée, nous laissent absolument figés. Nous n'éprouvons nulle sympathie pour des vertus qui ne palpitent point.

Au surplus, le génie des siècles antiques le savait bien, lui qui toujours de la charité fit une femme; la femme trouve en sa compassion des élans qui lui font franchir les abîmes. Dès que son cœur s'est amolli, laideurs morales, plaies du corps, elle ne voit plus rien. Un seul objet, l'être souffrant, reste devant elle; ses regards ne connaissent que lui; les perceptions même de ses organes délicats se sont en quelque sorte émoussées; tout se résume en une faculté unique : la divination des douleurs et l'intelligence du secours.

Or, c'est par l'oubli de cette émotion, c'est par je ne sais quelle hauteur glacée que le type d'Elisabeth, très-vrai je veux le croire dans son aristocratique aumône, froisse en nous la charité de l'Évangile, plus plébéienne et mieux apparentée avec les détresses de l'humanité.

Cela dit, ajoutons que les teigneux présentent d'incomparables mérites. L'homme qui se gratte la tête donne le frisson; l'autre, qui rattache quelque linge souillé sur sa jambe malade, tout à son affaire, sans un regard de convention pour la royale infirmière, a l'éloquence d'un réalisme sincère et point trivial. On retrouve dans le visage de cette vieille pauvresse, à droite, un éclair de la beauté détruite, telle que les grands divinateurs savent la reconstituer. Cette jeune fille qui soutient le plateau, attentive aux mouvements de la reine, une écharpe écarlate nouée en ceinture, le geste sobre et l'œil candide, offre un modèle achevé de grâce et de pudeur. Le tableau me paraît tout entier d'un maître ; seulement il laisse notre cœur comme est celui d'Elisabeth : indifférent.

La *Madeleine* de Ribera n'a point de froideurs pareilles. C'est toujours la pénitente; et toujours c'est l'impérissable regret d'une vie passée à mal faire.

La même confusion, le même désespoir inspirait la tête sublime dont je vous parlais l'autre jour. Mais ici, l'expression s'est accentuée de toutes les solennités que lui prête l'ascension vers les cieux.

Car Madeleine n'est plus au désert ; les espaces arides se sont enfuis ; les solitudes sans bornes avec leurs austérités monotones ont disparu sous ses pieds. Elle monte, la rachetée ; un manteau de pourpre a recouvert sa robe dont on voit les trous; ses bras amaigris se lèvent, ses mains pâles qu'elle vient de joindre s'étendent vers la région splendide ; portée au travers de l'azur, elle a laissé notre monde ; le passé, semble-t-il, demeure enfoui sous les ténèbres d'ici-bas; il n'y a plus que le ciel, il n'y a plus que les rayonnements de la grâce divine, la gloire est proche, on en devine les clartés sur ce front qui a retrouvé sa candeur. Oui, les chastetés lui sont revenues, mais pas encore l'oubli. Elle emporte, comme un voile de deuil qui tempère l'éclat du bonheur, elle emporte le souvenir des choses que vit la terre. Sa joie a gardé quelques-unes des tristesses du repentir. Elle aime, et justement parce qu'elle aime, son cœur ne se résout point à quitter la douleur qu'il sent d'avoir offensé Dieu. Plus elle s'avoisine de l'absolue sainteté, plus le mal lui fait horreur. Sauvée, ravie déjà, glorifiée en quelque sorte, les ombres qui vont s'évanouir devant le Soleil éternel couvrent encore son beau visage. Et je trouve en elle, dans ces tristesses mêlées à ces félicités, dans ces larmes que n'ont pas toutes séchées le feu du pardon; je rencontre cette alliance de l'amour avec la justice, des gratuités de la rédemption avec les exigences de la conscience humaine, qui si souvent embarrassa notre esprit.

L'esprit est théologien ; or nulle théologie, Dieu merci, ne sondera jamais les problèmes du ciel. Dieu en a réservé la solution à ce petit objet, misérable et méprisé : le cœur.

Des montagnes se dressaient entre notre intelligence et l'Évangile; une pauvre femme paraît, elle a péché, elle pleure, Jésus l'a rencontrée, sa main l'a relevée ; elle monte tout enveloppée de confusion, portée par les compassions divines, pardonnée, sanctifiée, glorifiée ; et les plis de sa robe blanche nous ont montré le chemin des cieux.

4 mai 186...

Quelque génie des contes arabes aurait en une nuit bâti l'hôtel *Salamanca*, le palais ne serait guères plus merveilleux.

Les portes s'ouvrent sur le Prado ; le parc a son jardin d'hiver et son jardin d'été ; des orchidées balancent leurs grandes ailes dans l'air humide et chaud des serres; la bibliothèque, les salons, la salle à manger, chefs-d'œuvre de goût et de richesse, ont été décorés par deux artistes espagnols. On peut rencontrer ailleurs quelques spécimens d'un luxe pareil ; ce qu'on ne verra point à coup sûr, c'est le *patio* moresque, baigné de lumière, d'un marbre immaculé, avec sa corbeille de fleurs exotiques au centre, et cette galerie aérienne vêtue de majoliques, fermée de glaces d'un seul jet, qui mettent leurs limpidités entre chaque colonne, prenant le jour au plus bleu du ciel.

Mais quoi! nous sommes gens de forêts, vous savez cela, coureurs de montagnes, indignes de ces royales demeures. L'épaisseur des mousses déroulées sous nos sapins nous paraît plus douce au pied qu'un tapis d'Aubusson; les clartés blondes épandues sous les chênes égayent mieux notre cœur que les mille feux des girandoles; nos prés semés de marguerites et d'œillets font pâlir à nos yeux les plus rares jardins; et si beau que soit un palais, de quelque déale poésie que l'aient doté les arts, la vie dans ces murs éblouissants toujours nous paraît le sort d'un prisonnier.

Une telle magnificence d'ailleurs déteint sur les pensées. Les choses, quand elles prennent trop d'éclat, s'imposent à l'âme et la gouvernent; si elles n'en modifient pas l'essence, elles en gênent le mouvement. On se perd soi-même au milieu de tant de richesses. L'individualité s'effarouche des trésors, car elle pressent des dominateurs. Et puis la frivolité fait invasion dans ces lieux splendides; pour déserts soient-ils, le monde les peuple; la solitude a beau les rendre muets, des voix futiles y parlent; je ne sais quelle dissipation en habite le vide, je ne sais quel faste y promène ses ennuis; l'empire des objets extérieurs y pèse d'un faix lourd, les banalités y commandent, et de telles beautés m'épouvantent, car elles masquent les servitudes qui enchaînent toutes les royautés.

Heureusement nous avons les tableaux.

Je fais réparation à Goya; deux portraits de femme plaident ici en sa faveur. L'une très-naïve, très-ignorante, épanouie dans sa belle robe bleue. L'autre vêtue de noir, son ravissant visage vu de face; une tête fine et languissante, avec des yeux de gazelle; un type indou, lumineux et rêveur.

La *Corrida de Toros*, encore par Goya, présente un fouillis de personnages vivants et vrais emportés dans le tourbillon des joies sanglantes.

Sa *Procession*, qui n'est point sans valeur, demeure à l'état d'ébauche, comme tant d'autres toiles du même peintre. On y soupçonne l'intention; il n'y a ni traits ni parti pris; l'on dirait que la maladie de notre temps : l'impuissance, cette absence d'énergie qui empêche l'homme de saisir un sujet, de le terrasser et de lui arracher son dernier mot, atteignait déjà l'artiste du siècle passé.

De telles défaillances n'abordaient pas Zurbaran. Il ne lâchait point ses moines que ceux-ci ne lui eussent tout dit; la règle du silence n'y faisait rien.

Ce *Religieux dominicain* a beau dérober son front sous les plis du capuce, l'ombre peut bien tomber sur ce visage émacié; rien qu'à voir cet homme, on connaît ses douleurs. La pénitence a vaincu, le cœur s'est fermé, l'œil profond ne perçoit plus que le ciel; mais le doute sillonne parfois ces vides espaces balayés de toute tendresse humaine. Car Satan est roi du désert comme il est prince de ce monde, et ni le cilice ni la cendre, pas plus le silence que le tumulte, ne nous débarrasseront de ses coups.

Dans une *Visitation* pleine d'audaces, le maître a jeté cette figure d'ange, splendide, hardiment enveloppée de vêtements sacerdotaux; et sur le visage expressif, tout rayonnant des félicités célestes, il a mis l'incomparable majesté d'un ambassadeur de Jéhova.

Je vous parlais de forêt. Nous l'avons trouvé, le sentier qui va se perdre sous bois. Ruysdael l'a laissé courir parmi les chênes. Une clairière s'est faite ; l'éther, ce grand trou bleu par delà les feuillées, a répandu ses lumières sur notre chemin. Le mystère des fourrés est ici, une fraicheur bocagère en émane; avez-vous senti la bonne odeur des mousses dans cette nuit que font les couverts ?

Et je rêverais tout un jour devant l'autre toile du même homme : une flaque d'eau qu'ombragent de grands arbres. Pas une feuille n'est soulevée, pas un brin d'herbe ne frissonne, nul papillon, nulle mouche aux transparentes ailes ne font fléchir la hampe des joncs. L'embrasement de midi pèse sur la campagne ; mais là, dans ce coin perdu, l'aube a oublié ses rosées ; les branches largement étendues ont retenu quelque chose des obscurités de la nuit ; et la pensée s'assoupit rien qu'à contempler ces verdures et cet apaisement.

Soyez tranquille, Ribera va la réveiller.

Son *Apollon* écorche *Marsyas*. Le berger suspendu, les bras liés aux branches qui se sont relevées, le corps palpitant, les chairs frémissantes, hurle de toutes les forces de son agonie sous le couteau du dieu.

Celui-ci, blond, placide, le vrai dieu païen, le dieu grec sans entrailles, plonge une main céleste dans les viscères de sa victime.

Il procède méthodiquement, selon toutes les règles de l'art; il pèle son homme ainsi qu'on pèlerait un fruit; la peau se rabat en longs plis sur les membres saignants; l'un après l'autre les mystères de l'anatomie se révèlent. Tu as beau te tordre, toi l'humanité déchirée, tu as beau t'épuiser en cris, en supplications, en fureurs, le dieu froidement cruel n'en ira ni plus ni moins vite; il mettra tes artères à nu, puis ton cœur, puis tout ce qui vit et tout ce qui souffre en toi. La mort viendra quand elle pourra, quand elle voudra, ce n'est ni le souci du dieu, ni son affaire; il se venge, sa vengeance le divertit, il la fera durer; qu'as-tu à redire?

Si j'étais meilleur peintre, je vous rendrais l'infernale poésie de cette toile; vraie à faire frissonner, et point de réalisme. Je vous montrerais ces vigueurs d'autant plus impressives qu'elles ne s'emportent pas et qu'on leur sent un maître; je vous décrirais les richesses de cette palette dans leur splendeur intense, avec la puissance du jour, les sombres profondeurs, et cette lumière intime qui semble produire l'éclat au lieu de le recevoir du soleil.

Il était temps de retrouver Murillo.

Sa *Vierge à l'Enfant* nous consolera des boucheries olympiennes.

Le peintre a tout simplement placé devant nous une femme de la campagne; il a noué sur cette tête familière un mouchoir pareil à celui que les paysannes roulent autour de leurs cheveux. Elle est pénétrée de tendresse, cette mère, mais son amour qui ne va pas interroger l'avenir ne pressent rien au delà du jour présent. Elle plaît sans faire rêver. Toute l'émotion naît de son enfant, l'Enfant Jésus, aux yeux candides, au regard *voyant*, qui se presse contre sa mère, possédé d'un prophétique effroi.

Plus loin l'*Assomption de la Vierge*, ce beau corps à demi voilé de cheveux blonds, ces mains croisées sur la poitrine, Marie enlevée tout entière dans un ciel d'or, présente le même caractère ingénu. La fraîcheur de l'âme l'emporte sur la divinité; on sent bien plus les surprises de l'inconnu que l'empreinte des gloires éternelles; les cieux sont moins près de cette créature charmante que la terre n'en est prochaine; elle monte, mais il lui reste à faire du chemin; on dirait quelque vierge de village moissonnée en sa fleur et portée par sa foi dans les jardins du paradis.

L'ampleur du maître a marqué cette autre page : l'*Enfance de Jésus*.

L'enfant embrasse un agneau; il n'y a que cela. Mais ici la candeur, en même temps qu'elle est une franchise, est une condescendance. On saisit le Dieu sous cette puérilité qui contient l'âme céleste, comme un vase de cristal emprisonne le parfum; l'arome subtil s'en échappe, et le sourire si limpide, pourtant si triste, a révélé le roi des cieux qui vient vivre parmi les hommes; et les hommes le tueront.

Je vais vous montrer un autre enfant, un rejeton de la race incrédule et sardonique, un fils de ceux qui crucifièrent, un de ceux dont les pères font souffrir et qui répètent la leçon. Vous le reconnaîtrez à l'arrogance de la tenue; la perversité du regard vous le révélera.

Le mauvais gars se gausse de cette vieille sordide et

décharnée qui mange sa pauvre soupe à l'écart. D'ordinaire un tel rire grimace, ici point : il sort éclatant de la bouche téméraire.

On entend vibrer les notes et sonner les grelots de cette folie méchante : le rire du moqueur. La vieille, tout huée qu'elle soit, reste digne ; sa colère ne connaît point de trivialités ; elle considère l'impie, quelque étincelle des foudres antiques a mis son éclair en cet œil, de telle sorte qu'une scène vulgaire s'élève aux proportions de la beauté lyrique, et que cette chétive aïeule courbée sur son morceau de pain, c'est la royauté de l'âge dans son inviolable grandeur.

Hâtons-nous vers le *Fils prodigue*, une série de chefs-d'œuvre, signés Murillo [1].

Cet homme-ci ne ressemble guère au traditionnel mangeur de carouges. Vous chercheriez en vain dans ces tableaux, vrais jusqu'à l'actualité, le scandale officiel du père de famille, ses grands bras, ses grandes malédictions, ou les pompes surannées du festin des viveurs ; vous ne les trouveriez pas plus que vous ne rencontrerez le repentir tantôt congelé, tantôt théâtral du fils pervers.

Voyez ce départ. Une simple maison, comme la vôtre et comme la mienne, s'élève dans un coin ; le jeune homme s'est campé sur son cheval ; il a résolûment, d'un geste qui sent la prise de l'indépendance, jeté son manteau sur ses épaules. Le père se tient debout au seuil ; nul courroux, la dignité ne le permet pas ; d'ailleurs son fils a rigoureusement le droit de faire ce qu'il fait. On devine la douleur, mais l'âme est la plus forte. Grave, blessé de

[1] Le dernier tableau de cette collection : *le Retour*, appartient à la galerie du pape.

cette parole aiguë : Donne-moi mon bien! qui vient de trancher au vif les affections, mettant deux intérêts, deux hommes, deux vies où il n'y avait qu'une tendresse, le père regarde. Il prononce l'adieu : triste, sans que sa voix tremble; ferme, car il voit plus loin; il voit le dur servage, il entend les sanglots, et connaissant bien qu'une telle âme veut être forgée, il ne retient pas plus le fugitif qu'il n'a retenu l'argent.

La mère laisse échapper des larmes; elle se fie en la sagesse de son époux, elle a foi dans l'amour du père; cependant, ni soumission, ni fiance n'empêchent son cœur de saigner. Les mauvais plaisirs de ce fils qui fuit loin d'elle, la pénurie, la faim, la soif qui le saisiront, elle a tout compris et tout l'a déchirée.

Mais voici peut-être le trait le plus génial du tableau : c'est la figure du fils aîné.

Roide et tendu sous le masque de fer que lui impose le respect humain, ses yeux ne parviennent pas à retenir une explosion de joie. Enfin, celui-ci s'en va! enfin on cessera d'entendre les éclats de cette voix agaçante; enfin le père et la mère s'apercevront qu'ils avaient un autre fils. Ce mangeur et ce buveur, un scandale pour la famille; qui dépensait tout et n'amassait rien; qui ne savait que rire quand les autres fatiguaient; ce jongleur qui fascinait la vieillesse, qui séduisait les jeunes; ce viveur qui remplissait la maison du bruit de ses gaietés inutiles, il part! Lui-même l'a voulu. Par là il a bien montré ce qu'il était. Le père et la mère, ces aveugles, peuvent s'en convaincre à cette heure. Il faut bien qu'ils connaissent leur favori!

Et cet aîné, qui contient à deux mains les palpitations d'une mauvaise allégresse, ce frère n'est point un Caïn; sa jalousie mérite plus la pitié que l'indignation; il ne prétend ni en détruire ni même en chasser l'objet. Son âme n'a pas de haine, elle a de l'impatience; c'est une âme ennuyée; les austérités de sa vie lui ont laissé quelque aigreur; un faix l'oppresse, le faix des rigueurs qu'imposa sa conscience, plus fière peut-être que touchée, aux élans juvéniles de son cœur. Longtemps courbée sous le joug du devoir, sa tête a fléchi; le joug lui reste lourd et malaisé, parce que les générosités de l'amour ne l'ont point élargi, parce que les vraies obéissances ne l'ont point allégé. Celui-ci va saisir, enfin, quelque chose de cette liberté que possédait l'autre. Son tour d'être maître est venu; tout au moins d'être seul. Sincère à défaut de tendresse, il se tait: trop bien né pour ne point sentir quelque confusion aux tressaillements de l'égoïsme, trop loyal pour tromper les autres et soi-même aux menteuses apparences de la douleur.

La *Mauvaise Vie*, qui vient après, nous racontera les dégoûts de quiconque n'a rien refusé ni à son caprice, ni à sa chair. Nul fracas. Murillo dédaigne d'appeler à son secours la magie des fêtes ou les ardeurs du vice. Il va chercher plus haut ses émotions. A côté du débauché, le peintre a mis une jeune femme, gracieuse sans effronterie, séduisant visage dont la douceur parle encore plus d'entraînement que de corruption. A gauche, un jeune homme joue de la mandoline; tête mélancolique, au regard vague; perdu, semble-t-il, en ces profondeurs ténébreuses qu'habite la pensée sitôt que le cœur a failli. Une chanseuse posée de profil, les traits délicats, le sourire pâle et fatigué, donne au concert sa note navrée. On sent dans ces âmes éperdues de folles amours, la protestation de l'hôte divin; il pleure sous la gaieté. Dans cet oubli de tout, une mémoire persiste; le rire ne saurait l'effacer, ni les enivrements, ni la révolte : l'homme se ressouvient qu'il était fils de Dieu.

Quelques pas encore.

Ici le drame s'est fait comédie. La vérité ne montre plus qu'une face bourgeoise. Les belles amoureuses sont devenues des mégères qui chassent à coups de trique l'amant dépenaillé. Répugnant et méconnaissable, il n'a pas même su garder les noblesses du sang. Le chien lui aboie aux talons. Un abominable petit homme lui envoie par la fenêtre quelque dernière injure. Abject, infime, les méprisés même en font leur jouet. Et si le sourire effleure nos lèvres, si la couleur nous ravit, si l'énergie satisfait notre conscience, nous regrettons pourtant l'idéal évanoui.

Venez. Cette toile nous le rendra.

Voici le gardien des pourceaux. Agenouillé près d'une masure qui n'a rien de commun, Dieu merci, avec les temples prétentieux que la tradition ménageait à son repentir, le pécheur s'est laissé tomber sur terre. L'effondrement des vieux murs, la nature chiche et délabrée, le jour lamentable, ces porcs qui vont fouillant du groin le sol infertile, tout sent la misère.

Il est là, ce fils insensé ; il repasse en son cœur les actes de sa démence; il revoit la maison paternelle ; il entend les chansons des jeunes vierges alors qu'elles rentraient le soir, leurs bras pleins de gerbées. Les travailleurs reviennent fatigués, une bonne lassitude, et contents ; la mère a dressé les tables ; le père, grave, tend sa main au fils aîné; tout va bien, tout prospère; une harmonie, celle de l'ordre et des sains travaux, monte doucement de cette demeure; rien qu'à considérer cela, il semble qu'on respire la paix.

Quelques reflets de ces tranquilles clartés sont descendues, on le dirait, sur le visage de l'homme prosterné au désert : Je me lèverai, je m'en irai vers mon père, je lui dirai : J'ai péché contre le ciel et contre toi. Déjà le front s'est relevé, les yeux ont affermi leur regard. Ne leur demandez pas les pleurs de la Madeleine; ils n'expriment ni le désespoir de la vie honteuse, ni les délicatesses d'un amour qui ne parvient pas à se consoler de ses trahisons.

Une tout autre pensée anime celui-ci. Moins touchante et moins humble, elle est plus virile ; elle se compose moins de regrets que de décision. Le repentir des hommes s'arrête mal volontiers aux remords ; leur esprit ne s'y plaît point. Nos âmes, à nous autres femmes, trouvent je ne sais quel mélancolique attrait à la contemplation du péché; eux, n'y rencontrent que de l'ennui. Sentir, c'est agir ; une réflexion, ce serait un retard ; il n'en faut point. Cet homme a regardé ses souillures, il a vu sa pénurie ; il a eu faim, il a eu soif, la soif et la faim d'une bonne vie ; chez son père les fontaines coulent, les meules broient le froment, là-bas on l'aimait, il ira. Nulle hésitation, pas un retour ; le voilà debout. Et sur son visage qu'éclaire la résolution, le pardon du père a mis un sceau royal.

Dieu vient au-devant des forts.

Le soir.

Deux mots avant de quitter Madrid.

Chaque soir nous buvons la *chufa*[1], et chaque soir nous causons avec des Espagnols, gens de savoir et de cœur.

[1] Espèce d'orgeat qu'on obtient en écrasant les bulbes d'un carex de ce nom.

J'en reste à ma première impression. Ce peuple énergique mais patient, qui garde quelques vestiges des lenteurs et peut-être des insouciances orientales, mérite qu'on espère beaucoup de lui.

Tant de révolutions pour de si minces résultats l'ont fatigué. En trompant sa foi, les mouvements populaires ont blasé son espérance. Il laisse venir les libertés que nous prendrions. Les avons-nous si bien prises d'ailleurs, qu'elles nous demeurent fidèles?

Lui, moins prompt à s'en emparer, les tiendra d'une main plus sûre.

Quand ses retards nous irritent et que ses vains essais nous impatientent, nous ne faisons la part ni de sa gravité native, ni de cette faculté qu'il possède et que nous n'avons pas, de savoir attendre.

Notre précipitation, tout ce bruit que font nos idées, les éclats de voix par où notre ténacité s'échappe, plus d'une fois ont amené sur les lèvres espagnoles ce fin sourire, pli légèrement dédaigneux, que j'ai surpris aux bouches musulmanes, alors que nos races parleuses, batailleuses et bougillantes mettaient leur effervescence à côté de la paix des fils du désert.

L'Espagne a conquis la liberté de croire ce qu'elle croit, ce n'est point assez. Il lui faut la liberté d'agir comme elle pense [1].

Je m'étonne par moments, moi aussi, que ces preux qui chassèrent les Maures, que ces patriotes qui refoulèrent les armées agressives de Napoléon, que ces citoyens qui surent défendre l'intégrité du sol natal, ne supportant

[1] Un Espagnol peut délaisser l'Église, mais sans l'autorisation de l'Église il ne sera ni baptisé, ni marié, ni enterré.

aucun maître ; que ces hommes-là se soient laissé prendre le ciel, la patrie de l'âme, et ravir le droit de pratiquer selon leur conviction.

Plus d'un s'est affranchi, je le sais. Les bourreaux de Séville, ceux de Valladolid, les bûchers qu'allumait la Sainte-Hermandad, les rois *très-fidèles* qui allaient voir grésiller leurs sujets en sont témoins. Le sang espagnol a largement coulé. Naguère encore c'étaient bien des Espagnols qui du fond des prisons de la Reine faisaient effort vers l'indépendance. Leurs mains à travers les barreaux ont frôlé la liberté, ils en ont touché les ailes. Soyez tranquille, la liberté reviendra. Elle ne sait point résister à qui ne craint pas de souffrir pour elle [1].

Au surplus, les palpitations de l'indépendance remuent le sol.

Que de fois, en déchiffrant sur nos passe-ports ces mots : *République helvétique*, les agents même du pouvoir ne les ont-ils point répétés avec une sorte d'enchantement ! Alors il fallait leur donner mille détails sur la Suisse, sur ce pays vraiment heureux parce qu'il est vraiment libre, où chacun, sauf de rares et tristes exceptions, reste maître de choisir son culte comme il demeure responsable de sa foi.

Revenons au peuple. La noblesse du sang se reconnaît à cette courtoisie universelle qui, d'un bout à l'autre du royaume, relie entre elles toutes les classes de la société. Le supérieur use envers l'inférieur d'un respect qui sauvegarde la dignité humaine, non sans indiquer la distance ;

[1] Je n'ai pas changé un mot à ces pages, écrites avant la révolution.

l'inférieur à son tour n'oublie point quel espace le sépare des rangs supérieurs ; toutefois il ne faut pas que l'hidalgo s'en souvienne trop bien ; l'homme du peuple, soudain redressé, lui ferait voir que sur la terre d'Espagne tout Espagnol est *sangre d'azul*.

Nulle vénalité, par là se marque encore la noblesse. Quand vous offrez quelque étrenne au gardien des palais ou des musées, il accepte le don comme une courtoisie de bon goût ; c'est de gentilhomme à gentilhomme. Votre main reste-t-elle fermée, aucune demande indiscrète ne viendra signaler l'oubli.

Ceux qui connaissent mieux que moi la nation, la disent indolente ; moins par langueur que par mépris du progrès. Une sorte d'orgueil, affirme-t-on, l'enchaîne au *statu quo*. Elle ne saurait rien imaginer au delà de ce qu'elle est ; ce que tiennent de plus les autres peuples lui paraît indigne de ses désirs ; nos efforts qui l'amusent lui semblent de l'agitation ; nos élans vers le mieux, une inquiétude d'esprits malades ; elle nous examine et nous déclare peu sages ; à l'en croire, nous avons la fièvre ; c'est elle qui se porte bien.

Tout dans cet arrêt n'appartient pas à l'orgueil castillan. Permettez-moi d'y reconnaître quelques traits du génie oriental.

Les effluves qui montent du désert, mollement poussés par un souffle africain, se sont abattus sur la terre d'Espagne. Ils apportent avec eux la philosophie passive, les contemplations muettes, l'indifférence aux vicissitudes humaines. L'Arabe, immobile dans son éternelle solitude, voit passer les siècles d'une âme égale. L'Espagnol, oublié dans sa péninsule, regarde les peuples se heurter, les idées se contredire, le flux apporter ce que le reflux emporte, et son esprit reste froid.

Je ne suis point engouée. Ma réflexion encore plus que mon instinct rend un bon témoignage à ce peuple hautain et vaillant. S'il en prenait la peine, tout autant qu'un autre il exercerait des séductions. Dès qu'on pénètre dans l'intimité de l'Espagnol, sa bonté grave trouve le chemin du cœur. Mais comme la nation reste contenue, comme le dédain qu'elle sent pour les faciles et charmantes expansions italiennes la laisse un peu gourmée; comme la très-grande opinion qu'elle conserve de soi lui communique quelque roideur; c'est bien à son propre mérite qu'elle doit l'estime où on la tient.

J'en espère tout, je le redis encore; non par entraînement, mais par l'estime que m'inspire son bon sens, par les gages qu'a donnés son héroïsme, par la foi que je mets dans les prières de ses amis, par ses douleurs passées, par son sang répandu; plus encore peut-être par la soif d'indépendance qui doit consumer ses entrailles.

Dieu aidant, et les Espagnols aussi, qu'ils s'en souviennent; nous verrons la liberté resplendir sur Madrid.

6 mai 186...

Nous avons quitté la capitale de l'Ibérie. Cette ville, la plus élevée de l'Europe, est bâtie comme vous le savez à deux mille pieds au-dessus de la mer. On s'aperçoit de l'altitude aux caprices de l'atmosphère; tantôt on gêle, tantôt on brûle; et le plateau, que nous franchissions hier pour arriver à l'Escurial où nous voici, complète les austérités de l'impression.

Ce sol aride a sa beauté ; je n'en crains pas les sauvages étendues; elles font vibrer toutes les fibres de mon cœur amoureux de liberté.

Hé bien donc, hier soir, le train nous emportait à travers les guérets couverts de jeunes froments; quelque village montrait de loin en loin ses maisons blanches. Peu d'arbres, parfois des buissons; toison verte et courte qui verdissait par places.

Les lignes rabattues au sol ne remontent nulle part. Cela produit une sensation de grandeur; l'espace immense, ras à l'œil, destitué de toutes les grâces de la végétation, rappelle la nudité des derniers sommets. Pas un vivant, pas une métairie n'en égayent les égalités mornes. C'est tout au plus si quelque troupeau de mérinos, arrivant du fond des perspectives, s'égrène le long des chemins; et sur ces plans uniformes, l'âne qui s'en vient chargé de ses outres prend les monumentales proportions d'un chameau.

Plus on s'éloigne de Madrid, plus le terrain se fait pauvre. Bientôt il se parsème de roches granitiques et se déchire en gorges rudement coupées. Cette fois le désert est le maître. On dirait la croupe désolée d'un de ces vastes soulèvements qui bosselèrent jadis l'écorce de notre globe. Des pins rabougris s'accrochent aux anfractuosités du roc ; quelque ciste abrite dans un creux ménagé des tempêtes ses rameaux chargés d'étoiles blanches ; c'est le seul sourire de ces tristes lieux; à peine si l'on rencontre une masure décrépite; le steppe se bouleverse par moments en un chaos de blocs énormes, jetés tels quels dans le désordre de la création. Puis l'espace reprend ses monotonies; l'étendue qui se déploie avec ses efflorescences de granits bleus étale sa flore vivace, gros genêts d'or, lavandes violettes, camomilles à foison, et cette indépendance de toutes choses nous met l'âme en fête.

Tous réunis nous sommes heureux. Au sein des villes on se côtoie, on ne se rencontre guère; les impressions s'échangent d'un regard, le cœur se tait. Trop de curiosités s'éveillent, trop de pensées jaillissent au contact des chefs-d'œuvre pour que l'amitié même s'échappe en paroles; on ne s'est point quitté, mais on ne s'est pas abordé; et si tout à coup le silence des objets extérieurs, un bout de route solitaire, que sais-je, le hasard d'un même wagon remet les âmes en contact, elles ont à se trouver ce plaisir tout frais et ces jeunes surprises que donnent à notre cœur les premiers jets de l'affection.

Ne vous étonnez donc pas que le bruit des castagnettes retentisse par ces déserts. Leur trille mordant accentue les syncopes de la locomotive; la chanson espagnole, la chanson moresque tantôt scandée d'un coup sec, tantôt accompagnée d'un frémissement limpide et doux, se déroule selon que glisse le train et va courir sur les bruyères.

Là-bas une chaîne de montagnes a fermé l'horizon; ses déclivités lavées d'un bleu d'indigo bornent la plaine; les crêtes s'enfoncent sous les brumes; c'est la Sierra de Guadarrama : l'Escurial en a souligné les bases d'un trait blanc.

Le village, à mesure qu'on avance, glisse derrière les chênes qui commencent de verdir; les ombres se sont abaissées; pourtant on discerne encore la masse imposante du palais, assise au milieu des prairies. Une allée de peupliers monte vers la cour d'honneur, une modeste posada s'élève vis-à-vis; nous voilà casés.

Toute la nuit les guitares se sont promenées; elles seules nous parlent encore d'Espagne. Ce bourg de montagne, ces froides haleines, les brouillards qui traînent, le vert cru des prés, les courants d'eau vive et la pluie à torrents nous feraient croire qu'une fée maligne nous a transportés dans quelque sombre vallée du Jura, si les notes de la mandoline et ces mots: *Par-a-guas!* lamentable cri que va répétant un brave homme, le dos courbé sous sa charge de parapluies, ne venaient nous dire que le royaume des Castilles se prolonge à perte de vue devant nous.

Il faut voir des plateaux inférieurs le pâté de maçonnerie (en vérité je ne puis dire le palais), que Philippe II planta dans l'herbe et qu'il adossa contre ce versant du Guadarrama, pour en comprendre l'unité. Alors on a devant les yeux un front de caserne, large, épais, lourd, et l'on soupçonne derrière ce prodigieux massif qui représente le gril de saint Laurent. C'est énorme, et c'est ennuyeux.

Quelques personnes, étonnées d'un si pauvre aspect, s'irritent de ne trouver à ce gros monument ni grandeur, ni majesté, ni même les lugubres tristesses qu'avait rêvées leur imagination.

En dépit des proportions colossales, l'étroit cerveau du monarque a mis partout son sceau mesquin. Rien n'est terrible, tout semble médiocre. Une conception gauche, une laideur ordinaire, un résultat matériellement considérable, artistiquement nul, telle se présente la création de Philippe II.

Elle me satisfait; je ne l'imaginais pas différente, je ne la voudrais pas autrement. L'œuvre se mesure aux dimensions bornées de cet esprit court. Elle s'harmonie aux banalités de ce caractère qui fut atroce, sans aucun des élans par où se marque la virilité, sans un seul des emportements par où s'échappe le cœur ; elle s'accorde avec cette intelligence pleine d'astuce et dépourvue du vrai sens politique, qui sut bien lancer des flottes à travers l'Océan et pousser des armées au plus mauvais des aventures, mais qui laissa vide le trésor et la gloire du pays diminuée. L'Escurial est fait à l'image de son maître. Plus franchement féroce, l'âme du monarque eût gagné quelque relief; plus sourcilleux et plus rigide, le monument eût pris quelque majesté; une apparente modération les vulgarise l'un comme l'autre. A distance, le roi grandit de tout l'effroi qu'inspire son règne; le palais en fait autant. De près, la construction aussi bien que le despote se rabat, se ternit, s'embrouille: et pour m'en tenir au monument, on ne saisit plus dès qu'on y pénètre qu'un dédale de murailles, de cours, de défilés sous terre ou dessus, le tout formant un amas monotone, sans ampleur comme sans beauté.

Au fort de la bataille de Saint-Quentin, Philippe II en conçut l'idée. Il avait logé son courage entre deux confesseurs; promettant à l'Église maintes fondations pieuses si l'Église lui donnait la victoire, mais pensant bien qu'en tout cas il ne se battrait plus. Aussi Bragance de s'écrier: « Pour avoir fait si grand vœu, il faut avoir eu grande peur. »

Dans la pensée de Philippe II, l'Escurial devait être un couvent: il le fut. Le palais proprement dit, qui regarde le despoblado, ne donne au monastère qu'une insignifiante adjonction.

Jean de Tolède commença l'édifice que termina son élève Herrera.

Le bâtiment achevé, Philippe II s'y blottit et n'en bougea plus. Il y expira en septembre 1598, après avoir vécu quatorze années derrière ces murailles, à demi roi, moine à demi, pâle effigie de son père Charles-Quint, et se vantant, caché dans le fond de sa tanière (disons ramassé au centre de sa toile) : de gouverner la moitié du monde avec un pouce de papier.

A l'heure qu'il est, deux cents séminaristes ont pris la place des religieux[1].

Vous avez l'aspect, entrons.

Un tunnel, bâti par Charles III pour franchir à pied sec la distance qui sépare le palais du couvent (il pleuvait, paraît-il, alors comme aujourd'hui), nous mène au centre de l'édifice.

Les cours intérieures s'entourent de cloîtres aux arcs pesants ; quelques vieilles peintures en décorent les galeries.

Je vous l'avoue, en ces lieux qui ont gardé la contrainte avec l'ennui monastique, les fresques naïves nous ont longtemps retenus. Leur ton criard, la maladroite candeur des images, ces naïvetés à tout rompre, forment un contraste piquant avec l'impénétrable mystère des pensées que promenait ici le monarque. Les souvenirs lugubres qui écrasent cette atmosphère chargée de miasmes despotiques et de langueurs conventuelles en sont atténués. Que vous dirai-je, on y voit des gloires nationales barbouillées à tire de pinceau. Les généraux, plantés à cheval sur quel-

[1] Les monastères, on le sait, sont abolis en Espagne.

que taupinière, mènent de formidables batailles ; la flotte hollandaise glisse entre deux carreaux d'épinards ; les quatre escadres de Lépante, voiles au vent, semblent quatre plats de cornets à la crème délicatement posés sur une mer d'amidon. Plus loin les autans soufflent d'un tel courage qu'ils ont renversé Neptune trident et jambes en l'air. Ces galères, dressées sur deux rangs jusqu'au ciel, se bombardent à bout portant sans qu'une vergue en soit dérangée. Voici les Turcs captifs ramenés à Messine par leurs vainqueurs espagnols; plus de panaches que n'en pourraient fournir les selleries de la Reine, et des averses torrentielles, si bien que les ondes mêmes, dit la légende, sont effrayées d'un tel triomphe, et que :

> El aire otro mar nuevo parecia
> Con las nubas que mares derramaban [1] !

En attendant, nos cataractes vont leur train. Versées par les gargouilles, elles rejaillissent sur le pavé, s'élargissent en nappes, s'arrondissent en mares, un déluge ; habituel, paraît-il, car sitôt qu'une ruelle transforme la cascade en ruisseau, quelque pont volant posé sur roulettes assure le passage des promeneurs.

Salles et cours, cloîtres et corridors sont derrière nous. L'église nous a ouvert ses portes de bronze.

Ici, tout à coup, la pensée royale fait effraction vers les cieux ; elle s'agrandit, elle s'ennoblit ; elle a creusé la nef immense, elle y a campé des piliers qui sont des géants, elle a lancé dans les airs ce dôme que la foi semble y tenir

[1] Les nuages répandaient une telle quantité d'eau, que l'air même semblait être une seconde mer.

suspendu. C'est elle qui a levé les murs prodigieux dont la nudité force la conscience de se replier sur soi. Elle a banni les ornements, ne souffrant que l'austérité du dessin. Le temple tout entier paraît taillé dans une montagne de granit ; il en a gardé le bleu sombre; un jour rare lui arrive de haut. Et comme l'ensemble de l'Escurial par sa gaucherie massive, par sa mesquinerie sous la prétention, rappelait toutes les médiocrités du caractère de Philippe II, l'église en représente la seule face grandiose : le besoin de Dieu, l'aspiration vers le ciel. Ce dieu n'est pas celui de l'Evangile, je l'accorde ; ce ciel ressemble à l'enfer, je le veux; quelque chose pourtant jaillit du sol à l'empyrée, cherche l'éternité, la subit peut-être, en a peur c'est possible, mais c'est de la foi ; et partout où vit la foi, l'âme fait sauter sa gangue et l'homme prend sa grandeur.

Je lui trouve, à cette église, sobre, dure, froide, plus farouche qu'une forteresse, je lui surprends d'étonnantes analogies avec le pays, avec le peuple, avec le temps qui la vit bâtir et qui conservait encore quelques-unes des majestés du règne de Charles-Quint.

Il me semble que Philippe II, vêtu de noir, pâle, son haut bonnet en tête, sans autre parure que la Toison d'or au cou, pareil au portrait que nous a légué Coello, s'avance rêveur, impénétrable : passions, haines et vengeances accroupies au fond d'un cœur dont jamais le sang ne vint colorer cette face blême. Sa cour le suit, taciturne comme le maître, exacte aux prières, doucereuse, bigote et débauchée. Et nul ne saurait apercevoir, tant est correcte la démarche, modeste la tenue, mesuré le pas, nul ne saurait discerner cette phalange des vices qui ferme le cortége, laissant après ces hommes-là une traînée de boue et un fleuve de sang.

Sur l'autel de la Capilla major se dresse le rétable, encadré de colonnes rougeâtres, avec des peintures attaquées dans un ton sourd. Des statues de bronze, mains jointes et couvertes de manteaux traînants, se tiennent agenouillées des deux côtés : à droite, Charles-Quint et sa famille; à gauche, Philippe II et les siens. Les siens! il lui appartenaient, en effet, par le martyre encore plus que par la race. Sa paternité de tigre les a pieusement rangés derrière sa dévotion.

Sur la voûte, les fresques de Luca Giordano, fraîches comme au premier jour, mettent quelques rayons.

Nous avons traversé la sacristie où vient aboutir une galerie intérieure (ici tout est défilé), non sans nous arrêter devant l'œuvre de Ribera, un Christ dont la tête défaillante qu'a soulevée l'effort du pardon, bénit les meurtriers pour retomber après dans la suprême abdication de la mort. Nous avons considéré les miniatures étonnantes que brodaient les moines du bon temps sur leurs vêtements sacerdotaux. La palette la plus exquise n'offre pas des nuances mieux fondues, le pinceau le plus habile ne forme pas des traits si délicats. Ces soies, dont la ténuité rappelle quelque fil de la Vierge flottant le soir au gré d'un souffle, l'ennui des religieux les a durant des siècles promenées sur le satin et sur le brocart. Une aiguille aux mains d'un homme, de telles énergies condamnées à de telles puérilités : le cœur en reste meurtri et la conscience indignée.

Mais nous voici devant le Panthéon. *Panthéon* est le nom vrai du Campo Santo royal. Le *Podridero*, que je vous indiquerai tout à l'heure, ne reçoit pas les têtes couronnées; nul visiteur n'en franchit le seuil.

On descend au Panthéon par un escalier de marbre, pris entre deux parois de marbre, sous une voûte de marbre. Ni jour, ni fenêtres, ni ciel. Tout ce marbre, obscur, poli, éclairé par nos flambeaux, ruisselle en une lumière qui ressemble à des torrents. Le caveau, du sol au faîte revêtu de marbre, taillé en rotonde, secret, silencieux, plus triste que la mort et plus dénué qu'elle sous son luxe sinistre, reçoit dans les panneaux de gauche les sarcophages des rois; les cénotaphes des reines qui ont donné des héritiers au trône prennent place dans le panneau de droite; les infants avec les souveraines sans postérité vont s'entasser au Podridero, dont la porte murée se dresse derrière nous en un sombre retour du couloir.

Quelques tombeaux vides attendent leur hôte : celui de Christine, au milieu des reines; celui d'Isabelle parmi les rois; cinq autres, destinés aux monarques futurs.

Le corps de Charles-Quint repose dans son lit funèbre, à gauche de l'autel; au-dessous, Philippe II attend la résurrection. Hélas! quand la figure de son fils don Carlos, enfouie aux profondeurs du Podridero, se lèvera toute pâle; quand le sépulcre rendra son fils à ce père-là; quand le cri suprême de l'infortuné : Je ne suis pas fou, mais vous me poussez au désespoir! retentira sous ces voûtes muettes; que se passera-t-il au fond de cette conscience tortue, soudain redressée par l'éclat des saintetés de Dieu!

L'impression est solennelle, vous pouvez m'en croire. On n'effleure point du regard ce couvercle abattu sur la poussière qui fut Charles-Quint, sans qu'une émotion fasse tressaillir le cœur; on ne considère pas cette dernière demeure de Philippe II, étroite et qui garde le silence, sans que la pensée du jugement définitif y rencontre une plus terrible signification.

Quoi qu'il en soit, la porte scellée dans l'ombre, ce Podridero où gisent les restes de don Carlos; où la reine Isabelle, la douce fiancée que destinait au prince sa jeunesse, que Philippe II lui ravit, fut déposée dans sa fleur et dans le mystère de ses souffrances; ce mur fruste en dit bien plus; et ce qu'on n'aperçoit point saisit mieux que ce qu'on voit.

Philippe IV, un mélancolique, fit en 1654 ouvrir les cercueils. Son règne, en dépit d'Olivarès, premier ministre et roi de fait, était triste; le monarque avait perdu la Hollande; les jours glorieux où Spinola recevait d'une si courtoise façon le vaincu de Breda s'étaient effacés. Je crois que Philippe IV venait demander à la contemplation de ce néant que nous sommes quelque soulagement pour son ennui. On descella sous ses yeux le sarcophage de son aïeul. Charles-Quint, toujours empereur et toujours digne, parut étendu sur la couche froide, *sain et bien conservé.* Philippe IV fut-il consolé de l'amoindrissement de son empire; l'histoire ne le dit pas.

Plus tard, Charles II, le triste fils de Philippe IV, pâle rejeton qui devait voir finir la race des rois autrichiens d'Espagne, grand chasseur et grand solitaire, malingre, hanté du diable, exorcisé par les moines, et qui ne s'en portait pas mieux; une âme débile logée dans un corps infirme, sous une face étrange (voyez le menton démesuré du portrait); Charles II vint à son tour interroger les tombeaux. Il fallait à ces royaux ennuyés l'émotion du bûcher ou le mystère des sépulcres. Ils n'étaient à l'aise, et pour ainsi dire familiers, qu'avec la mort. Elle seule avait le pouvoir de les divertir.

Charles II fit donc ouvrir le sarcophage de sa mère, et respectueusement lui baisa les mains. Puis on souleva la pierre qui recouvrait Marie-Louise, la fille d'Henriette de France, la sœur de Charles Ier d'Angleterre, première femme et bien-aimée du monarque espagnol. Alors lui, pâmé sur le cercueil : *Mi reyna! mi reyna!* murmurait-il; et dans ce gémissement qu'exhale un pauvre cœur à bout de vie, à bout de larmes, je reconnais le petit-fils de Jeanne la Folle et je retrouve un lambeau de fibre humaine. Ce sanglot m'a fait du bien, il a délivré mon âme qu'étouffait tout ce marbre et que glaçaient toutes ces rigidités.

Revenons à la lumière. L'escalier d'honneur, au centre du palais, monte par des marches de granit, taillées d'un seul bloc, vers les fresques de Luca Giordano. Toujours Philippe II, toujours Charles-Quint; le roi, vêtu d'un manteau noir, reçoit les hommages de ses courtisans; l'Empereur à cheval passe en revue ses armées.

D'énormes perspectives d'arceaux ténébreux et de chapelles latérales nous ont conduits au chœur supérieur.

Là des livres de messes monumentaux, enrichis d'enluminures dans toute la grâce de leurs séraphins aux ailes d'azur, dans tout le caprice de leurs fleurs et de leurs oiseaux du paradis, posent sur de gigantesques lutrins. Les stalles laissent reluire sous un jour plus clair la finesse de leurs ciselures; devant chaque placet, quelque morceau de liége étalé sur les dalles protége les chanoines contre la froidure du pavé. Les orgues à perte de vue dressent leurs jets qui font penser aux trompettes des anges, lorsque retentira le cri qu'entendront les morts.

Dans un angle obscur, à gauche, cette stalle dont les accoudoirs sont usés, abrita quatorze ans Philippe II. Pendant quatorze années, longeant le couloir qui menait de ses appartements au chœur, faisant glisser cette porte soigneusement dissimulée, le monarque vint s'asseoir ici, dévot et méditatif. Il y roula ses pensées; il y apprit la victoire de Lépante, que lui gâta le triomphe de son frère don Juan; il y prépara ses auto-da-fé dont nulle rivalité jalouse n'altéra jamais la saveur.

Un Christ de Benvenuto, statue du plus pur carrare, offerte par Cosme de Médicis, et que Philippe II fit transporter sur dos d'homme de Barcelone à l'Escurial, se dérobe dans les ombres de ce réduit écarté. Gémissante, douloureuse, les bigotes atrocités de son disciple royal ont fait fléchir cette tête, semble-t-il, et mis une confusion de plus sur ce front navré. Voulez-vous en sonder la tristesse, voulez-vous comprendre le fait de nos méchancetés, voulez-vous saisir l'amour plus fort que nos vices, et l'appel de la charité plus opiniâtre que la mort; enfoncez-vous dans les obscurités de cette retraite, contemplez le profil éclairé des rouges lueurs du flambeau; les lèvres de marbre s'ouvriront alors et vous entendrez les mots divins : Père, pardonne-leur, car ils ne savent ce qu'ils font.

Vous promènerai-je à travers les bibliothèques ? La première, qui aligne ses livres à l'étage supérieur, magnifiquement ornée, renferme quelques bons portraits de Pantoja. Ici, comme partout, au surplus, on a pris les chefs-d'œuvre pour en doter le musée de Madrid. Les volumes, par le fait d'une disposition bizarre, se présentent de tranche et non de dos; un numéro d'ordre aide à les reconnaître. La richesse des boiseries ne manque point, ni les métaux précieux.

Délaissée et lamentable, la bibliothèque du rez-de-chaussée, nue et qui sent le moisi, contient des trésors. Six mille manuscrits du Koran y sont enfouis sous la poussière.

Ne vous étonnez point dès lors qu'une excommunication papale, gravée au chambranle de la porte, foudroie sans pitié les voleurs. Elle fait involontairement penser à cette parole de l'Evangile : Ayant enlevé la clef de la science, vous-mêmes n'êtes point entrés, et vous avez empêché ceux qui entraient.

Faut-il vous montrer les appartements royaux! Ceux des temps modernes sont jolis, coquets même ; on y trouve des Goya frais et vifs. Les plaisirs de la villégiature : jeux et ris sur les bords d'un Mançanarès idéal où l'eau coule à flots, promenades sous des bosquets verdoyants, corridas de toros, manolas agaçantes, torréadors vainqueurs, égayent les parois. Des incrustations d'acier et d'or garnissent les serrures damasquinées ; les lambris se composent de bois précieux ; beaucoup de simplicité jointe à l'élégance d'un luxe intelligent font de cette aile du palais un séjour enchanteur.

Les salles occupées par Philippe II se débrouillent mal au milieu du chaos que chaque siècle remanie à son gré. Ces appartements ont-ils reçu quelque destination nouvelle, les règnes postérieurs en ont-ils détruit le caractère ? je ne sais.

Toutefois un vestige reste, bien authentique : la cellule où Philippe II vécut et mourut.

La voici, au ras du parvis, contiguë à la nef. Le lit s'enfonçait dans cette alcôve ténébreuse ; un volet s'ouvrait sur le grand autel, de manière à ce que Philippe II pût y voir célébrer les offices. L'alcôve prend jour sur le cabinet de travail, le cabinet reçoit la lumière du corridor voûté : une caverne.

Elle est demeurée telle que la parcourut, pour la dernière fois, le suprême regard du moribond. Un casier, le même, étage ses tiroirs contre le mur [1]. Deux tabourets en cuir, l'un, celui de Charles-Quint, l'autre, celui d'Antonio Perez, ce favori de Philippe II, traqué comme une bête fauve dès qu'il eut cessé de plaire, scélérat que les crimes de son maître ont en quelque sorte innocenté, gibier de potence si résolu de vivre et qui vécut, dépenaillés tous deux, se regardent l'un l'autre. La chaise pliante où Philippe II vieilli posait sa jambe goutteuse, ce siége dont le velours éraillé conserve l'empreinte du poids royal et podagre, achève tout le mobilier du réduit.

Contre les parois on voit quelques toiles : les *Sept péchés capitaux*, le *Martyre de saint Laurent*, une *Ascension*.

C'est donc ici, au fond de son antre obscur et froid, que souffrant, usé, déçu de la vie, épouvanté du trépas, cet homme essayait, à force de macérations (et ce logis misérable en était une), de conjurer les colères de Dieu.

Il y devint de plus en plus sombre. La solitude avec une âme pareille à la sienne, les ténèbres avec des souvenirs comme il en avait, expliquent sa tristesse et donnent le mot de son silence. Il ne riait point. Jadis, en apprenant le massacre de la Saint-Barthélemi, une explosion de gaieté franche avait secoué son impassible visage ; ce fut la dernière ; ce rire-là termina ses joyeusetés.

Il était fort travailleur, ne confiant à nul autre qu'à soi-même le soin des affaires. Il se levait tôt, se couchait tard, et vers la fin ne prenait guère de loisir que pour entremêler son labeur de pratiques dévotieuses. Elles ne l'empêchèrent point d'avoir grand'peur lorsque approcha

[1] Peut-être renferme-t-il la réclamation de cet ambassadeur de France, qui suppliait Philippe II de libérer deux Français retenus dans les cachots de l'Inquisition : « C'est bien, répondit le monarque, j'y pourvoirai. » Avant la fin de la semaine ils étaient brûlés vifs.

la mort. Il sentit d'étranges frissons ; des doutes singuliers le prirent ; il se fit, sur tel ou tel de ses actes, des questions que jamais ne lui avaient posées ni sa politique ni sa religion. Son salut commença de vaciller; les fortes bases qu'il lui avait données, tant d'aumônes, tant de fondations, la chair fumante des hérétiques, le cachot de son fils, muré par la sollicitude paternelle encore plus que par les prévisions royales, tout s'ébranla. Il ne savait où s'appuyer; plus le dernier jour s'avoisinait, mieux sa main le repoussait. Pourtant elle vint, l'heure, et fut terrible. Les yeux éteints du monarque cherchaient l'autel, son regard y demeura cramponné.

Puisse un suprême soupir poussé du fond de ce cœur pervers, puisse un dernier cri arraché par l'horreur d'une telle vie avoir franchi l'abîme et rencontré Jésus!

7 mai 186...

Mai ! je regarde cette date, elle confond mon esprit.

Pensiez-vous qu'il y eût un mois de mai à l'Escurial, et qu'on y entendît chanter les rossignols?

Ils chantent pourtant. Mon ami, c'est ici l'une de ces paisibles journées où l'âme, pénétrée du bonheur de vivre et de la douceur d'aimer, glorifie Dieu par toutes les puissances qui s'émeuvent en elle ?

La terrasse de l'Escurial, portée sur d'épais contre-forts, plantée de buis (c'est la seule fleur que j'y ai vue), laisse courir à ses pieds des prés verts comme Dieu les a faits. Le Guadarrama, bien dégagé des brumes, noir et taché de neige, découpe dans le ciel ses sommets ni très-élevés ni très-imposants, mais quoi! c'est la montagne; le vent qui descend des cimes a caressé les plantes agrestes, on en respire la senteur. En face du lourd monastère, en présence des souvenirs non moins pesants, il semble qu'une énergie nouvelle naisse au cœur; on ressaisit par toutes les facultés le droit de vivre, le droit de sentir, le droit de penser, le droit de marcher au travers des campagnes, le droit d'être libre en un mot, et c'est tout.

Ces pâles verdures qui témoignent d'une région plus élevée mettent leur trait mélancolique au tableau; les taillis mal réchauffés s'habillent à peine d'une teinte glauque; il n'y a guère que l'herbe qui ait pris tout l'éclat de sa fraîcheur; et cependant on sent passer les haleines printanières. Au bas de la pente, des sources que chacun de nos pas voit sourdre promènent çà et là leurs filets d'eau claire qui glissent sur les cailloux.

Le site est abandonné, on sent l'espace inculte devant soi; les chênes y viennent en un bas fourré dont les pousses incarnates s'argentent de duvet[1]; les oiseaux y sont maîtres; le merle, qui va sautant sur les sentiers où nos pieds froissent les feuilles sèches de l'hiver, jette ses notes plus limpides que les gouttelettes des fontaines. Sa chanson parle d'avril, elle parle du bon soleil, elle parle des ramées qu'émeut la séve. Le rossignol, caché dans les gaulis où s'épaissira bientôt le rideau des verdures nouvelles, lance ses tenues puissantes; il emplit la solitude des jets de sa voix, il l'émerveille de ses cadences, de ses soupirs qui s'enflent, s'élargissent, puis meurent; un silence s'est fait, et sous d'autres couverts mieux perdus

[1] C'est le chêne *Tauzin*.

d'autres notes, d'autres explosions d'amour, d'autres fusées d'harmonie lui répondent.

Qu'elle a de grâce la floraison, rare et toute charmée des tiédeurs printanières! De petites jacinthes bleues dressent leurs clochettes le long du ruisseau, des narcisses croissent aux lieux humides, les cistes n'ont pas commencé de fleurir, mais leurs rameaux qui se gonflent exhalent de balsamiques parfums. Toutes sortes de bestioles essayent dans l'air leur bourdonnement et leurs ailes; on respire la vie, on sent battre en soi les palpitations de la création qui s'éveille tandis que là-bas, derrière nous, l'Escurial, la prison de granit, sort du plan égal où la laissait le ressaut que nous venons de franchir. Elle s'étaye sur ses grosses assises; les dômes s'enlèvent, les clochers se hérissent, le massif entier se sépare des sombres bases du Guadarrama, il domine la scène, qu'il n'écrase plus. Ce règne lourd, absolu, demeure toujours présent; mais les brises qui courent dans leur indépendance, mais toute cette campagne agreste qui ne demande à personne la permission de pousser, de fleurir et de sentir bon; les cieux ouverts, la neige sur les crêtes, les espaces déroulés sans mesure, cette expansion du règne de Dieu met sa liberté jusque dans le domaine du despote. C'est ce qui fait le charme; c'est peut-être cela que venait chercher Philippe II. C'était d'échapper à sa propre tyrannie, c'était de rencontrer quelque chose dont il ne fût point le maître, c'était la grande indomptée, la sauvage, la farouche, la nature, dans sa souveraineté qui se moque des rois.

Maintenant nous avons quitté les prairies. Un sentier mal défini, qu'on perd et qu'on retrouve tour à tour, s'élève lentement sous le taillis des chênes. Les feuilles encore tendres, rouges et glacées de ce blanc duvet dont je parlais naguères, semblent des pétales à moitié prisonniers dans leur bouton cotonneux. Les granits parsèment le bois, des bruyères ont foisonné tout autour, les genêts qui attendent quelques soleils pour s'épanouir, mettent leur verdure solide à côté de ces tons indécis. Le site s'est fait de plus en plus austère. On grimpe toujours; les roches se multiplient, elles posent en désordre sur le dernier sommet. Quand on l'a gravi, un bloc paraît tout à coup, dressé debout, au faîte, comme s'il eût roulé de la main de quelque Titan, alors que ces fils de Saturne escaladaient les cieux. C'est la *Silla del Rey;* de fortes entailles y ont marqué la place royale.

Philippe II, au retour de ses chasses emportées à travers les forêts, venait s'asseoir ici. Il y restait seul, et rêvait. Plus de végétation; les quartiers de pierre jetés autour du siége laissent à peine verdir l'herbe ou pousser un arbrisseau. Le monarque regardait devant soi cette autre masse granitique, son Escurial, terne, rigide, sans beauté, formidable, oppressif, et son œil bleuâtre s'y complaisait. Les heures l'une après l'autre passaient sur ce front qui demeurait fermé; quelque lézard, comme aujourd'hui, enhardi du silence, étalait au soleil les reflets de sa robe dorée, levait la tête, écoutait, songeait lui aussi, puis au moindre mouvement du royal solitaire, il disparaissait dans ses cachettes. D'autres créatures, des courtisans, là-bas en faisaient tout de même. Et les aromes montaient de la terre amollie, et les pousses avaient les mêmes teintes purpurines, et les rossignols se répondaient, et le merle s'en allait picorant au gré de son humeur; il y avait des bestioles heureuses, les fleurs s'ouvraient, les ruisseaux glissaient sur l'herbe, et Diéu regardait les hommes avec amour.

Ces taches sanglantes au milieu de nos paradis terrestres, il ne m'en faut pas plus, voyez-vous, pour tendre mes deux bras vers les cieux. Toute mon âme effarouchée cherche où prendre son vol. Jamais la théologie ne m'en apprit autant sur notre péché, sur les désordres qu'il apporta, sur les tortures qui le suivirent, sur la malédiction et sur le châtiment, que ne m'en dit cette pierre-là, cette figure-là, immobile et muette au milieu des bourgeons naissants, parmi les chansons des oiseaux, sous la tiédeur des haleines toutes chargées de parfums.

Un trait a gravé l'impression : ce scorpion qu'on trouve dès qu'on lève les cailloux ; figé, sans mouvement, aplati contre le sol, et sitôt qu'il aperçoit la lumière il se réveille, se ramasse, et dresse son dard.

Au surplus, la sévérité des aspects ne vient pas tout entière de l'Escurial. Nous sommes au nord. Les végétations tropicales, les flots rieurs de la mer, les populations aux traits africains, aux capas écarlates, aux vêtements plus éblouissants que les sables du Sahara, cette magie d'un sol brûlant s'est effacée ; le septentrion étend jusqu'ici ses rigueurs. Le ciel garde bien l'azur, mais il a perdu la lumière. Les prunelles de ces gens-ci restent noires, leurs dents étincelantes, leurs gestes nobles, leurs têtes altières ; mais le type, en s'éloignant du caractère arabe, s'est rapproché du nôtre. Les clartés ont quitté ces visages; il y fait sombre, j'allais dire qu'il y fait soucieux, comme chez nous. Des vestes brunes ont remplacé l'écharpe vermeille; le manteau, la culotte qui s'arrête au genou, revêtent les teintes moroses de la suie ; et si l'alpargata chausse toujours le pied nu, pas une franche couleur ne vient rire, ni sur les habits des hommes, ni sur le jupon des femmes. La guitare sonne encore, il est vrai; je l'entends sous mes fenêtres et des voix l'accompagnent; mais la mélodie orientale, fantasque, et qui ne ressemblait à rien, bondissant comme la gazelle à travers les déserts coupée, interrompue, et qui jetait aux vastitudes ses modulations, avec ses dissonances, avec ses soupirs lentement exhalés, tout a disparu. Ce jeune garçon assis sur une borne, contre la muraille, en face de moi; ce muchacho qui depuis deux heures frappe les cordes ou les pince de l'ongle, contemplant l'autre mur, de l'autre côté de la rue, lance bien sa voix avec une candeur inusitée; mais déjà la mélodie qui retourne aux mêmes notes a pris un caractère mieux suivi; on en saisit le dessin, elle n'a plus de mystère; l'autre échappait comme l'oiseau voyageur, comme l'ombre que jette le nuage, comme le vent quand il fuit et que nul ne sait où il est allé.

Pourtant je leur trouve de la grâce, à ces jeunes filles qui viennent l'une après l'autre se grouper autour de la mandoline. Elles chantent; on en voit arriver de plus petites, de plus grandes aussi. Les castagnettes s'en mêlent; un trille strident, un roulement continu, des intervalles durant lesquels la guitare va seule, puis la castagnette reprend.

Après qu'on a longtemps redit les couplets, il y en a bien cinquante, on les danse; là, sur la place, sans autre façon. Depuis les fillettes de quatre ans jusqu'aux mères qui regardent, toutes s'y mettent. Un mouvement vague balance le corps, les pieds bougent à peine, la hanche ondoie avec lenteur, les mains qui font sonner les castagnettes tracent au hasard quelques orbes languissants; la tête suit les oscillations, elle obéit à la mélodie, songeuse, distraite; une danse chaste et grave qui s'épanouit sur le sol comme la fleur dans les prés.

Nous voilà parmi ces filles charmantes. Nous examinons les castagnettes, nous nous faisons montrer comment on les attache, comment on les frappe, comment vont les doigts. Une des *mozas*[1], l'œil noir plein d'étincelles, secoue ses crotales d'un geste vif et mutin ; c'est une raillerie, c'est presque un défi. Nous essayons gauchement, les fillettes de rire ; soudain nous sortons nos belles coquilles à la note puissante, nous les passons à nos doigts ; nous jetons à notre tour tantôt le cliquetis éblouissant, tantôt le coup sec, puis le frisson, puis le murmure discret ; la guitare enivrée nous accompagne ; jeunes filles, enfants, les mères et les garçons, tous frappent des mains ; nos castagnettes tiennent le haut du pavé, on n'entend plus qu'elles ; une paysanne, deux, trois se détachent du groupe, elles veulent danser avec nous, absolument, c'est leur idée, on ne les en fera pas démordre ; les pas vont comme ceci, les bras comme cela, nous avons beau nous en défendre, et jeter le trille des castagnettes à tout venant ; mon ami, je ne sais trop ce qui serait arrivé si une bonne averse tombant droit du ciel n'avait remis chacun chez soi.

8 mai 186...

En avant, mules, carrioles, tout le train espagnol, et franchissons la Sierra de Guadarrama. Les messieurs se logent dans la *delantera*, les dames s'empilent dans l'intérieur, notre brave David à côté du mayoral, le zagal en l'air, sur

[1] Jeune fille.

terre, un peu partout, et jamais carcasse de voiture n'emporta tant de joie.

J'aime les passages de montagne, ils me relèvent le cœur. La séve y prend des jets plus vigoureux, le sol qui se fait plus âpre y parle mieux de victoire, les cieux plus rapprochés ont un plus vif azur, les plaines en s'abaissant revêtent une majesté qu'on ne leur connaissait pas, les horizons qui reculent emmènent la pensée en de lointains parages ; il semble qu'arrivé sur la cime on étende ses ailes ; Dieu les a données et l'homme est roi des airs comme il est roi de la création.

Et puis ce plaisir de nous sentir en Espagne m'est chaque matin plus cher. Elle ne nous a pas tout dit, la mystérieuse Ibérie, les nobles curiosités ne sont pas toutes satisfaites, quelque secret de beauté toujours nous fait signe. Ainsi, par monts et par vaux, laissant sur notre gauche le chemin de fer et ses œuvres, nous allons chercher Ségovie.

Les racines de la Sierra disparaissent sous les chênes verts au ton dur, sous les chênes cramoisis au velours argenté, des lavandes camphrées groupent çà et là leurs épis d'un violet vif; quelque labrador, à califourchon sur son âne, laisse tomber jusqu'à terre les plis du manteau, qui donne à la bête modeste l'apparence d'un destrier de combat revêtu de sa fière carapace; derrière nous montent les attelages de bœufs, la tête rabattue sous le joug, l'œil triste et pensif; les ruisseaux gonflés passent à côté des ponts ; quand on les a guéés, on retrouve le chemin, et nos mules y courent gaiement au carillon de leurs clochettes.

J'aurais pour tout un jour à regarder cette montagne, avec ses belles teintes bleu noir. Des repoussoirs d'encre, des lumières venues je ne sais d'où ; cette plaine étendue à d'inouïes profondeurs, les ombres qu'y promènent les nuées, les pâles clartés que lui jette le soleil encore trempé des averses de la nuit, c'est un tableau de maître cela, et l'on dirait quelque Poussin restitué au jour dans sa fraîcheur première.

Mais les roches ont commencé de hérisser le sol, qui se fait aride; les grands bois entremêlés de blocs granitiques maculent par place le flanc de la Sierra; à mesure que nous montons, les perspectives se sont dilatées; l'Escurial ne semble plus là-bas qu'une guérite blanche plantée en vedette et qui commande le plateau. Nous avons atteint les brouillards, ils font traîner sur nous leur voile humide. La végétation recule du côté des mois d'hiver; les violettes, emprisonnées sous des feuilles sèches, montrent leur tête odorante et mignonne : c'est la fleur de Mars; les pins dressent leurs girandoles de cire toutes chargées de pollen: c'est la fleur d'avril. Soudain le soleil, qui jaillit au travers des brumes, envoie à la plaine ses gerbes de rayons; alors elle verdit, elle s'allume des feux de l'émeraude, c'est un effet magique; et la route continue de grimper, les mules de secouer leurs grelots, le zagal de pousser des cris sauvages, et la gloire de Dieu de remplir notre cœur.

Des traces neigeuses ont relui sous la forêt. Bientôt des plaques, puis des nappes jettent leur linceul à la puissante ossature du mont. Mes amis, vous souvient-il des palmiers!

C'est égal, elle a son éclat immaculé notre neige, plus étincelante que l'écume des mers. Ferme et toute semée de diamants, elle résiste au pas; son souffle pur, son souffle vierge a réveillé nos ardeurs. A pied! gravissons, c'est presque le glacier; voyez comme les ruisseaux qui courent sur cette blancheur s'y sont creusé des grottes où pendent les stalactites ! Nous approchons du col, *el Puerto de Nava*

Serrada; les roches ont entassé leurs pilastres, il ne reste plus qu'eux; les pins rabougris sont demeurés en arrière; quelques genêts verdissent encore. Nous y voilà, voici le grésil, voici les giboulées. Mais à ces hauteurs l'Espagne garde un dernier sourire, et sous les flots de la neige fouettée des autans la pivoine vigoureuse, à larges feuilles, montre ses boutons, la fraîcheur même, d'un incarnat plus vif que la plus belle rose de mai. Deux aigles planent dans le ciel ému de tempête, la tête pendante, les ailes immobiles; il n'y a qu'eux et cette fleur.

Après, on redescend. Quelques troncs malingres se sont aventurés parmi les roches. Pressés bientôt et les rameaux étendus, ils forment un noble couvert; la neige avec les bourrasques nous ont quittés. Voici de nouveau les violettes. Les bûcherons qui vont querir du bois, toujours drapés dans le manteu brun, suivent leurs bœufs dont l'haleine s'échappe en vapeur. La forêt s'est épaissie, on plonge dans des abîmes de fourrés. Ces pins qu'ont tourmentés les orages, leur cime élargie, leurs branches étalées présentent l'ampleur des cèdres; plus on s'abaisse, mieux ils répandent leur grande ramée que rayent çà et là des fûts rougeâtres, un jet de soixante pieds. Le torrent s'est dévalé des cimes; grossi des neiges et de mille ruisselets, i pleure à travers les ravins, il bondit et blanchit derrière le rideau d'un vert bleu; les pruniers sauvages ont planté leurs bouquets parmi les ronces, une toison de mousse a revêtu les blocs de granit. Sous les verdures échevelées, dans ce désordre magnifique où la lumière tantôt s'emboit, absorbée par les obscurités, tantôt glisse en nappe, il y a des recoins secrets où l'eau s'arrête de courir; elle s'étale en un miroir, calmée, avec des limpidités sombres; le morceau de gazon qui s'arrondit sur les deux bords achève de sécher au soleil ses dernières gouttes de pluie; jamais on ne vit réduits plus charmants ni tant de grandeur jointe à tant de grâce; et, quand on lève la tête, les regards qui se heurtent à la *Sierra de Pegnalara*, vont découvrir aux suprêmes altitudes des traînes de neige accrochée dans les couloirs.

C'en est fait, nous avons franchi le Guadarrama. Une part de notre cœur est restée sous ces arbres gigantesques, la plus noble végétation que nous ayons rencontrée ici-bas. Donnez-moi quelque abri de branchages sur un de ces bouts de pré, laissez-moi m'étendre sous les dômes immenses, et les larges souffles qui en balancent la cime caresser mon front; laissez mes yeux se repaître de l'énergie des couleurs, de la majesté des formes; laissez mon regard suivre la démarche lente de ces pâtres gentilshommes; que je respire cette floraison tard éclose dans les gorges de montagne, et je vous tiens quitte de toute l'effervescence des villes et de toutes les merveilles des palais.

En voici un cependant. Il faut bien que je vous le montre. C'est *la Granja*, qui dresse ses flèches et ses pignons parmi les jeunes bosquets.

D'un côté de la Sierra, l'Escurial. De l'autre, ce château que bâtit Philippe V; roi solitaire, mélancolique comme ses prédécesseurs, séduit comme nous par les forêts du Guadarrama, par ses rudes versants, et par les cimes audacieuses du Pegnalara, levées tout debout en face du palais.

Ces princes avaient le sentiment de la nature. Tantô les tristesses d'un cœur maladif, tantôt les angoisses d'une âme bourrelée leur en révélaient la paisible beauté. Ils n'étaient point monarques seulement, ils étaient hommes de rêverie ; leurs pas volontiers quittaient les parvis de marbre pour quelque dur chemin de montagne, et les galeries dorées pour ces bois perdus au fond desquels ils allaient enfouir leur ennui de régner.

Toutes sortes de bourgeons gonflés par la séve débordent les murs. Une venta nous abrite, nous et nos mules; elle est pauvre, dépenaillée; qu'importe? on y trouve bon accueil. La mère, *Dolorès*, vite a jeté les œufs dans la poêle où grésille le lard ; *Juanita*, la mouchacha aux mèches éparpillées, tient dans ses bras le dernier marmot : mine brune, ronde, qu'éclairent de grands yeux graves; le père apporte à brassées les éclats du pin avec les fagots de bruyère. On ne voit plus ici les faïences moresques égayer le porche de leurs teintes fleuries; mais les cantaras ventrues sont toujours enfoncées dans les trous de la crédence, et toujours elles laissent tomber leurs gouttelettes au bruit harmonieux.

Vive la *tortilla* [1] et les œufs sautés, brouillés, à la coque ou au miroir! Avez-vous encore faim : mangez, ne vous gênez point. Dans la Vieille-Castille où nous voici, les poules ne se sont pas arrêtées de pondre ; pas plus que dans le royaume de Valence, dans celui de Murcie, ou nulle part ailleurs sur la bonne terre espagnole. Toujours il y aura de l'huile et du vieux lard, du jambon rance toujours, et de la galette arabe pour vous servir. Le seigneur Quexada ne rencontrait pas tous les matins pareille aubaine.

Le repas fait, on s'en va frapper à la porte des rois. Un brave homme de paysan nous promène dans le parc.

[1] Omelette.

Eh bien, il a du charme, ce Versailles étalé sous les ombres de la Sierra. Des eaux abondantes y affluent, des avenues largement ouvertes y remontent en longues perspectives que ferment les sommets, les forêts et toutes les majestés de la montagne. L'air a conservé quelque saveur de liberté; les oiseaux qui ramagent dans ces gaulis vont et viennent des clairières sauvages à leurs bosquets que planta Le Nôtre; les fontaines ont gardé souvenance de la cime où elles commencèrent de sourdre; lâchées, elles jaillissent à cent quatre-vingts pieds du sol; elles emplissent les bains de Diane, où nagent les nymphes, elles se jouent avec les chevaux marins dans cette vasque aux tritons, elles se répandent en gerbes par les arceaux du rond-point, elles jettent leurs cascades au-dessus des hautes charmilles, elles emprisonnent Andromède, que vient délivrer Persée, elles bondissent autour de Neptune, qui brandit son trident, elles mettent leur vie avec leurs transparences à tous les bouts, dans tous les coins de ces taillis où les feuilles naissantes répandent une verte clarté. Puis, resserrées dans un canal de pierre, abondantes, vives et bruyantes, elles descendent d'étage en étage vers le château; elles reflètent avec des lueurs nacrées le bleu du ciel où floconnent quelques nuages; elles se frangent en cataractes, elles marchent toujours, et cette voie limpide prolongée sous les dômes légers, quand on la remonte du regard, va se perdre en une traînée de lumière que couronnent les crêtes neigées du Pegnalara.

Un bataillon d'ouvriers, vrais hidalgos, le manteau jeté sur l'épaule, le sombrero rabattu sur les yeux, plus semblables à des conspirateurs qu'à des jardiniers, se répand parmi les allées. Le palais rococo s'ouvre bien malgré nous aux curiosités que nous n'avons pas. Sauf la grille d'entrée, tordue par l'émeute qui vint provoquer ici l'abdication de Christine, le logis ressemble à toutes les maisons des rois, et nous n'y demeurons guère.

Cependant Ségovie a paru là-bas, blanche dans les plaines : c'est la ville moresque. En une heure nous l'avons atteinte. Sa vieille *Plaza de Toros*, sur la gauche, raconte les grandeurs passées, et les pans déchirés de cette muraille en ruine rappellent la noble courbure des colisées païens.

Bientôt des arceaux surbaissés au ras du sol commencent d'arrondir leurs cintres ; la vallée se creuse, les piliers grandissent, ils grandissent encore ; la route descend plus bas, les arcs continuent de jeter à travers le ciel leurs festons qui se sont enhardis. Les soutiens s'allongent, ils prennent la légèreté de colonnes aériennes, ils mesurent soixante pieds, ils en mesurent cent, ils en ont cent cinquante ; un second rang d'arches se met à courir sur le premier ; d'autres courbes, d'autres piliers, une autre dentelle s'enlève dans les cieux ; cela franchit la gorge profonde où Ségovie a laissé couler quelques habitations ; cela jette son fil ténu de la colline où la *Plaza de Toros* achève de tomber, à la crête où l'Alcazar assied son profil arabe. Rien ne rendra l'énergie de cette pensée, la grâce unie à la force, le jour qui passe à travers les nobles arcs, le trait vigoureux dont ils ont marqué l'air, ces transparences et ces solidités ; œuvre humaine qui contraint le regard de l'homme à faire effort ; pouvoir d'une race, la race des Romains ; simplicité géniale qui lance des fusées de pierre, minces, doucement infléchies au sommet, et la matière résistante obéit à ce vouloir du peuple-roi, et pour remplir d'une eau limpide la coupe des maîtres, leurs capitaines ont d'un mot fait jaillir du sol ces portiques et ces châteaux de l'air qui confondent notre imagination.

Si vous voulez en concevoir la grandeur, s'il vous plaît d'en mesurer les audaces, descendez au plus bas de la ville; appuyez-vous contre un pilier. Regardez alors, voyez cette population aux pieds du colosse, suivez des yeux l'armée des troupeaux qui rentrent le soir, pareils à quelques légions de fourmis; vous vous sentirez pygmée; votre regard qui monte le long des jets jusqu'à ce qu'il rencontre le ciel retombera fatigué; il interrogera ces entrailles du rocher où vont de chaque côté se perdre les deux bouts de l'aqueduc, et vous comprendrez qu'un mystère dérobe encore à nos esprits chétifs la force créatrice de ces pâtres de l'Aventin dont les fils, partout où les menait la fortune, enfantaient des monuments qui laissent notre siècle épouvanté.

Quand on gravit la rue, vis-à-vis, tout s'élève et tout s'idéalise. Montez, les arcs monteront avec vous; ils monteront avec les clartés lumineuses que découpent leurs larges courbures, ils monteront avec les coteaux, avec les monts, avec le ciel même, car c'est le fait de la grandeur d'égaler tous les niveaux.

Nous voici donc par la ville; cette fois nous n'avons plus d'yeux que pour elle. A chaque pas des colonnettes encastrées dans le mur, des écussons armoriés, le trèfle mauresque, l'arceau roman, le cloître et les galeries, les portes monumentales que flanquent des tours à créneaux sollicitent notre intérêt.

Elle est riante, cette place où nous allons prendre gîte, chez le *señor don Ramon*. Pleine de soleil, entourée de maisons bariolées, toutes à balcon, toutes perchées sur des piliers branlants qui fléchissent les uns d'avant, les autres d'arrière, elle s'enveloppe de longs péristyles où flânent et musent les hidalgos. Notre fonda, plus espagnole que pas une, offre un dédale de pièces baroques ; vrai caravansérail abondamment muni de *criados* et de *criadas*, gens naïfs, empressés, ahuris, qui nous baisent les mains, s'étonnent de notre peau blanche, de nos cheveux blonds, de notre français, de notre italien, de toute l'eau que nous demandons, de toutes les serviettes qu'il nous faut, de cette République d'où nous venons, un pays plus inconnu que la lune ; et de ce que le monde est si grand, et de ce que l'Espagne ne s'y étend pas toute seule, en long et en large, comme elle en aurait le droit, tant qu'il reste de la place.

La cathédrale, qui demeure solitaire dans un coin, se dentelle d'épines, tandis que ses lions portent fièrement les écus des seigneurs castillans, et que son parvis étalé sous le ciel y range l'une après l'autre les dalles de ses tombeaux armoriés. Le vase, très-grand, se prolonge sous une voûte profonde, les fûts des colonnes jaillissent d'un trait pour croiser au dôme leurs entrelacs.

Nous trouvons à cette vieille cité marquée tour à tour du sceau des Romains, des Maures et des Goths, un caractère que nulle autre n'a gardé comme elle.

Tout à coup l'*Alcazar* s'est présenté. Ah ! qui ne l'a point vue, la tour arabe, l'altière et l'élégante, portée au front de son promontoire, entre ses deux rivières au doux nom : *el Eresma*, qui murmure à droite dans le fond des ravines ; *el Clamores*, qui écume et bondit à gauche parmi les peupliers, sous le jet des ronces ; celui-là ne sait point ce que c'est que la magie des souvenirs, par un beau soir, en un site le plus romantique de toutes les Espagnes

Je vais vous le montrer.

A l'endroit où se rencontrent les deux courants, soutenu du cap qui s'arrête et se déchire soudain, le palais des Califes[1], la tour prodigieuse, carrée, svelte, couronnée au sommet de trois tourillons qui dépassent légèrement les créneaux, brodée sur le côté de deux autres pignons dont les lignes vont déclinant avec la perspective, tout ce profil héroïque et charmant, jeté dans les cieux, au plus bleu de l'air, se présente à la fois; et telle est l'émotion, cette surprise de l'idéal étreint si bien le cœur, qu'elle en arrête les battements.

On reste là, suspendu, les regards attachés à la vision, sans oser faire un pas, comme si elle allait s'évanouir. Non, elle ne s'effacera point. Alors, on approche, on considère les pendentifs, on discerne les ciselures des murailles, on découvre l'écusson des rois, on s'attache aux détails, ils sont ravissants; mais toujours la grande figure du donjon domine; étrange, la poésie même, telle que les mirages d'Orient en ont fait passer l'image devant notre âme qui rêvait.

Penchons-nous au mur, suivons au fond de la gorge les eaux tranquilles de l'Eresma; elles courent sans bruit, plus transparentes que le cristal, et les prés y reflètent leur ton vert. Inclinons-nous sur l'autre ravin, écoutons la plainte du Clamores qui s'irrite, rejaillit contre les blocs de pierre et querelle chacun des cailloux redressés contre son flot.

[1] Ce qui en reste! on y avait logé les Cadets; un incendie dévora l'intérieur et fit crouler plus d'un mur.

La cathédrale hérisse au front de la ville ses dards barbelés ; sur les coteaux, des maisons bigarrées se répandent comme un troupeau de brebis. Puis l'on se retourne, on veut goûter encore l'émotion du premier ravissement; l'Alcazar détache des puretés célestes son imposant profil; la mince, l'idéale silhouette de ses tourelles s'est découpée dans l'éther ; et ses lignes, la séduction même, se gravent pour jamais en un tableau dont les enchantements, à toutes les heures de notre vie, nous feront tressaillir d'admiration.

Par delà le palais des Maures, comme pour en faire mieux ressortir la coupe élancée, un désert étend jusqu'aux derniers horizons ses plans jaunes et calcinés. Le soleil qui va disparaître embrase cette couleur d'ocre, pendant que la sierra de Guadarrama lève dans le fond ses noires murailles, dont les crêtes sont restées étincelantes sous leur habit neigeux. On ne parle point ; si l'on pouvait, on laisserait couler des pleurs ; on ne peut pas. La beauté, quand elle arrive à cet excès, oppresse le cœur, il ne saurait même s'échapper en larmes ; par toutes ses aspirations, il veut la saisir, il faut qu'il la possède, elle le défie, elle a ce sourire des déesses qui se moquaient des hommes. Mais tu as beau faire, tour souveraine de l'Alcazar, je te tiens, tu es ma conquête, je te vois encore, mes regards t'enveloppent, sereine dans ton ciel d'azur ; tes créneaux largement découpés, tes tourillons lancés dans les airs, ta masse vigoureuse assise sur ton socle raviné, tes grandes ogives attentives au courroux du Clamorès, tes balcons qui écoutent les chansons de l'Eresma, tout est à moi.

Maintenant, pénétrons dans les salles qu'avait bâties don Henrique, quatrième du nom, et que les rois chrétiens ses successeurs ont décorées, chacun nichant sa fantaisie entre les murailles des princes musulmans.

Là courent des caractères arabes, là des faïences bleues jonchent le sol. Quelque caisson étoilé sur un fond de lapis, les dômes arrondis, les grêles colonnettes, le fer à cheval, et le trèfle, et les galeries suspendues dans le vide nous redisent du milieu de leurs décombres quelle splendeur pleine d'élégance les califes africains avaient enseignée aux capitaines espagnols. Tout est ruiné, tout est ravagé, le jour entre partout, le ciel étale sur tous les pans de mur ses grandes courtines bleues ; et les perspectives sans bornes, l'immensité des étendues incendiées, jettent l'infini par chaque embrasure qui achève de s'effondrer.

Je crois que je l'aime mieux ainsi, mon alcazar, dévasté, solitaire, empreint des majestés de cette nature farouche, enflammé sous les feux du couchant, que mieux respecté des siècles, plus complet, sa tour diminuée de toute la hauteur des constructions voisines : tel en un mot que l'avaient fait et que nous l'avaient légué *los Reyes*[1].

9 mai 186...

Nous sommes retournés à l'Alcazar.

Il s'idéalise ce matin dans un ciel plus bleu qu'hier. Tout entier frappé de lumière, le palais a la belle couleur aune que les siècles, ces grands peintres, mettent aux tableaux qu'ils font.

Qui redira le charme des brises matinières; cette fraîcheur que n'a flétrie nulle lassitude, ce feuillage des peupliers tout frissonnant sous les haleines de l'aube, pendant que

[1] *Les rois*, comme on appelle ici les anciens maîtres de l'Alcazar.

chante à gorge déployée le rossignol du Clamores, pendant que le *ruiseñor* de l'Eresma, niché dans quelque prunier sauvage, lui répond du fond de sa cachette ? Ce sont des beautés qui troublent; l'admiration va jusqu'à l'attendrissement. Ces rencontres de l'héroïsme des souvenirs et de la puissance des formes avec tout ce que l'idéal peut leur prêter d'élégances; ces énergies, lorsqu'elles s'unissent à une telle mansuétude, vous prennent le cœur par surprise. Remué dans le plus intime de soi-même, on écoute longtemps un langage à la fois si grave et si doux, si vaillant et si rêveur.

Du côté d'el Clamores la lumière naissante effleure la cime des peupliers, elle n'a pas éclairé les profondeurs du ravin; les teintes restent assoupies, l'eau qui agace, chemin faisant, toutes les ronces et toutes les roches, s'irrite dans l'obscurité; on entend sa voix grondeuse; à peine si l'on aperçoit contre les rigidités de la pierre ou parmi les traînes des églantiers l'écume d'un blanc neigeux. Du côté de l'Eresma, le soleil a fait invasion; il baigne de sa royale lumière le courant tout entier; l'eau paisible, soudain élargie, s'est changée en un bouclier d'argent; pourtant elle trouve des coins d'ombre, encore, où elle prend des obscurités limpides, et c'est là que le rossignol enivré d'amour, de vie et de rosée chante Dieu qui a créé le jour.

Les saurai-je bien rendre, les contours de cette eau nonchalante, et ces fumées des masures qui montent diaphanes, se déroulent avec lenteur et, cardées par des souffles légers, disparaissent sans laisser sur l'azur du ciel, même un fil soyeux? Pourrai-je vous montrer les plantureuses végétations jetées de l'Alcazar au fleuve, tandis que des terrains brûlés s'en vont par delà porter à perte de vue leur ton rouge, leur solitude absolue, et cette église dressée dans l'immensité vide, comme un dernier témoin des temps qui ne sont plus.

Ces fluidités autour de l'Alcazar splendide, les hirondelles lancées à plein vol dans l'abîme d'éther, ces notes sensibles du vert, les chansons d'amour, la voix des ondes mêlée à la majesté d'un tel concert, ils les entendaient, ils les voyaient les Maures : ils écoutaient ces accents plaintifs; les haleines qui font trembler la feuille des peupliers caressaient leur visage ; quelque calife, accoudé sur la grande fenêtre en ogive, se penchait vers l'Eresma, il s'inclinait sur le Clamores selon que tournait le soleil; et Bulbul chantait; les cordes plaintives du zamr, les coups assourdis et mesurés du tarabouck[1] scandaient la mélodie arabe ; puis le sultan faisait signe de la main, les belles esclaves se taisaient, et il demeurait songeur en face du désert, et son regard suivait les défaillances de la lumière jusqu'à ce que tout s'éteignît derrière les noirs contre-forts du Guadarrama.

Hélas ! il faut partir ! Ce ne sera pas sans avoir longtemps erré autour des remparts et contemplé les tours de défense : celles-ci, campées en avant-garde, à moitié démolies, leurs blessures jetées au travers des horizons ; celles-là solidement reliées par un vieux mur, d'où sortent leurs têtes crénelées que couronnent et qu'embrassent les rameaux du lierre.

Nous nous attardons sous le cloître *San-Martin*, à la double rangée de colonnettes jumelles ; la *torre del Marquez dellos*

nstruments de musique.

Oyos leur oppose sa formidable carrure; puis, c'est la maison du comte N., avec ses blocs taillés en pointes de diamant ; c'est cet écusson féroce qui porte pour armes parlantes un couperet. Où que vous portiez vos yeux vous rencontrez l'histoire.

Et cette ville reste vivante. Bien séparée du reste du monde, elle garde tout le caractère espagnol. C'est ici, on le sent, dans ces antiques cités du nord que le *sangre d'azul* s'est maintenu le plus pur. C'est de là que s'élancèrent les résistances contre toutes les invasions. Les chevaliers qui s'en allaient lance au poing reprendre leurs bonnes villes, ceux qui arrachaient aux Maures royaume après royaume, partaient de la Vieille-Castille, de Burgos, de Valladolid ; ils mettaient la main sur Ségovie ; Ségovie gagnée, ils marchaient sur Valence; et l'Africain retournait à son désert.

L'aspect, les figures, le costume, tout a repris vigueur. Les traits se sont accentués; le sourcil est net, le nez ferme, la physionomie grave ; l'homme des campagnes promène je ne sais quelle tristesse avec je ne sais quelle royauté de race derrière ses troupeaux. La coupe des habits a retrouvé son caractère ; des flots d'aiguillettes rattachent au genou la culotte que font étinceler deux ou trois rangées de boutons d'argent ; une guêtre longue serre la jambe, la veste de velours s'arrête à la taille, marquée d'une ceinture écarlate ; les femmes portent le cotillon jaune ; pardessus elles mettent quelque jupe tantôt d'un bleu foncé, tantôt d'un rouge vif, et selon que va le pied une flamme s'allume sur leurs pas.

En attendant, sortir de Ségovie n'est pas facile ; nous le pressentions bien quand nous avons imaginé notre escapade.

Aussi les *equipajes* sont-ils restés à l'Escurial; notre brave David les y va querir et nous rejoindra demain soir à Valladolid. Quant à nous, logés tant bien que mal en deux vieilles *Carruajes*[1] qu'accompagnent mayoral, zagal et carillons, nous nous lançons à travers le monde, espérant découvrir une fois ou l'autre *San Chidrian*, assis quelque part sur la voie ferrée.

Vous savez si je chéris ces accrocs à la routine. Nous voilà donc partis.

Le front du promontoire qui porte l'Alcazar, pareil à la proue d'un navire immobile en plein océan de terre, s'avance couronné de sa tour. Le Clamores et l'Eresma ont joint leurs courants à ses pieds; ils fuient dans la plaine; nous faisons comme eux.

Il n'y a plus rien, plus rien que de grands blés. Les cigognes s'y promènent sur leurs pattes grêles, enmanchées de leur long bec qui se profile dans l'espace démesuré. Au milieu des sillons quelques femmes, une jupe éclatante relevée sur la tête, car le soleil chauffe, arrachent l'herbe; on dirait des bluets, des boutons d'or ou des coquelicots dans les champs. Le Guadarrama, d'un indigo foncé, marque les frontières de la Vieille-Castille. Peu à peu la plaine devient sablonneuse, les cultures se font maigres; pas un hameau ; les ombres courent avec les nuées sur le sol blanchâtre. De loin en loin, quelque labrador enveloppé du manteau suit ses bœufs dans la terre fraîchement remuée. Ces attelages, au sein de l'incommensurable étendue, paraissent des taches mouvantes; le laboureur prend des proportions de géant; son cheval, qu'il montera ce

[1] Voitures.

soir lorsque, la journée finie, il regagnera sa bourgade, poussant les bœufs devant lui ; son cheval l'attend, tête basse, au bord du guéret ; et ces figures, clair-semées à d'infinies distances, prêtent plus de solennité, j'allais dire plus de solitude au désert.

Après le pont jeté sur les flots réunis du Clamores et de l'Eresma, une berge fortement ravinée, plantée de pins médiocres et rugueux dont le vert cru heurte l'azur du ciel, nous conduit en des sites mieux abandonnés des hommes. Le vent secoue les branches résineuses toutes chargées de fleurs; girandoles en cire vierge qui laissent épandre leur pluie de pollen, et les souffles la promènent ainsi qu'un voile d'or. L'air avec sa grande voix court sur les cimes odorantes ; on dirait les houles d'un fleuve qui se presse, égal, profond, sans jamais tarir. Nous respirons des odeurs sauvages que nul n'a respirées. Puis les arbres eux-mêmes s'effacent, il n'y a plus que la lande, quelques plantes de thym, quelques bruyères mal dégourdies des froidures, parfois un mâquis de chênes bas. Nulle chaussée; les cortès ont voté une route royale, elle se fera quand elle pourra.

Mais que ces endroits perdus me conviennent bien ! Que je les chéris, ces étendues inviolées, libres dans leur floraison, attrayantes dans leur délaissement, un repos pour les yeux, un charme pour la pensée, une émancipation pour l'être tout entier!

Il me semble qu'en ces âpres solitudes je rencontre mieux mon Sauveur.

Jésus vient à moi dépouillé de sa gloire; les magnificences de sa création ne jettent plus autour de lui cette pompe dont mon âme restait éblouie ; plus dénué, il m'est plus pareil; les pauvres savent cela. Et ces aridités qu'un regard de lui fait fleurir comme la rose, mon faible cœur, qui connaît bien ce que c'est que l'impuissance, que la misère, que les ingratitudes d'une terre stérile, mon pauvre cœur s'y retrouve en quelque sorte, avec une tristesse qui a ses secrètes douceurs. C'est le bonheur de se reconnaître sous une forme impersonnelle, un peu vague et dotée des poésies de l'infini. Oui, les végétations défaillantes, oui, ces plantes chétives qui ploient sous la brise et que le soleil dessèche, oui, les vastitudes mornes, balayées du vent contraire; cette abdication de la vie, ce dégoût de soi-même que semble concevoir la nature, oh ! qu'ils sont miens et que je les ai savourés, mon Dieu ! C'est pour cela que je sens à marcher par les landes incultes, entre le dénûment du sol et la splendeur des cieux, une de ces joies profondes : suprême bonheur des suprêmes humiliations.

Au fait, c'est ici l'échelle de Jacob dressée du désert à l'empyrée. Les anges qui descendent et qui remontent par ces degrés de lumière, me disent que Dieu voit les hommes et qu'Il en prend souci ; la terre aride, ces maigres genévriers sans séve et sans feuilles qui tordent leurs branches sur le sol jauni, me racontent mon indigence ; ces grandes lignes que noie au loin l'azur pâlissant des dernières perspectives élargissent mon cœur, et les aromes sortis des pauvretés même de la lande, ces parfums que faute de moissons exhalent les guérets, n'ont jamais fini de me redire les miracles de l'Eternel.

Parfois un clocher tranche de son dard les lignes égales, et l'on soupçonne quelque village que l'on ne traversera point. Parfois les hirondelles se hasardent dans l'océan des terres, on les voit arriver par couples au-devant du voyageur; elles nagent des deux côtés du sillon que tracent nos roues ; leurs ailes découpées jettent un éclair d'azur ; elles vont, elles viennent, l'habitation des hommes n'est pas loin.

Ainsi l'on approche du *Pueblo*[1]. Vers la mare transparente, les lavandières accroupies écartent de leurs deux mains le tapis des renoncules blanches, robe d'argent jetée à ces eaux qui dorment ; des troupeaux de moutons roux broutent les lavandes ; voici *San Garcia* avec ses rues solitaires, avec ses petites maisons de pisé dont les portes et les croisées s'encadrent de briques azulines. Quelque ménagère, le mouchoir rouge entortillé sur la tête, s'accoude à sa fenêtre et regarde. Nos mayorals et nos zagals cassent une croûte de pain ; ils boivent à la *gargola*[2] sans effleurer des lèvres le jet qui tombe du long cou. On retrouve les belles manières espagnoles : *Usted, señor, mi haça el favor*[3] ! C'est entre le zagal et le mayoral à qui ne commencera ni de manger ni de boire. Les mules n'y mettent pas tant de façons. Après le repas, sobre et qui dure peu, on reprend le désert. Le zagal court sur le sable, il franchit les mâquis, il crie : A-tâh ! a-tâh ! — Sa voix, seul bruit dans la solitude, va mourir au loin. Quelque mule là-bas, suivie de quelque femme en jupon safran, découpe son gigantesque profil sur l'étendue ; ou bien c'est un garçonnet qui tire après soi, le long des pentes hérissées de vieilles souches, son grand manteau brun et son âne, chargé de racines sablonneuses. De distance en distance un taillis de chênes verts a rayé l'horizon ; c'est tout. Et de nouveau les hirondelles nous viennent au de-

[1] Village.
[2] Gargoulette.
[3] Votre Grâce, Seigneur, faites-moi la faveur.

vant; elles nous conduisent au gué, vers ces habitations égrenées sur le bord d'*El Rio*[1].

Cette fois, il s'agit de passer. Notre mayoral, un siècle, qui rien qu'en les regardant fige ses quatre mules, nettoie au courant d'eau vive le petit chaudron qui leur sert d'abreuvoir. Elles sont délicates, nos mules; une paille, une mouche, elles ne boiraient point; or, si elles ne boivent pas maintenant, elles courent grand risque de s'en donner à cœur joie, au beau milieu de la rivière, et de s'y coucher tout de leur long, avec les *carruajes*, et nous par-dessus le marché.

Nous y voilà; nos princesses ont étanché leur soif. Un gendarme qui, pour traverser, attendait l'occasion, l'herbe tendre, le passage invraisemblable d'un carrosse ou celui beaucoup plus probable d'une charrette, se hisse comme il peut sur notre impériale. On descend au Rio, zagal en tête, monté sur *Coronella*; le flot jaillit, nos bêtes piaffent, avancent, non sans flairer et renifler. Tout allait bien lorsque *Coronella*, juste au plus profond, manque des quatre pattes : zagal à vau-l'eau, le sac qui lui servait de selle après lui; notre gendarme planté debout, les bras dressés vers le ciel, en mât de cocagne; et nous immobiles dans notre carrosse, arrêté comme un îlot par le travers du courant. Le mayoral, ce vieux petit homme, pétrifié, reste bouche ouverte sur son siége, fouet en main, une momie. Les autres derrière nous, lancés, épouvantés, crient et font rage. Le zagal, repêché comme il peut, rattrape sa mule, d'un coup de poing il la relève : — *Attâh! attâh! Vello-te!* — *Vello-te*[2] *!* c'est le cas de le dire. Notre mayoral,

[1] Le ruisseau. Quand vous demandez le nom d'un courant, on vous répond d'ordinaire par ce mot : *El Rio*.

[2] *Veille-toi!*

après comme avant, demeure stupide, et le Rio franchi, on se secoue sur l'autre bord.

Vers quatre heures nous arrivions à *San Chidrian*. Un ouragan terrible nous y a poussés. La gare, toute délabrée qu'elle soit, nous offre un abri ; la pauvre venta nous a prodigué ses œufs et son vin chaud ; le train qui arrive nous recueille, et nous filons sur Valladolid.

C'est le soir et ce sont les mêmes désolations.

Voyez vous *Medina del Campo* s'estomper au fusain sur le couchant embrasé. A droite, voyez-vous le château de *la Mota*, forteresse où Borgia vécut deux ans prisonnier, où mourut Isabelle la Catholique. Cette épave des siècles ténébreux et cruels dresse dans le désert son porche crénelé, tandis que ses deux tours à large base laissent tomber sur le steppe leurs deux ombres que l'heure tardive a fait grandir. Puis l'immensité reprend son empire, le ciel plein d'orage disparaît sous une carapace couleur d'encre ; seulement à l'extrême horizon, cette zone s'est éclairée, plus pure qu'un cristal. On va toujours. *Pozaldès* éparpille ses masures au pied des deux églises colossales dont la nef allongée se coiffe d'une tour en front. Elles se regardent, les deux reines, elles se défient ; elles écrasent le hameau, pendant que leurs deux flèches transpercent les plis ternes des nuées, jetées en larges draperies d'un bout à l'autre des cieux.

Soudain un jet de flamme a rasé l'horizon vers l'ouest, comme si quelque forte main, soulevant par le bas l'épais rideau des brumes, la gloire céleste jaillissait en dessous ; c'est le soleil qui descend et s'incline vers ces parages. La région incendiée s'amincit, elle se resserre jusqu'à ne plus former qu'un trait ; elle se rétrécit encore, la chape de plomb qui écrasait les cieux semble se dilater ; la grande église de Matapozuelos, une autre solitaire campée devant son bourg, se crayonne en noir dans les pâleurs du crépuscule; le noyau du soleil, boulet rougi, sort des nues, il a traversé le ruban lumineux, il embrase les vapeurs. C'est une comète, la queue déployée jusqu'au zénith, qui va se précipiter dans un autre univers. Les nudités sans merci de l'étendue ont accru la grandeur d'une telle scène. Prodigieuse dans sa solennité, dans sa tristesse, elle domine tout; et la nuit qui nous enveloppe d'obscurité la laisse flamboyante devant nos yeux.

Un mot sur la Vieille-Castille. Des blés, des blés, encore des blés! Parfois quelques souches de vigne s'alignent en longues rangées, puis le blé reprend. Pas un arbre; en revanche, des cultures si soignées, qu'à chaque tour de roue l'éternelle question se pose : où sont les bras pour bêcher, amenuiser, planter et nettoyer ces jardins? De jardins, il n'y en a point d'autre que l'espace semé d'orge, de froment, ou rayé de ceps. Vous chercheriez en vain quelque potager autour des villages. On n'y découvre ni un chou, ni une carotte, ni une laitue; de cerisiers et de pruniers encore moins.

Quand vous parlez d'arbres au Vieux-Castillan, le Vieux-Castillan fait un signe de croix, puis il vous répond que s'il plantait un arbre, il y viendrait un oiseau; et que s'il y venait un oiseau, la Castille serait perdue. Dites-lui que les mésanges se nourrissent d'insectes, apprenez-lui que les insectes dévorent plus de semence que ne feraient tous les moineaux de l'univers, vous perdrez vos peines. Le Vieux-Castillan secoue la tête, passe le doigt devant sa figure et répète : *Arbol, pajaro !* traduction libre : qui dit arbre dit oiseau, et qui dit oiseau dit famine.

De vastes plantations de lentilles et de *garbanzos*[1] fournissent aux besoins du ménage; maigre régal, égayé, quand vient juillet, de force concombres et de quelques melons. Je plains les enfants de ces austères villages ; pauvres petits qui ne sauront jamais ce que c'est qu'un mouchet de cerises au bout d'une belle branche, ni comment une pomme est faite, ni comment on croque les poires ; infortunés marmots qui ne picorent ni fraises, ni framboises ; dont les chemins d'école n'ont pas un noisetier; qui de leur vie n'entendirent chanter la fauvette, siffler le merle, moduler le rouge-gorge ; qui n'ont point respiré l'odeur des roses, et dont pas même une touffe de soucis ou de barbues, telle qu'en offrent nos plus maigres courtils, ne viendront charmer le regard.

Savez-vous qu'arriver dix au *Parador del Siglo*[2], le premier hôtel de Valladolid, et point *d'equipajes*, n'est pas une petite affaire ? Nous y voilà pourtant ; vrais hidalgos sans sou ni maille. Bah ! la mantille sur la tête, nous sommes chez nous.

A demain les courses par la ville.

10 mai 186...

Valladolid, traversée de rues un peu désertes, mais

[1] Pois chiches.
[2] Hôtel du Siècle.

riantes malgré la solitude, tire tout son caractère des souvenirs. Ils mettent un étonnant contraste entre son passé féroce et sa bonhomie actuelle. Tenez, cette place au soleil qu'entourent maintes boutiques de *plateria*, qu'ornent des portiques à colonnades et qu'anime un peuple de promeneurs, c'est la *Plaza Mayor*, l'antique place des auto-da-fé.

Philippe II, un enfant de Valladolid, qui avait découronné sa ville natale comme il découronna Tolède, déposant les deux vieilles capitales espagnoles pour transporter le trône avec la cour dans sa jeune Madrid; Philippe II consolait la ville déchue en y faisant des séjours accidentés d'exécutions. A défaut de sa personne royale, il laissait ici, pour gage de son amour, le principal conseil du sacré tribunal. Torquemada, ce prince de la sainte Hermandad, ancien moine du couvent de San Pablo, une des gloires de la ville, favorisait Valladolid des bûchers les plus flambants et des processions les mieux fournies d'hérétiques. On n'a pas perdu la mémoire des deux holocaustes hors ligne qui signalèrent ce règne paternel : la fonction du 22 mai 1559, celle du 8 octobre de la même année. Philippe II, son fils don Carlos, les plus grands seigneurs avec les plus nobles dames y assistèrent. Au lieu même que foulent nos pas, la chair infectée du poison des idées nouvelles fumait et se tordait sous les ardeurs du brasier. Ici le martyr Antonio Herezuelo, muet, car on l'avait bâillonné de peur qu'il ne rendît gloire à Jésus, arrêta sur sa femme Léanor, dont le faible cœur venait de céder, ce regard, ce long regard qui fait jaillir les larmes; or, neuf années après, Léanor de Cisnèros, attachée vivante au poteau d'infamie, mourait pour la foi comme était mort son époux. Ici Domingo de Rojas, passant, les mains liées, devant le roi : « Sire! s'écria-t-il, peux-tu bien assister aux tortures de tes sujets innocents! — Et le roi : — Si mon propre fils était un misérable pareil à toi, je porterais moi-même les fagots pour le brûler. » Rojas allait répondre, mais sur un signe de Philippe II, on enfonça le bâillon dans cette bouche trop éloquente. Et don Carlos put repasser en son cœur les paroles de ce monarque, son père, ardentes et sinistres comme la fournaise qui achevait de consumer les sujets *gâtés* par l'Évangile. Et le soleil jette sa gaieté dans cette enceinte où l'on ne devrait voir, il semble, que des traces de sang ; les pigeons s'y abattent, les jeunes filles avec leurs jupons bleus, leurs yeux noirs, le rire de leurs vingt ans, traversent le funèbre espace ; les marchands qui ument l'air sur le seuil de leurs portes, se souhaitent le *bueno Dias* en se frottant les mains ; toutes sortes de gentilshommes pacifiques, les petits-fils de ceux qui regardaient brûler ces amas de corps, voués à la destruction pour le salut de l'âme, passent, fredonnent et roulent des cigarettes.

Nous aussi nous passons, mais notre cœur sent des défaillances. L'éclat du jour y met une horreur de plus. Nous avons pour les victimes des tendresses que domine le respect. Chose étrange, nous éprouvons pour les bourreaux des pitiés qui égalent l'indignation. Parmi ces meurtriers on comptait des consciences. Ils n'étaient pas tous aveugles, j'en ai peur, les gens qui tenaillaient ; ils n'étaient pas tous hypocrites non plus. Beaucoup d'entre eux pensaient bien faire. Cette innocence dans le crime, qui épouvante toujours, car elle met un abîme sur des routes qu'on croyait droites et sûres, ces effrayantes perversions du sens moral sont pourtant une consolation ; elles laissent deviner un homme où l'on ne voyait qu'une bête féroce. J'en suis certaine, nos frères martyrs y ont trouvé quelque soulagement. Quand leurs lèvres bâillonnées murmuraient des prières, quand leurs moignons noircis, dressés vers les cieux, imploraient la compassion divine; c'étaient ces âmes-là, sincères dans l'atrocité, qu'ils présentaient à Jésus.

Mais quel effroyable mystère que ce pouvoir du mensonge, que cet attrait du sang, que ces séductions de la torture, que cet enivrement d'un despotisme armé de griffes et de crocs; quelle abjection que ces complaisances des gens honnêtes à tous les raffinements de la cruauté! Mon esprit en reste éperdu; je sens une confusion inexprimable. Hélas ! tout s'explique, même les infamies, et c'est une pire humiliation. Le cœur n'était pas vicié, mais l'atmosphère était empoisonnée ; on la respirait. Des spectacles féroces avaient accoutumé les nerfs aux boucheries; les yeux ne se détournaient plus de la chair pantelante ; on trouvait à ces palpitations je ne sais quelle saveur antique; le niveau moral baignait dans le sang; l'habitude, cet agent du diable quand il n'est pas le serviteur de Dieu, à force de passer la main sur les plaies béantes et sur les tronçons à demi consumés, en avait fait des choses ordinaires et bienséantes.

L'horrible, je vais vous le dire; c'est que moi, c'est que vous, sans la bonté de Dieu, nous aurions été de ces gens-là. Vous vous récriez! Eh! qu'avez-vous donc, et qu'ai-je de meilleur qu'eux? Nous appartenons à un autre temps, oui; qui nous y a fait naître? Nos mœurs présentent plus de mansuétude; qui nous a donné nos mœurs? Vous sentez-vous, dites-moi, plus de conviction que ces hommes n'en avaient; un plus fervent amour possède-t-il votre cœur; la gloire de Jésus vous intéresse-t-elle davantage? Non.

Alors?... alors je me prosterne aux pieds du Sauveur, je sens peser sur ma tête, et mon propre péché et ces aberrations, ces malices, ces insanités de l'âme, toutes ces infamies dont ma race est capable. Je n'ai jamais compris, pour ma part, que la démence ou le crime des autres nous laissât contents de nous ; ce sont mes laideurs que je retrouve aux difformités des hommes ; chacune d'elles me fait descendre plus bas.

D'autres questions se lèvent. Toi, chrétien, à la place des martyrs, que serait devenue ta foi ? Aurais-tu, comme eux, assisté longuement à ton propre supplice ; doux, ferme, sans que l'excès des tortures arrachât un reniement à ton cœur ? La méchanceté des bourreaux t'aurait-elle laissé miséricordieux ? Le doute, en ces heures lamentables, n'aurait-il point traversé ton ciel ?

Ah ! mon ami ! du fond de ma conscience je m'écrie avec le philosophe antique, mais dans un autre sentiment : Je suis homme, et rien d'humain ne me demeure étranger.

Non, ni l'épouvante de souffrir, ni l'ébranlement des croyances, ni la trahison envers Dieu. Toutefois, il se tient là mon Dieu ; et c'est où je rencontre ma force. Si je ne puis triompher, je puis le supplier. Près de faillir, terrassé, vaincu, j'appelle son secours. Il m'a promis sa puissance, je prends à témoin sa fidélité. L'énergie de la foi, le mépris des douleurs, la paix au milieu d'un enfer de supplices, tout, j'ai tout, car tout vient de Dieu. Ils les possédaient, ceux qui sont morts en ce lieu funeste ; les martyrs de tous les temps étaient ce que je suis ; Dieu, leur Dieu, le mien, est resté ce qu'il est ; et voilà mon triomphe.

Nous roulons ces pensées en promenant nos pas le long des galeries.

La cathédrale, monument grec et froid, ne nous en distrait guère. Les orgues jouaient un air d'opéra, les chanoines l'accompagnaient de leurs voix allègres, des confessionnaux rangés le long des murs attendaient les pénitents. Sans la grandeur d'un tel vase et le tombeau de *don Pedro Anzuarez*, ce bon chevalier étendu morion en tête, la barbe noire, l'épée aux mains, sur sa couche séculaire, l'église ne vaudrait pas la peine qu'on prend de l'aller voir.

L'Université, qui rivalisa jadis avec le collége de Salamanque, nous montre sa façade rococo, genre faux contre lequel je n'aurai jamais fini de m'indigner. Cette fois le mauvais goût est racheté par les piliers en vedette, chacun portant son lion de pierre, et chaque lion tenant quelque écusson armorié.

Le cloître a conservé l'architecture gothique; dentelles, arceaux, feuillages, étoiles, des portes finement ouvragées, un miracle de fantaisie et de dextérité.

Il y a sous les voûtes, une petite figure en bois qui, rien qu'à l'effleurer du regard, fige le sang dans nos veines ; c'est un Saint Laurent étendu sur son gril. Le corps, une anatomie incomparable, solidement enchaîné des quatre membres, soulevé par l'effort du tourment, s'arc-boute, roussi en dessous, les cheveux grillés, et crie à pleine gorge.

Je vous défie de rencontrer quelque chose de plus épouvantable et de plus espagnol ; rien d'outré, la chose même, poignante, incisive, inexorable, et vous reculez comme si quelque bras invisible vous eût amené, vous, fait comme vous êtes, devant ce brasier d'enfer.

Oui, c'est bien la chair humaine. Mais que c'est peu le héros de la légende sacrée, impassible, presque moqueur, qui portait le regard vers ses bourreaux, et leur disait : — Ceci est cuit, tournez-moi de l'autre côté.

La Disputa de San Domingo con los Herejes Albigentes[1], nous fait voir après un grand miracle du religieux. L'air benoît et suave, notre saint surveille un bûcher ; par un bout ou par l'autre, il y a toujours du fer et du feu dans l'œuvre des moines dominicains. Cette fois pourtant nos bons pères se contentent de brûler des livres : d'un côté la Bible avec les traités albigeois, de l'autre maints écrits catholiques. Or : *Vantoriça, Dios sua doctrina con queños segno,* dit l'inscription (Dieu prouva sa doctrine au moyen de ce prodige) ; les thèses des moines, s'élevant dans les airs, montèrent droit au ciel, ce qui montre bien qu'elles en venaient ; tandis que l'Évangile, consumé comme une paille, s'évanouit en fumée. Les Albigeois font la mine que vous pouvez croire ; le roi, spectateur inerte, reste ébahi ; et Dominique de lever les bras au ciel.

Vis-à-vis, une Vierge du Montserrat, visage noir et rébarbatif, soutient de ses deux mains qu'elle a croisées devant son giron, une horrible petite créature, l'Enfant Jésus, grosse tête, membres grêles, l'air d'un avorton contrefait, avec des bas rouges et des souliers à rosettes. Le groupe tel quel, rapproché de ce dominicain béat qui jette les livres au feu en attendant qu'il y mette les hommes, images tour à tour répugnantes ou terribles, achèvent l'aspect.

Car, vous le savez, les trésors des couvents remplissent le Musée de Valladolid. On a tiré des sacristies, dépouillées par un arrêt de la reine, tous ces objets étranges qui fon notre surprise encore plus que notre admiration.

[1] Dispute de saint Dominique contre les hérétiques albigeois.

Dans la bibliothèque, fermée de portes en bois dont les piquantes sculptures nous présentent une succession d'oies couronnées, nous retrouvons la candeur avec la gaucherie des siècles passés. Quelques œuvres ignorantes et sincères, tableaux en marqueterie de nacre, patient labeur des religieux, scènes naïves dont les figures rappellent les meilleures miniatures des missels, nous font remonter aux origines de l'art.

Voici des stalles ciselées par la main des maîtres. Enfouies dans l'obscurité d'un cloître, on les aurait à peine discernées ; exposées en pleine lumière, elles montrent enfin le génie de l'ouvrier.

Regardez ce profil de Marie, dans sa pureté virginale, modelé d'un burin délicat qui a enveloppé le médaillon de pampres et d'arabesques. Voyez saint Bernard, ce visage carré, solide, où la ténacité se marque non moins que la foi. Des épisodes burlesques mettent une moquerie au front de l'enfer. Contre la porte où meurt toute espérance, l'artiste a campé une loge de concierge, vulgaire et bourgeoise, que défendent les trois têtes du Cerbère païen. La porte arrachée des gonds fléchit et se renverse, Jésus en passant l'a jetée bas ; mais un dragon, ailes déployées, écailles frémissantes, accroupi sur le toit, guette le vainqueur, prêt à lui passer sa lance au travers du corps. On voit de loin Jésus revenir des profondeurs ténébreuses ; il porte sa croix sur l'épaule ; il tire après soi trois bienheureux, fourvoyés dans l'empire des pleurs. Léviathan, un autre monstre à queue fourchue, les attend, gueule ouverte, pour les happer au passage, tandis que ce diablotin, peu curieux de la bagarre, prend son vol en faisant une effroyable grimace.

Il n'est pas jusqu'aux actes de la Passion qui, sous le

ciseau du temps, ne revêtent je ne sais quel air narquois. Les meurtriers du Christ ont des visages si étrangement accentués de réalisme, on y retrouve si crûment nos prosaïques laideurs ; les regards platement sinistres, les malices infimes, les hypocrisies avec la méchanceté familières aux habitudes mesquines, tous les mouvements d'une nature triviale y sont si bien pris sur notre fait, à nous, que cette tragédie surhumaine rabaissée au niveau de nos vulgarités, perd sa grandeur sans revêtir une actualité de plus.

Deux statues d'un autre genre, le duc et la duchesse de Lermes, bienfaiteurs de la ville, agenouillés devant un autel, ont gardé quelque dignité. La tête de l'hidalgo, placide, un peu bouffie, avec de grosses lèvres épatées, reproduit les béatitudes d'une dévotion inintelligente. Rien qu'à voir sa femme, rien qu'à surpendre cet éclair de la pensée sur les traits déliés, rien qu'à considérer cette résolution du sourcil, cette bouche fine et ferme, on sent qu'en elle résidait l'âme. Elle pensait, l'autre exécutait.

Une grande *Assomption* de Rubens a jeté dans le panneau qui fait face les bruyantes couleurs du peintre avec sa liberté d'action. La figure capitale, celle de l'ange, plane les ailes étendues, sceptre en main, les plis du vêtement rouge abandonnés au vent, humble à la fois et royal, au-dessous de la Vierge, au-dessus de la terre; et l'on sent notre globe s'enfoncer dans les solitudes sidérales, et l'on monte avec la Vierge, de cieux en cieux.

Un antique fauteuil d'église nous restitue à quelque pas le Cid, sculpté debout, loyal, sincère, la barbe soigneusement frisée; sur sa poitrine il tient d'une main Tizona, pointe en l'air ; l'autre main s'appuie au bouclier.

Suivez les corridors du cloître ; sainte Monique vêtue de

la robe des religieuses, longue figure en bois colorié, de grandeur naturelle, une carnation qui se rapproche de la vie, étendra vers vous ses deux mains jointes. Ce n'est presque plus de l'art; cela ressemble aux poupées de cire qu'on promène dans nos foires; pourtant la candeur des maîtres y a logé quelque parcelle de l'âme humaine.

Dans les mêmes proportions et dans la même attitude, Hernandès, l'élève de Juan de Juni, l'ami du Berruguete[1], a mis là sainte Thérèse. Pâle, les yeux ardents, les lèvres sensuelles, le visage empâté, la sainte présente aux regards ce mélange d'extase mystique et de passions terrestres, non sans despotisme, non sans un esprit très-positif sous la rêverie, contraste pénible que ramènent trop souvent ses actes opposés à ses écrits.

Mais la salle où nous venons d'entrer, riche et surprenante plus que pas une, aligne de nouveau les scènes du Golgotha.

C'est le moyen âge dans sa crudité; c'est le drame à la façon dont l'entendait le siècle ironique et brutal. Je ne connais que l'arsenal du Seraï, à Stamboul, avec ses janissaires, ses ichoglans et ses muets reproduits par le génie farouche des fils de l'Islam, pour se rapprocher d'un tel type.

Voici les soldats de la cohorte, en jupon court, en barbe ébouriffée, la hallebarde à l'épaule, et des yeux qui ressemblent à des boules de jais. Voici les scribes et les pharisiens dans leurs gaînes écarlates; visages minces, lèvres serrées, fronts étroits, roides, implacables. Selon que les personnages groupés autour de l'action principale

[1] Le patron du rococo quand il bâtit des églises, sculpteur naïf et sincère lorsqu'il reproduit la figure humaine.

en reproduisent les phases, on voit les Pilate, les Judas et les Caïphe se laver les mains, trahir ou condamner. A grands coups de pioche, les bourreaux creusent le sol pour y planter la croix, et l'on sent la terre tressaillir. Un rire dont on croit entendre les saccades, sort des lèvres insultantes de ce docteur de la loi, superbe et mauvais sous son bonnet pyramidal. C'est bien l'invective qui a soulevé les épaules de ce Romain, alors que jetant un regard provocateur à Jésus crucifié, il s'écrie : Si celui-ci est Dieu, qu'il descende! Le capitaine a mis le poing sur sa hanche, de l'air d'un Rodomont. Cet horrible homme, plus loin, la bouche édentée, les yeux flamboyants, ivre des tortures qu'il espère, se crispe de tous ses muscles pour enfoncer l'outil qui va percer les trous dans le bois. Ailleurs, un autre tient l'éponge, il la pousse vers Jésus ; tous ses traits allumés d'une curiosité bestialement cruelle disent: Laissez! voyons s'il boira. Le brigand converti, belle tête à l'espagnole, la moustache relevée, le front incliné, pâle et mourant, l'espoir avec la contrition mêlés sur son noble visage, laisse échapper l'invocation suprême : Souviens-toi de moi! L'insulteur, son compagnon, a levé de la croix sa figure sardonique où tous les vices ont marqué leur défi! Là-bas c'est Jean-Baptiste, un prophète arabe, digne, beau, avec les noblesses de sa race; il a vu s'approcher Jésus, le respect l'a saisi, il ose à peine verser l'eau sur la tête de son Seigneur: Tu viens à moi! Et les lèvres encore entr'ouvertes ont conservé l'expression d'une humilité ravie; on dirait que la coquille tremble et qu'elle reste suspendue aux doigts hésitants.

Quelles que soient les grossièretés de l'exécution, je sens ici l'empreinte du vrai. Je retrouve chez ces sculpteurs, surtout dans l'œuvre d'Hernandez, cette droiture avec cette honnêteté du génie espagnol qui donne à l'école des Velasquez, des Ribera, des Murillo son caractère incisif et sa virilité.

Hernandez, comme Juañes le peintre de Valence, comme le Frate en Italie, ne se mettait point à l'ouvrage sans prier.

Peut-on faire autrement. Placé qu'est l'homme entre sa faiblesse et ses aspirations, peut-il se rabattre à soi-même. Si ce n'est pas la gloire de Dieu que nous cherchons, que faisons-nous; et que signifient tant de larmes avec des efforts jusqu'au sang? Quoi ! jeter au vent une page, modeler une forme que la poussière couvrira bien avant que les vers l'aient rongée, ce serait tout. Ah ! je le redis encore, si l'avenir éternel, celui qui se prolonge là-haut, n'est pas notre espérance, si le souffle qui donne la vie ne vient pas des sommets; ne me parlez plus ni d'inspiration, ni de luttes, ni de l'idéal poursuivi, ni de la gloire conquise; tout n'est que poudre. Dès que vous m'ôtez l'infini, je ne me soucie plus de rien.

Pour ma part, je ne comprends pas mieux le travail sans prière que je ne conçois la prière sans travail. Nous avons le sol à fouiller et Dieu nous demandera compte des jachères; mais quoi ! chétifs, misérables, vite fatigués, vite découragés, courts d'haleine, les yeux obscurcis, les mains vacillantes, secoués que nous sommes d'opinions diverses, inférieurs à notre vocation, trompés par tous les mirages, errants et ballottés, tantôt enivrés d'orgueil et tantôt accablés de nos impérities, que deviendrions-nous, je vous le demande, sans le câble d'or jeté des cieux? Mon ami, nous irions de la vie à la mort, insensés et perdus, comme ces tourbillons de feuilles sèches que promènent et qu'éparpillent les autans railleurs.

A cette heure, voulez-vous voir San Pablo, le monastère où s'abrita la dévotion de Torquemada? Je vous montrerai cette façade merveilleuse avec son portail brodé de guipures, ses médaillons ciselés sur un fond de dentelle, et les saints en pyramides, et les aiguilles de marbre, et les piliers porteurs de lions, et tout ce gothique fleuri dont la dota son grand inquisiteur, plus épanoui, plus gracieux et plus badin dans ses goûts de gentilhomme artiste, qu'il ne l'était à coup sûr dans ses fantaisies de protecteur de la foi.

San Gregorio à côté, fondée par don Alonzo, évêque de Burgos, gothique toujours mais avec sobriété, s'enveloppe de cordons évidés et délicats. Deux clochetons épineux couronnent l'église; des arêtes découpées accentuent le profil que marque de son sceau un fronton armorié.

Voulez-vous entrer dans le Patio, voulez-vous suivre la double série d'arceaux que soutiennent des colonnes tordues : le premier rang solide et nu, le second travaillé comme un joyau. Avez-vous vu la chaîne de pierre qui court en frise ? et les gargouilles grimaçantes, et les balustres aériens, en savez-vous les beautés ?

Il me resterait pour tout un jour à décrire. Mon ami, tenez le tableau fait, et remerciez-moi de vous laisser là.

12 mai 186. .

Nous voici dans Burgos, la ville du Cid.

Un pays pareil à celui que je vous décrivais avant-hier la sépare de Valladolid. Seulement des coteaux argileux viennent couper les grandes lignes de l'horizon; ils abritent presque tous quelque village; des cultures plus variées sillonnent la terre, on rencontre plus de paysans à califourchon sur leur mule; et la rivière de Puizerga que longe et que traverse tour à tour le chemin de fer, jette ses morceaux de miroir dans la verdure sans fin.

Mais dès que Burgos a dressé vers les perspectives lointaines, sur le ciel gris du nord, sa cathédrale hérissée d'une forêt de flèches que dépassent et que dominent, comme deux mâts parmi la voilure d'un navire, deux tours dentelées, épineuses, larges à la base, fines au sommet, pointues, aiguës, noires et sévères; alors on n'a plus d'yeux que pour elles, plus de pensée que pour ces vieux siècles assis dans leur vieille cité, qui semblent, eux aussi, nous regarder de haut.

L'Arlançon coule paisible et clair entre les peupliers de l'Espolon, la belle promenade plantée de rosiers. Dans les rues étroites, populeuses et non moins gaies que celles de Valladolid se pressent les caballeros, bien *embozados*, car il fait froid, et les señoras à la mantille de taffetas noir. Le *mirador*, cette cage de verre que ne connaissent point les villes du sud, brille au soleil, suspendu entre ciel et terre. Nous avons le nôtre qui nous protége contre le vent; il commande les deux bouts de la calle.

Descendons et promenons-nous un peu.

Burgos, comme toutes les villes d'Espagne, possède sa *plaza de la Constitucion;* elle a sa *plaza de la Libertad* avec sa fameuse *Casa del Cordon*, vieux château de Hernandez de Velasco, toute couverte d'armoiries, de sculptures, accostée de tourelles; et sur la porte, la forte cordelle de l'ordre Teutonique, ciselée dans la pierre qui soutien les écussons du seigneur de Velasco, de sa femme (une Mendoza), et celui des Figueros.

Mais comprenez-vous ce que c'est de passer par la calle du Cid, et d'errer tout au travers des noms chevaleresques, et de s'appuyer à quelque bouteroue du pont jeté sur l'Arlençon, vis-à-vis de cette *Casa Consistorial* qui flanque la Puerta-Santa-Maria de ses deux tours crénelées et de ses deux tourillons capricieux? Concevez-vous ce que c'est que de contempler là, dans leur rigidité grave, les statues très-gauches et très-naïves de *Nuño Rasura*, de *Lain Calvo*, de *Fernan Gonzalès*, de *Diego Porcello*, les plus dignes hommes de la Burgos antique; sans compter la figure du Cid, et celle de Charles-Quint qui les fit tous ranger autour de lui, bien encapuchonnés sous le porche?

Toujours les clochers de la cathédrale transpercent le ciel. Quelque cigogne qui s'enlève pesamment bat l'air de ses ailes, et cou tendu, pattes pendantes, vient camper sa fatidique silhouette sur une flèche de la plus haute tour.

Il nous plaît de prendre ainsi possession des aspects et de rencontrer les monuments au hasard de la fortune. Nous suivons les ruelles prolongées vers le château; nous allons par une allée déserte, la *Calla alta*, qui côtoie l'enceinte des Maures. La teinte dorée des remparts, les fortes assises des tours rondes plantées de loin en loin, tout exhale cette sorte de mélancolie qui monte du temps passé. Et le soleil, et l'aise du cœur, les poésies de l'heure présente pénètrent d'un charme si doux cette tristesse que volontiers on resterait là, dans les ombres largement projetées sur le sol, contemplatif, écoutant je ne sais quel murmure des choses qui ne sont plus, je ne sais quelles palpitations de celles qui vont venir. Au surplus, pourquoi ne point songer? Assis sur un ressaut du terrain, nous avons devant nous les deux maigres obélisques, le non moins pauvre pilier où pendent les écussons du Cid, de la cité de Burgos, et de San Pier de Cardeña[1]. Ici fut la maison du Cid, *el Solar del Cid.*

La poésie, voyez-vous, c'est d'y rêver, dans cet abandon absolu, sous le ciel transparent, au pied de cette muraille arabe, les deux grandes flèches de Santa Maria enfoncées dans l'azur. Alors la jeune figure du Cid apparaît farouche, comme il était lors que tout bouillant du feu qui n'avait pas encore jailli hors de ses veines, il criait à son père, don Diègue Lainez, qui lui serrait fortement les doigts pour éprouver sa constance : — Lâchez-moi, dans cette heure mauvaise ; car si vous n'étiez point mon père, avec cette main je vous déchirerais les entrailles ! — et le vieillard pleurant de joie : — Bien ! disait-il, fils de mon âme !

Rodrigue n'avait pas les délicatesses de sensibilité que lui prêta Corneille, quand vainqueur du comte de Loçano, le père de Chimène, il coupait la tête de son adversaire et, que, la tenant par les cheveux, cette tête blême et mourante, il s'agenouillait devant don Diègue et la lui présentait toute dégouttante de sang. Il n'était point ce gentilhomme courtois, féal serviteur de son souverain que nous montre la tragédie, alors qu'au sortir de son duel il montait à cheval suivi de trois cents seigneurs ; fier, de bons gantelets aux mains, le casque d'acier avec le bonnet écarlate en tête, le poignard doré passé dans la ceinture, et qu'il s'en allait trouver le roi. Ceux, dit le Romancero, qui se tiennent devant don Ferdinand s'écrient : — Voici venir Rodrigue qui

[1] Le domaine du Cid

a tué le comte ! — Rodrigue les regarde fixement et d'une voix haute : — Je suis prêt à rendre raison, dit-il, à qui le veut. — Tous effarés s'écartent : — Que le diable, s'écrient-ils, te demande raison ! — L'escorte entière a vidé l'arçon pour baiser la main du roi ; Rodrigue seul reste à cheval. Pour le faire descendre, il faut un ordre de son père. Alors de mauvaise grâce le guerrier se décide, murmurant entre ses dents : — Si un autre me l'eût commandé, déjà j'en aurais fait vengeance. — Comme il ployait le genou, voilà que son estoc se détache, et le roi : — Ote-toi de là, Rodrigue ! ôte-toi-moi de là ! diable dont la figure est d'un homme et la conduite d'un lion sauvage.

Tel se présente le preux chevalier.

Et voici Chimène, désespérée, qui porte sa douleur avec sa plainte devant le roi Ferdinand. Rodrigue écoute, l'œil hardi, l'air furieux. Soudain tournée vers lui : — Tue-moi, traître, moi aussi ! dit-elle. Ne m'épargne point comme femme. N'est-ce pas assez, *petit vilain*, que je te brave et que je te déshonore ! — Mon Cid ne répond mot, il a pris les rênes, il est sauté à cheval, il a disparu. Chaque jour, tenant sur le poing un épervier ou quelque faucon, il galope sous le balcon de Chimène. Pour lui faire plus de peine, il lance l'oiseau cruel dans le colombier de la jeune fille. De nouveau, elle s'en vient outrée vers le roi :

— Avec le sang de mes colombes il a ensanglanté mes jupes ! il m'a tué mon page ! Un roi qui ne fait point justice ne devrait point régner, ni chevaucher à cheval, ni chausser des éperons d'or, ni manger pain sur table, ni se divertir avec la reine, ni entendre la messe en lieu consacré.

Don Fernand troublé : — Que le Dieu du ciel me soit en

aide! s'écrie-t-il. Si je fais tuer le Cid, mes Cortès se révolteront; si je ne fais point justice, mon âme le payera.

Lors Chimène, tout à coup désarmée : — Tiens-toi tes Cortès, ô roi, que personne ne les soulève! L'homme qui me tua mon père, donne-le-moi. Car celui qui m'a fait tant de mal, me fera, je le sais, quelque bien.

Or écoutez, interrompt la chronique, écoutez comme parla le roi : — Je l'ai toujours entendu dire, et je vois à présent que c'est la vérité : le sexe féminin est bien extraordinaire! Jusqu'ici elle a demandé justice, et maintenant elle se veut marier avec lui!

Vous regrettez les beaux sentiments de Corneille? mais que je leur trouve de saveur, à ces élans sauvages de deux cœurs tels que les créa le temps, tels que les fit la vie guerrière; et sous ces duretés, comme on sent palpiter ce quelque chose qui sera de l'amour.

Voulez-vous voir les belles noces, et comment Rodrigue se fit magnifique et charmant pour épouser Chimène. Il quitta son gorgerin ciselé, il mit une culotte courte à bordure violette, il passa des chausses vallones d'Allemagne, il revêtit la longue chemise ronde et juste, sans lisérés ni broderies (car en ces jours, dit la chronique, *l'amidon était du pain pour les enfants*); par-dessus la chemise, il enfila un justaucorps de satin noir[1]; il prit une veste tailladée en mémoire des nombreuses taillades qu'il avait faites; sur son bonnet en drap de Courtrai, il portait un chapel de feutre surmonté de la plume de coq; des courroies toutes neuves *qui avaient coûté quatre cuartos* rattachaient de côté son épée vaillante. Accoutré de la sorte il des-

[1] *Que son père*, dit le Romancero, *avait sué dans trois ou quatre batailles.*

cend dans la cour où l'attendent le roi, Chimène et l'évêque Layn Calvo.

Chimène n'était pas moins richement adornée. Dédaigneuse des colifichets qu'on nomme *urraques*, elle portait une simple coiffure de *papos*. Sa robe *prenait bien la taille*. Elle avait aux pieds des mules écarlates ; un collier garni de huit médailles emprisonnait son cou, et le travail seul du Saint-Michel qui pendait au milieu *valait autant qu'une ville*.

Rodrigue, comme il va donner la main à la gracieuse fille et la baiser, Rodrigue la regardant lui dit : — J'ai tué ton père, mais point en trahison. Je l'ai tué d'homme à homme, pour venger une injure trop réelle. J'ai tué un homme, et je te donne un homme. Me voici à tes ordres.— Cela parut bien à tous.

Et moi, je le répète, cette chevalerie fortement trempée me remue mieux que les plus héroïques discours. La vérité, dans son âpre énergie mêlée à je ne sais quelle douceur, pareille aux haleines qui ont passé sur les lavandes et qui en portent l'arome au désert ; ces deux figures hautaines, l'âme embrasée d'un ressentiment tout brûlant de tendresse ; ces chastes profils avec leurs lignes un peu dures toutes baignées des claires lumières du soleil levant me saisissent et me possèdent le cœur. Il me semble que je marche à côté des époux en ce jour des noces où Burgos, splendide comme une reine, avait déployé ses tapis aux fenêtres et jonché ses rues de branchages et de fleurs. Les jeunes hommes, à chaque pas, arrêtaient Rodrigue pour lui chanter des couplets ; le roi don Ferdinand menait Chimène ; on jetait tant de blé par les croisées, que le monarque en gardait quelques traces sur son bonnet à larges bords, et que plus d'un grain tomba dans la gorgerette de l'épousée.

Que vous dirai-je? elle l'aimait, son Rodrigue, son vainqueur, l'homme qui la protégeait d'une forte affection et qui la devait défendre d'un bras loyal.

A San Pier de Cardeña l'union fut bénie. Don Ferdinand avait donné le domaine à Rodrigue, ainsi que *Valduerna*, *Belforado*, et *Saldaña*.

Bientôt les trompettes ont résonné, le Maure s'avance, Babieça hennit.

Hélas ! le voilà parti, le Campeador ; il y a plus d'un an. Les heures sont de durée. Chimène solitaire, derrière les fenestrelles de Cardeña regarde passer les troupeaux sur la lande brûlée, passer le soleil qui marque les jours. Elle se souvient; un mortel ennui l'accable. Alors elle se lève, elle écrit au roi :

— Quelle loi de Dieu vous enseigne, lui dit-elle, que vous puissiez pour un si long temps désunir deux époux!...Quelle bonne raison approuve que de nuit et de jour vous le traîniez, mon Rodrigue, sans le lâcher sinon une fois, par hasard, dans l'année ? Et encore cette fois-là il arrive tellement couvert de sang, des pieds à la tête, qu'il fait peur à voir. L'aube n'est pas apparue que les espions et les *adalides* le pressent pour qu'il retourne au camp. Je vous le demandai tout en larmes, m'imaginant dans mon abandon trouver en lui un père et un époux, et voilà que je n'ai ni l'un ni l'autre. Je ne possède pas d'autre bien, et vous me l'avez ravi. Je le pleure vivant comme s'il était mort. Faites-vous cela pour l'honorer? Mais Rodrigue l'est déjà tant, que sans barbe, il a cinq rois pour vassaux !

Puis, par un retour charmant de candeur et de modestie féminine : — Répondez-moi en secret, par une lettre de votre main... surtout jetez ce mien écrit au feu, de peur qu'il ne coure le palais ; car les malintentionnés ne m'en tiendraient pas bon compte.

Le roi don Ferdinand a demandé du papier. Il fait *la croix*, *quatre points*, un *paraphe*, et toujours narquois sous la bonhomie : — A vous Chimène, écrit-il, la femme d'un époux envié ; la noble, la chaste, la spirituelle !... Si Rodrigue fût resté pendu à votre clavier, mon bien ne se fût pas accru en un riche patrimoine. Si je l'eusse laissé se promener avec les autres infançons, votre médaille de Saint-Michel aurait pu tomber en mauvaises mains. Si je ne lui avais pas confié le soin de mes armées, vous ne seriez qu'une simple dame et lui qu'un simple gentilhomme. Si un mari vous manque à vos premières couches, vous y aurez un roi qui vous fera mille régals.

La pauvre Chimène, mal consolée, met au monde doña Sol. Le roi lui envoie une parure de plumes. Un garçon eût fait le monarque plus libéral.

Vous l'avez vue gracieuse, la jeune femme, dans cette robe d'épousée qui prenait si bien son corsage ; la voilà jeune mère. Elle se rend, plus touchante encore, à la messe des relevailles. Ses cheveux luisants comme l'or retombent sur ses épaules, elle s'enveloppe tout entière dans une mante de drap de Courtrai. Car les dames de haut parage, c'est la légende qui le dit, mieux elles couvrent leur visage mieux elles découvrent leur renommée.

Faut-il vous montrer Chimène quand la tendresse de son Cid, grandie en dépit des années, dictait à l'exilé du roi don Alonzo le message que voici :—Je pleure ma compagne Chimène; délaissée et triste comme la colombe dans un pays étranger. Car bien qu'il soit le sien, elle y demeure environnée d'ennemis : étant les adversaires de son époux, qui douterait que ce ne soient les siens !

Mon ami, nous resterions tout un jour devant ce site désolé ; tout le jour nous écouterions ce que nous disent les canzons espagnoles. Elles sont vraies, n'en doutez pas, vraies de la vérité poétique, de l'idéale, de celle qui s'exhalant des faits morts, ainsi que monte l'âme quand elle quitte un corps inanimé, va porter la vie dans les régions supérieures. Vous souderiez bout à bout cent morceaux de réalité, ils ne vous révéleraient rien. Bien plus, si nulle étincelle du cœur, si nul jet de l'esprit n'y viennent mettre la lumière, les faits eux-mêmes demeurent obscurs. Prenez-les dans vos deux mains, ces fragments inertes, avancez-vous avec eux dans les catacombes de l'histoire ; vous n'y verrez pas plus que vous ne verriez aux souterrains de Rome, si vous tentiez d'y pénétrer quelque ferraille antique au bout des doigts. L'idée seule illumine, car seule elle contient l'âme ; l'idée donne le ton juste, l'émotion des siècles, l'accord suprême ; l'idée éclaire la route, derrière comme devant ; c'est elle qui écrit les légendes ; et voilà pourquoi la légende, toujours nous dira le mot du passé.

Vous comprenez quelle piètre figure fait, à deux pas d'ici, l'arc de triomphe érigé par Philippe II : bâtisse étriquée, empesée, la médiocrité même, comme les idées et les œuvres qui sortaient de cet étroit cerveau.

Quand nous avons fini de côtoyer les murailles des Maures et de dire un dernier adieu, le cœur serré, vous pouvez m'en croire, à ces monuments de nos califes africains, nous allons chercher la cathédrale.

Elle nous paraît moins majestueuse, empâtée comme la voilà de constructions modernes, que vue de loin, ou de bas, ou de haut, assise en sa gloire par-dessus tout ce qui s'élève autour d'elle.

C'est mon église finale. Tenez-vous bien, je ne vous ferai grâce ni d'une chapelle ni d'un portail.

Justement nous voici devant la *Puerta de la Visitacion.* Regardez devant vous ce porche ouvragé, suivez les enroulements du cordon, montez avec le pilier qui sépare les battants, arrivez à la statue qui en couronne le faîte. Voyez cette rosace au-dessus, et ces galeries aériennes dont les arcs se dentellent de grands trèfles, et les rangées de saints, immobiles dans la lumière ! Ne les aimez-vous pas chaque jour davantage, ces espaces austères et nus qui semblent un intervalle plein de grandeur au milieu des pompes du discours ?

Si nous entrons, l'abîme suspendu nous tient émerveillés. Là-haut ce sont des lignes de colonnettes jetées en un trait délicat, ce sont des fenêtrages formés d'un réseau de pierre, c'est la coupole, une étoile à jour, lancée au plus vif du ciel. Des piliers massifs, qui me font penser aux gigantesques colonnes de Thèbes l'Égyptienne, soutiennent la nef en ses profondeurs. Elle reste nue sauf trois statues dans leur encadrement brodé, et ces guipures, et ces arceaux qui vont se nouer dans les airs.

Le grand retable, l'œuvre des deux frères Roderigo et Martin de Laya, dresse au fond le tableau largement sculpté des douleurs de Marie. Le chœur qui se campe au milieu du parvis oppose son style bâtard et ses grecques réminiscences aux épanouissements de la pensée gothique. L'argenterie massive du temps des d'Arfé nous montre ses candélabres travaillés au marteau, toute une orfèvrerie monumentale[1], tandis que les stalles des chanoines portent au dossier les scènes de l'Évangile, aux accoudoirs des animaux fantastiques, et que les deux sacristies, vieille et nouvelle, étalent à nos yeux leurs travaux exécutés par les religieux.

Vous l'avouerai-je, une fois l'habileté constatée ; une fois la candeur de l'idée et le fini de l'exécution appréciés à leur juste valeur, on trouve qu'au bout du compte tous ces chefs-d'œuvre se ressemblent. Ce sont les mêmes figures émaciées des mêmes saints demi-morts ; c'est toujours le père Adam, maigre, long, famélique ; toujours c'est la barque du Sauveur, une coquille de noix, ballottée par les mêmes flots, paquets de filasse ; les mêmes dragons font miroiter les mêmes écailles, ils redressent la même queue fourchue devant les mêmes solitaires épouvantés ; les diablotins étendent sempiternellement leurs ailes de chauves-souris sur un enfer burlesque ; le rire perd son timbre en répétant trop souvent les mêmes notes ; la naïveté finit par devenir niaiserie ; il n'est pas jusqu'aux prodiges d'un travail effrayant qui ne fatiguent l'œil par leur abondance uniforme ; ces trésors de détails essoufflent l'imagination sans apporter une idée à l'esprit. Tenez, appelez-moi du nom qu'il vous plaira, mais ces merveilles-là, très-incontestables, et nos admi-

[1] Après la conquête du Nouveau-Monde, l'argent abonda si fort en Espagne qu'on le comptait pour rien. Un comte d'Albuquerque possédait quatorze mille douzaines de services en argent. La *plateria* des églises s'accrut dans des proportions pareilles. Les *Arfé*, une famille d'artistes, ennoblissaient par leur travail toute cette orfèvrerie sacrée. Mais le malheur du talent, lorsqu'il s'attaque à des métaux précieux, c'est qu'on l'oublie pour ne se souvenir que de la valeur vénale des matériaux qu'il employa ; de telle sorte que, littéralement, on bat monnaie avec des chefs-d'œuvre.

rations, très-sincères, finissent toujours pour moi par un complet ennui.

Considérons un peu nos chapelles. Le cloître ressemble à tous les cloîtres, sauf les tombeaux des chanoines alignés le long des murs, et cette porte où l'on découvre le portrait de saint François d'Assise; belle tête saisie et reproduite par les ouvriers que regardait travailler le saint.

La Capilla del Rey Fernando confinait jadis au palais maintenant détruit. On y voit pour unique ornement un vieux coffre, formé de quatre ais, sans plus ni moins : le coffre, dit la tradition, que mon Cid remplit de cailloux et qu'il remit aux juifs, leur demandant en échange force doublons qu'ils lui prêtèrent. La *Visitacion* contient un sépulcre d'évêque, celui de don Alonzo de Carthagène; le prélat dort étendu, le visage tourné vers les cieux, absorbé dans l'attente. La *Presentacion* a son cénotaphe avec son fondateur, don Juan de Lerme, toujours l'air confit en vertu. *Sainte-Thècle* se glorifie d'un horrible retable en or, espèce de devanture papillotante à l'œil, nec plus ultra d'une richesse brutale. *Sainte-Anne* dresse le sien à l'écart, sombre, ingénu, taillé dans le bois; on y voit le patriarche Abraham couché de son grand long sur terre; un arbre généalogique lui sort de la poitrine et porte à chacune de ses branches quelque ancêtre du Sauveur. *La Capilla del Conetable*, prodige de goût, a fièrement découpé ses arceaux dans les airs; elle laisse courir parmi les rinceaux et parmi les guirlandes une troupe d'amours joueurs, hardis, leurs petits pieds jetés au hasard, dans toute l'ingénuité de la friponnerie enfantine.

Mon ami, nous avons vu, revu le dedans comme le dehors. Ce que j'aime le mieux de la cathédrale, je vais vous le dire; c'est elle-même, en bloc : cette masse imposante, dans l'audace de ses flèches, dans la puissance de ses assises, enlevée sur le ciel, campée au milieu de la ville, avec les dards de ses aiguilles, si haut portés que les petits nuages qui floconnent dans l'azur vont, on le dirait, y accrocher leur duvet. Voilà ma grande impression, ma première, la meilleure, c'est la page qui s'écrit d'elle-même et que rien n'effacera.

13 mai 186..

San Pedro de Cardeña, d'abord un ermitage, fut au sixième siècle érigé en monastère par la princesse doña Sanche de Castille, dont le fils Théodoric était mort à la chasse, pour avoir bu les eaux glacées de la fontaine *Cara digna* (Cardeña). Un couvent consacra le souvenir. Vers l'année 872, les Arabes saccagèrent l'église et tuèrent deux cents moines. A chaque anniversaire du massacre, la source *Cara digna* jetait du sang; elle en a maintenant perdu l'habitude, et le plus beau titre de Cardeña, c'est qu'il appartint au Cid, c'est que là furent mariés les époux héroïques, c'est que, dans ce château de Rodrigue, Chimène attendait son vainqueur, et qu'au bout d'une longue carrière tous deux y revinrent de Valence, elle veuve, lui mort. Longtemps l'église de Cardeña garda les restes du sire de Bivar; le sanctuaire reçut le corps de Chimène; il renferma les dépouilles de leurs enfants; il abrita les ossements des féaux compagnons du guerrier; à l'heure où j'écris on y trouve encore leurs tombeaux.

C'est Cardeña que nous allons visiter.

Nos voitures s'élèvent lentement sur les coteaux qui portent la Chartreuse de Miraflores où nous reviendrons ce soir. L'œil suit derrière les vastes clôtures la dentelle de pierre dont se frangent les arêtes du monument. Puis on ne voit plus rien, sinon ce vallon plein de fraîcheur qui s'en va mourir vers un fond de montagnes bleu noir, et devant soi l'espace nu, rocailleux, sans un arbre, sans un buisson, fondrières alternées avec les érosions de la roche, et cela mesure cinquante lieues de tour. Jetez-y des blés toutes les fois que le plateau se couvre d'humus, jetez-y des pierres lorsque le sol végétal fait défaut, vous aurez l'aspect.

Au bout d'une heure chevaux et voitures se sont dévalés par une pente de terre glaise. Là commence le domaine du Campéador. Un vieil amas de constructions, en bas, c'est tout ce qui reste du château seigneurial.

Je me représente le Cid, avec ses gentilshommes bardés de fer, les chevaux emprisonnés comme les cavaliers dans cette formidable carapace qui pèse bien trois quintaux; je les vois pris dans l'argile pâteuse; à chaque élan Babieça y enfonce des quatre jambes; les autres pétrissent le sol, coursiers de hennir, écuyers d'enrager, pages de corner!

Et ma pauvre Chimène, quel séjour pour tromper ses ennuis!

Figurez-vous un immense plat à barbe, je n'ai pas d'autre image. Les bords du vase, très-élargis, se revêtent d'une maigre végétation de folles herbes jetée au hasard des ravins; un même niveau rabat l'horizon au même plan; quand on arrive au fond et qu'on lève la tête, on a pour se distraire cet ourlet mollement festonné, avec le ciel gris ou bleu, qui lui sert de couvercle. Si le seigneur de Bivar n'eût possédé d'autre bien que les revenus de Cardeña, la belle médaille de Saint-Michel pendue au collier de Chimène courait grand risque de s'en aller rejoindre chez les juifs le coffre plein de cailloux que leur avait confié mon Cid. Mais les Maures valaient mieux que les guérets; chaque coup de Tizona fauchait des épis d'or, et le Cid ne revenait point au logis sans gloire et sans doublons.

Le charme du lieu réside dans la solitude ; oh ! pour cela, complète. Il n'y passait ni voisins oisifs, ni train de chasse, ni litières de grandes dames, ni jeunes damoiseaux en quête d'aventures. Doña Chimène, entre doña Sol et doña Elvire, ses deux filles, y pouvait tout un jour filer la soie derrière le grillage des hautes fenêtres, sans qu'équipage galant ou bruit mondain lui fît mettre la tête à l'huis.

Ces demeures un peu sauvages ne sont pas dépourvues d'attrait. Aucun incident frivole n'y détourne l'âme de ses pensées ou le cœur de ses amours ; nous y appartenons bien à qui nous possède; nulle incursion passagère, nul train de maraudeur n'y fait dans l'âme ces rapides traversées que marquent les destructions. Est-ce bien sûr? Au fait je n'en sais rien. Je crois assez pour ma part à la puissance des contrastes ; l'esprit réagit volontiers contre les cachots qui prétendent l'asservir ; les salons ont leurs trappistes dont les mains pâles tiennent quelque tête de mort ; les déserts ont leurs Célimène dont la jupe galante traîne sur les bruyères au bruit de mille propos badins.

Chimène, la noble femme, attendait ; chaste, ferme en son esprit, le cœur partout où bataillait Rodrigue. Et quand le cor du veilleur sur le donjon annonçait l'approche d'un messager; quand à la margelle des terres arides qui partagent l'horizon de leur trait morne, on voyait apparaître pennons et bannières; quand la troupe se dessinait sur l'air assombri du soir; lorsque la sentinelle comptait les chevaux, qu'un palefroi plus grand et plus fier prenait la tête; la voyez-vous Chimène, toute tremblante, levée près de sa quenouille qui lui échappe des mains. Elle a regardé: — C'est mon Seigneur, c'est mon Cid! — Le cœur lui bat si fortement qu'à peine elle se soutient. Elle descend les rampes de marbre; ses dames l'ont suivie, elles ne peuvent l'atteindre; son Rodrigue la trouve au seuil toute défaillante, il la prend dans ses bras! Et c'est ici.

Un vieux bâtiment reste debout, je vous l'ai dit; muraille sombre qu'appuient à droite et à gauche des tours carrées, découpées d'arceaux à leur sommet. Sur la façade qu'en 1739 restaura le roi Philippe V, une couronne de marbre surmonte la statue du Cid à cheval. Ce bras puissant, bien que mutilé, garde Tizona et continue d'abattre les têtes des païens. Quelques giroflées qui ont poussé sous les pieds de Babieça laissent tomber leurs grappes jaunes et s'échapper leur arome. Deux lions debout, dans l'attitude héraldique, portent l'écusson du Campéador : Tizona et Colada, la croix au milieu, une chaîne autour, pour marquer l'exil, aussi pour dénoncer la fortune ennemie.

Je vous assure qu'en mettant pied à terre et qu'en pénétrant sous le porche, nous sentons quelque chose des émotions de Chimène.

Hélas! le noble castel sert à cette heure de repaire à quelques prêtres condamnés. On les a confinés dans ces murs historiques. La cour, dépenaillée, triste et confuse d'un tel outrage, voit errer ces hommes flétris; physionomies farouches, figures mauvaises, qui promènent çà et là des regards sinistres et traînent leurs soutanes rapiécées derrière les colonnades qu'effleuraient le voile de doña Elvire ou la robe de doña Sol.

L'un des hôtes de céans, moins rébarbatif que ses compagnons, assez court de savoir, et qui mêle volontiers Romains, Goths et Maures en une même aventure, nous guide au travers du couvent.

Que je la trouve mélancolique cette déchéance des lieux, et que notre amour donne peu de durée aux objets qui lui furent précieux! La plus belle renommée ne les défend pas contre la première brutalité du premier manant. Tantôt détruisant, tantôt restaurant, chacun les défigure à son gré; celui-ci manie la truelle, celui-là tient le marteau, l'un comme l'autre ont démoli; et s'il fallait connaître le bout de toutes les volontés, si l'on voulait peser la vanité de toutes les gloires, il suffirait de l'image des choses les mieux aimées, vingt ans après les plus belles morts.

Cependant nous avons franchi le préau qu'entourent les armoiries du Cid, jetées sur le mur en une frise élégante. Une voûte vis-à-vis du porche nous a menés dans le cloître.

Ces trois arcs soutenus de fines colonnes, cette sentence en caractères goths qui courent comme une broderie, mon Cid et Chimène les ont contemplés. Leurs pas erraient le long des corridors, dans cette ombre si blonde et si douce; et le soleil jetait sur les dalles qu'ils foulaient de leur pied, les mêmes dessins charmants; ces trèfles, ces ogives marquaient le ciel des mêmes découpures; quelque rameau de ciguë s'y balançait comme il fait ce matin. Ils ont marché dans ces allées aujourd'hui dévastées; les fontaines y chantaient; les débris de leur palais n'en jonchaient pas le sol; c'était le même ciel, c'étaient les mêmes arceaux déliés, les mêmes fûts y jetaient les mêmes courbes enchanteresses. Et lorsque heurtant quelqu'un de ces vestiges, feuille d'acanthe, tête de vouivre, arabesque ciselée, tout émus nous demandons au prêtre s'il nous permet d'emporter une parcelle de ces trésors : le bonhomme nous considère, rit d'une oreille à l'autre, puis ramasse du marbre plein sa soutane, et nous donnerait un char de cailloux, comme il appelle ces restes, si nous voulions.

Parfois les lettres CC (Cid Campéador), retrouvées au coin d'un mur, nous rendent vivante la figure du héros. Ainsi tel objet misérable dont nul ne se souvenait, qui n'est rien, mais qui nous apparaît lorsque nous ne l'attendions plus, jette l'image bien-aimée toute palpitante devant nos yeux.

Entrons dans l'église.

Don Alonzo el Sabio y reconstruisit au douzième siècle le tombeau de Rodrigue et celui de Chimène. La nudité du vase prête au monument une ampleur que ne parvient pas à diminuer l'ignoble badigeon dont on l'a couvert. Des faisceaux de colonnettes y lancent très-haut l'arc orné de feuillage. La nef a beaucoup de jour et beaucoup d'air : ces deux poésies que les Maures léguèrent à leurs vainqueurs.

Mais nos regards vont où sont nos pensées. Ils nous mènent vers cette chapelle entourée d'écussons, vers ces deux grands cénotaphes, vers ces deux morts glorieux, couchés paisibles, le visage du côté du ciel. Le Cid, figure calme et forte, tient à deux mains l'épée dont la croix repose sur son sein, tandis que la lame inflexible suit les rigidités du corps. Chimène repose à la gauche du guerrier, dans sa grâce féminine ; le voile forme sur sa tête des plis abondants et chastes, un cordon de pierreries en fixe l'étoffe, puis le tissu descend le long des joues qu'il encadre, les doigts menus qui portent un chapelet en ont rassemblé les anneaux sur la poitrin ; le petit chien, celui qu'on voit aux sépulcres du moyen âge, sommeille sous les pieds de sa maîtresse. Malgré l'injure des démolisseurs, les traits sont restés purs; le front a gardé sa modestie, la physionomie sa jeunesse, le corsage que pressait si bien la robe de mariage, son tour délicat.

C'est donc ici, qu'après maintes longues traites, le funèbre cortége de Valence vint déposer son fardeau.

Chimène, une fois dans l'enceinte sacrée, n'eut plus besoin de courage, elle put pleurer. Elle avait vu mourir son Cid. Là-bas, dans l'Alcazar qu'ombragent les palmiers, elle avait recueilli les dernières volontés de Rodrigue.

Les Maures serraient de toutes parts la cité que leur avait prise el Campéador. Et le Cid expirait. Alors, soulevé sur sa couche, tout resplendissant de la joie qu'il avait d'aller en paradis, car il croyait à Jésus d'une âme simple et droite; triste de laisser Chimène et de quitter la bataille où il eût pu *bien faire :* —Ma bien-aimée, dit-il à Chimène, quand j'aurai trépassé, ne pleurez point. Ne témoignez aucun deuil, car il en adviendrait grand mal. Que si les Maures le savent, ils pourraient bien vous ôter la vie, et *j'en emporterais le chagrin*... Sur mon cheval Babieça très-bien équipé, vous placerez mon corps, et m'attacherez de telle sorte que je ne puisse choir, quoique Babieça coure vitement. On mettra Tizona dans ma main droite; à l'un de mes côtés ira l'évêque don Yeronimo; de l'autre ira Gil Diaz, lequel conduira mon destrier. Vous, mon neveu Pedro Bermudez, vous porterez ma bannière déployée. Vous, Alvar Fañez de Minaya, vous rangerez les troupes de façon qu'elles combattent Bucar. Je tiens pour très-certain que notre armée aura victoire sur lui : Dieu me l'a promis, partant la chose s'accomplira.

Puis, la bataille ordonnée et son âme remise à Jésus, Rodrigue règle ses affaires terrestres : — Babieça, mon bon cheval, recevra, quand il aura fini de vivre, une sépulture honorable. Je ne veux pas que les chiens dévorent celui qui rompit les os à tant de chiens ! On ne payera point pour moi de pleureuses, les *larmes de Chimène suffisent.* A ma bien-aimée je veux qu'appartiennent ces miennes terres que j'ai gagnées par ma valeur ; Chimène donnera là-dessus dix maravédis chaque année, pour marier des orphelines pauvres.

Tranquille et soumis, Rodrigue se fait apporter ses épées, Tizona et Colada. Il les prend dans ses mains : — Colada, et vous Tizona, comment ferez-vous sans moi !

Le Cid commande qu'on lui amène Babieça, il veut voir son destrier avant de commencer le grand voyage. Babieça, plus docile qu'un agneau, s'approche, ouvre de larges yeux, comme s'il comprenait son malheur : — Voilà que je pars, mon ami, voilà que votre maître va vous faire faute ! — Et le Cid a poussé le dernier soupir ; et tout est fini.

Non, rien n'est fini ; non, ni la vertu ni les bonnes renommées ne meurent point. Le Cid inanimé se tient droit sur Babieça ; son bouclier avec sa devise lui pend au cou, sa main droite serre Tizona ; après vient l'escorte, ils marchent à la bataille ; Chimène et sa suite attendent en silence que le Cid mort et qu'Alvar Fañez, son capitaine, aient vaincu les païens. Alvar Fañez va rudement de l'estoc ; il tue cette Mauresque tireuse de flèches qui chevauchait et guerroyait suivie de cent compagnes, il a raison d'elle et de toutes; il pousse en avant. Le roi Bucar a vu soixante mille chevaliers blancs comme neige, et parmi ceux-là un guerrier prodigieux, portant la croix rouge sur sa poitrine, dans sa droite une épée de feu. Il prend la fuite, le roi Bucar; son armée éperdue, décampe après lui. La ville est sauve, les chemins sont libres ; et le triste convoi monte du côté de la Castille vieille, et le Cid, toujours debout, protége et conduit Chimène, ses éternelles amours.

Arrivés à San Pier de Cardeña, comme on attendait les rois gendres du Cid et ses parents, qui viennent lui faire honneur ; Alvar Fañez propose de déposer le corps dans un cercueil couvert de pourpre et cloué de clous d'or. Mais Chimène ne voulut point ainsi : — Mon Cid a le visage beau, dit-elle, tant qu'il sera de cette manière il ne convient pas de le changer. — Quand doña Sol se présenta vêtue d'étamine noire avec ses damoiselles, Chimène le prit à mauvais gré. Elle veut de beaux habits, l'épouse du Cid Campéador ; point de deuil, car : — Ainsi l'a ordonné mon seigneur, ainsi doit être fait.

Nos douleurs ont parfois de ces ivresses et comme de ces rayonnements qui projettent leur gloire sur la mort. La vie est la plus forte ; elle dure, elle résiste ; elle laisse dans les cœurs bien épris ces traînées d'un feu divin ; ni le sépulcre ne les engloutira, ni les destructions n'en éteindront la flamme. Hélas ! au premier choc du monde ; hélas ! à la première rencontre des réalités brutales, l'illusion disparaît. Ce voile tissé de lumière, tout à coup déchiré flotte en lambeaux ; du ciel où l'on planait on tombe brisé sur la terre ; il faut s'y traîner, Dieu le veut. Et Chimène devant le corps du Cid, pendant que pleuraient don Alonzo son roi, don Ramire de Navarre et don Pedro d'Aragon ses gendres, et que les chevaliers, et que les gentilshommes, et que les compagnons du comte, tête basse, n'ont pas la force de regarder le pâle visage du Campéador ; Chimène, soudain possédée de son désespoir : — O soutien des croyants, s'écrie-t-elle, foudre du ciel sur la terre, fléau de la *morisme,* défenseur de la foi, n'êtes-vous plus ! Solitude, pourquoi n'enseignes-tu point à mon malheur la patience nécessaire pour souffrir un décret si dur ? — Or Chimène, dit le Romancero, ne put aller plus loin. Elle tomba pâmée, et presque morte.

Longtemps le Cid armé, assis dans son fauteuil (peut-être ce banc à dossier conquis sur le roi maure), demeura près de l'autel, Tizona à son côté, imposant, dans la double majesté de l'héroïsme et du trépas ; sa personne vaillante restait parée comme pour des noces ; son grave visage, à demi caché par sa barbe blanche, conservait la sérénité glorieuse des meilleurs jours.

Pourtant il le fallut mettre au cercueil. J'imagine que Chimène crut l'avoir perdu pour la seconde fois.

Quelle paix ineffable, maintenant, de la sentir auprès de Dieu, là où son Rodrigue l'avait devancée ! Et jamais plus ni commandement de roi, ni batailles de Maures ne les viendront séparer.

On nous montre la fontaine des moines martyrs ; on nous fait descendre au fond du caveau très-ancien où les religieux perdirent la vie et gardèrent la foi. Le dessin des portes, l'ogive parfaite, toutes sortes de belles choses auxquelles on s'arrêterait en un autre site, ne nous ôtent pas plus du cœur le Cid que Chimène.

A cette heure notre caravane est repartie. Voitures, piétons, chevaux ont gravi les flancs de l'entonnoir, et la phalange a disparu sans se douter que derrière soi elle laisse deux otages aux clercs pénitents.

Mon ami, c'était une de mes compagnes et moi-même. Le cocher, immobile sur son siége, attendait notre page, un petit homme de Burgos qui nous a servi de varlet. Celui-ci muse au jardin, dans le cloître, on ne sait où. Nous n'éprouvons aucune frayeur, oh! non; cependant il y a là des figures, pas trop bonnes, qui rien qu'à les voir donnent envie de s'en aller. Mais le moyen! le cocher ne bouge point, le petit homme ne revient pas. Encore si nous pouvions *hablar* castillan! Essayons.— Señor... Usted !...—A force de solécismes, de sourires et de gestes engageants, nous persuadons au cocher d'aller à la recherche du gamin. Le voilà qui s'ébranle; il quitte son siége, saute à bas, s'engage sous le porche et s'y perd à son tour. Nous attendons sans mot dire. Cinq, dix minutes s'écoulent; rien, ni cocher ni gamin. Les prêtres qui sont sortis pour nous voir; abominables physionomies au rire narquois, à l'œil faux, se groupent et se rapprochent. Seules en face de ces honnêtes gens-là, je vous avoue qu'une belle peur nous tient. Y aller voir nous-mêmes, à d'autres ! cette cour où l'on s'enfonce et d'où l'on ne sort plus m'a tout l'air d'une souricière. Donc, nous restons blotties dans notre coupé, bien indifférentes et bien tranquilles en apparence. Ah! mon Cid Campéador, où êtes-vous! Parmi ces hommes sinistres un seul nous rassure, ce grand *hombre* à moustaches noires, la prunelle fauve, les traits durs, une figure qui ferait trembler au coin d'un bois ; mais ici, entourées que nous sommes de visages hypocrites et moqueurs, son regard décidé, qui va droit, nous semble une protection. Bon! notre homme enfourche un cheval, il part; nous voilà perdues.

Vous haussez les épaules; moi aussi. Paisiblement assise devant cette feuille de papier, j'appelle très-volontiers nos terreurs une panique, et je veux croire ces clercs pénitents les plus hommes de bien qui soient dans toutes les Espagnes. Mais *l'heure était mauvaise*, ainsi disent les chroniqueurs.

Cependant l'effroi nous a donné courage. Nous sautons hors du coupé, tenant bien la portière; prêtes à rentrer dans notre carrosse, à mettre l'attelage au galop, à lui faire prendre le mors aux dents (un miracle impossible), pour peu que bouge un des compagnons : — Ce mayoral ! demandons-nous d'un air résolu ; ce criado ! que deviennent-ils? — je crois que jamais les bons prêtres n'ont passé si gai quart d'heure : — Appelez nos hommes, *pronto*[1]! — Ils se regardent ; pas un ne branle.

Enfin, voici le cocher, voici le page. Adieu, castel du sire de Bivar ! Rossinante nous hisse le long des pentes ; nous remercions Dieu d'un cœur mal raffermi ; près de Miraflores nous retrouvons notre escouade, pas inquiète du tout ; et c'est cela qui nous fait enrager.

Quand on a bien cogné contre la grande porte de la *Cartuja*, il s'agit d'elle en cet instant, on entend frôler sur le parvis les sandales d'un chartreux ; le front loyal du religieux nous a vite fait oublier nos ermites de Cardeña. Seulement ici la fable du *Lièvre* et des *Grenouilles* se renouvelle : c'est nous qui épouvantons le solitaire : — Que de dames ! *Que batallon!* s'écrie-t-il, et quelle visite pour un moine[2] !

[1] Et vite.

[2] Deux ou trois religieux restent à Miraflores pour veiller à la conservation du monument.

Le bon père se remet, non pas en fuyant, comme nous faisions tout à l'heure. Au contraire, il nous introduit dans l'église, et nous explique chaque détail avec une science qu'égale sa bonté.

Avant tout, le retable de bois dur que sculpta Gil de Siloé. Quelques parties en ont été dorées par le premier or venu d'Amérique. Un Christ colossal cloué sur la croix occupe le centre ; à gauche se tient le roi don Juan de Castille, père d'Isabelle ; à droite, la reine sa mère ; tous deux prosternés et les mains jointes. Sainte Catherine, saint Jean-Baptiste, les apôtres, les Pères de l'Église, les scènes du Nouveau-Testament, maints épisodes monastiques s'échafaudent en un monument pyramidal. L'artiste, une de ces organisations pour qui travailler c'est respirer, mit trois ans à dresser le retable, dans sa splendeur.

Mais l'œuvre merveilleuse, parmi les beautés de la *Cartuja* où tant d'arcs se dentellent, où tant de voûtes se découpent à jour, où tant de galeries courent évidées et légères, où tant de reliefs vigoureux ennoblissent les stalles du chœur, où la statue de saint Bruno vous regarde d'un œil si profond et croise des mains si délicates sur sa pauvre robe, c'est l'œuvre funéraire de Gil de Siloé; ce sont les sépulcres qu'il exécuta, fouillant de son ciseau précis l'albâtre et le marbre, selon que le menait sa fantaisie plus capricieuse qu'une fée des contes arabes, selon que lui parlait son âme croyante, qui plaça les quatre évangélistes, têtes graves, fronts méditatifs, attitudes sobres et recueillies aux quatre coins du tombeau.

Lorsque Philippe II, son lourd monastère une fois terminé, vint visiter la chapelle aux cénotaphes; lorsqu'il les eut longtemps considérés ; taciturne et le sourcil maussade :—Nous n'avons, murmura-t-il, rien fait à l'Escurial.

Je suis assez de son avis.

Au surplus, regardez avec moi les royales figures couchées sur leur lit de pierre; examinez ces statuettes portées par les piliers ou nichées sous la guipure des capuchons; étudiez les enroulements que soutiennent de leurs bras potelés ces enfants mutins et rieurs; suivez ceux-ci qui, de leurs mains puériles, écartent violemment les mâchoires d'un dragon, ceux-là qui se disputent une oie effarée, ces marmots vendangeurs qui grimpent follement de grappe en grappe, observez ce méchant gamin attaché de toute l'énergie de ses poignets à la langue d'un chien bénévole; remarquez la transparence des feuillets du livre de saint Luc; arrêtez votre attention sur ce moine studieux, une paire de besicles en travers du nez; et quand vous aurez tout admiré, jusqu'à sentir vos facultés engourdies, vous serez contraint de reconnaître avec nous que vous avez à peine effleuré ces richesses, et qu'il faudrait des mois, des années peut-être pour en bien apprécier les trésors.

Notre moine, un peu scandalisé de la promptitude française, et qui contemple depuis vingt ans sa chapelle sans avoir tout vu, dit-il, nous fait entrer dans les cellules désormais abandonnées des Chartreux.

Quiconque chérit le travail, ceux que la solitude n'effraye point, ne visiteront pas sans un soupir de convoitise cette chambrette nue mais claire, ouverte de plain-pied sous le péristyle, égayée d'un courtil, réchauffée du couchant; et cette autre pièce au-dessus, calme, propre, secrète : un tout complet qui jadis formait le logis de chaque religieux. Aussi le bon chartreux, dont l'œil vif a surpris nos pensées :

— Vous seriez bien là, cet hiver, pour écrire votre voyage?

— Certes! mais voudriez-vous de nous?

— Pourquoi pas?

On se sépare avec un sourire, non sans s'être cordialement serré les mains.

Une dernière visite nous restait à faire. Il nous fallait voir encore une fois Chimène.

Mon ami, nous l'avons cherchée en sa suprême demeure. Nous avons mesuré ce peu de poussière qui reste d'elle, nous avons touché les ossements du Cid : reliques tant de fois arrachées à leur lit funèbre, si souvent promenées selon les caprices du pouvoir. L'hôtel de ville a tout réuni, pour jamais, je l'espère. Une modeste boîte en plomb renferme ce qui fut Rodrigue, ce qui fut Chimène. Et quand on tient sous son regard ces quelques poignées d'une chose qui ressemble à de la terre, mais plus pauvre, plus triste et plus informe; lorsqu'on pense au cœur qui battit là-dessous, aux grandes actions qu'accomplit cette poudre, aux douleurs que ressentit l'âme captive, à tant de pleurs versés, à tant de victoires gagnées dont cette pourriture eut sa part, on sent bien que la noble dépouille comme l'hôte héroïque aura son jour de gloire, et que le Cid revivra, et que Chimène remontera du sépulcre, car Jésus est le Ressusciteur de notre poussière comme il est le Rédempteur de notre esprit.

14 mai 186..,

Un wagon nous emmène loin de Burgos. La cathédrale qui grandit cache ses bases austères dans l'amas confus des toits grisâtres ; sa noble tête va chercher les premiers

nord, au levant, sur d'autres galets, notre phalange va jeter ses oiseaux voyageurs.

Alors nos pensées retournent à ces belles journées où dès le matin, unis dans une même foi, pressés des mêmes émotions, nous étions si heureux de rencontrer nos visages. Car nous nous aimons, il y a longtemps de cela.

Ainsi nous allions la main dans la main, d'un vol pareil; une même prière nous rassemblait aux pieds du Seigneur, un même idéal nous emportait aux régions de lumière; nous avions nos tristesses, nous avions nos joies, et les unes comme les autres étaient douces, car toujours un cœur profond et limpide en reflétait les ombres, en répétait les clartés.

Nous avons passé d'écueil en écueil, nous nous sommes assis sur la grande roche. Le flot monte, il s'enfle, il jette aux brisants son écume plus étincelante que la neige des glaciers. Nous contemplons cela; puis une lame vient, qui franchit sans se déchirer la tête chenue des rocs; une autre arrive dans son ampleur, qui les couvre; ils ont disparu; la place n'en est plus marquée que par une efflorescence verdâtre; plus loin, dans les falaises, de petites cavernes s'ouvrent encore, la vague s'efforce de les remplir; elle jaillit échevelée; à chaque palpitation de l'Océan, elle lance d'un jet mieux assuré ses fusées qui brillent et s'éparpillent; quelque forte houle, un pli puissant amassé là-bas court sur le dos humide; le voilà, une détonation s'est faite, il a noyé la vasque; et chaque flot remué par la main des naïades vient s'y jouer à son tour.

Ainsi fait la vie; elle emporte, elle déchire, elle comble les vides qu'elle a creusés, et le ciel étend sur elle des sérénités égales.

Cependant les côtes de Gascogne, blanches tour à tour et tachées d'ombre selon que gagne la lande ou que s'étendent les bois de pins, remonte vers le nord. Devant nous, l'Océan soulevé de ce large soupir qui va d'un monde à l'autre, pareil de lumière et d'azur, relève sa croupe immense; et quand il a rencontré le ciel, il se perd dans cet éclat.

Mon Dieu, sois béni. Blottis dans notre nid d'alcyon, le cœur débordant d'amour, nous te remettons nos tendresses. Nos vies sont à toi, Seigneur; et lorsque, déployant nos ailes, il nous faudra faire le grand voyage, celui dont Jésus a sondé les abîmes; tu seras là comme aujourd'hui, comme toujours. Ta forte main tracera devant nous le sillon de lumière. Tu nous réuniras sur l'autre plage, sur la rive éternelle, sur la grève splendide, sur le bord que jamais adieux n'ont trempé de pleurs.

FIN.

Clichy. — Impr. M. Loignon, Paul Dupont et Cie, rue du Bac-d'Asnières, 12.

rayons du jour ; un aigle plane à de suprêmes hauteurs sur ses pointes qui s'illuminent ; et voici que des collines se sont relevées. Les cultures emplissent les vallons, le terrain s'accidente, de petits prés montent ou descendent semés de vergers. On sent au ton de l'herbe drue et bien portante que des haleines plus fraîches ont passé sur elle les Pyrénées qui s'avoisinent sortent de la ligne d'horizon, quelques crêtes en coupent l'azur, mais les sommets restent arrondis, et la chaîne qui meurt ici vers l'Océan, n'a point les hardiesses qu'on lui voit, lorsque inclinant ses pentes pour les baigner aux flots de la Méditerranée, elle se couronne de sa Maledetta hautaine, radieuse dans la chasteté des éternelles blancheurs.

Cependant les roches, à mesure que nous entrons au vif de la montagne, se sont redressées. Pancorbo, pauvre village qui semble garder le *Puerto*, nous montre la muraille des Maures, flanquée de tours rondes dont se festonne le tranchant du roc.

Nous l'avons rencontrée, l'enceinte arabe, au versant oriental, alors que gravissant les pentes qui nous séparaient de l'Espagne, des ailes aux pieds, toutes les ardeurs d'une belle conquête dans l'âme, nos yeux ont vu ce fil capricieux, jeté à travers les vallées et les cols, marquer la domination du croissant, et le grand pays se dérouler dans ses amples perspectives jusqu'aux derniers lointains. Notre phalange revient comblée des grâces de Dieu. Un monde nouveau nous a livré ses richesses. Vous, les pénitents noirs de Barcelone avec vos chaînes traînantes ; vous, les Scipions rêveurs parmi les bruyères, en face de la mer ; toi Valence assise sous tes orangers, vous les guitares et les rondeñas de Xativa, toi notre pauvre Florida échouée sur les rivages embrasés d'Alicante ; palmiers d'Elche, nopals d'Orihuela ; et vous Carmen, Dolorès, Ramon, nos gitanas de Murcie ; et toi vieille Tolède avec tes juifs, tes Sarrasins et tes rois goths ; vous les Murillo, vous les Velasquez, vous les Ribera, génies qui étendez vos ailes sur Madrid ; et l'Escurial avec son antre où grondait la hyène, et Ségovie la belle, prise dans sa ceinture d'arceaux romains, avec son diamant more, son Alcazar au front ; déserts où vont errant les hirondelles, sombres figures de Valladolid ; Burgos l'héroïque et San Pedro de Cardeña et les restes du Cid, vous passez lentement devant nous ; chacun de vos doux fantômes nous salue ; ils ont le sourire triste, le port majestueux, ils restent pensifs dans leur sérieuse Espagne.

Allez, une part de nous-mêmes y demeure avec vous.

Bien des prières montent vers Dieu pour ce peuple qui donna tant de preuves de son courage, tant de martyrs à ses convictions.

Car enfin, qui tue et qui meurt à cause de la foi possède la foi. Partout où le despotisme oppresse l'âme, c'est qu'il y a une âme ; les violences dont elle est l'occasion témoignent de sa vitalité. Les lames qu'il faut rompre afin d'en avoir raison, ce sont les solides et les bien trempées. La croyance qu'on querelle jusqu'au sang, c'est la résistante et c'est la définitive. De si nobles souffrances pour se gouverner soi-même, tant de sang chrétien qui a baigné le sol parce que le cœur voulait Dieu pour maître et n'en souffrait point d'autre, les douleurs comme les prouesses, tout assure l'avenir. Pas un de ces élans vers la liberté ne sera perdu ; ils ne sauraient l'être ; quiconque a pâti pour la vérité, la vérité lui demeure obligée ; chassée, elle reviendra ; les cendres de ses martyrs jetées au vent la rappellent ; nous verrons cela, j'en veux garder le ferme espoir. Déjà l'Évangile s'émeut. Les fils de ceux que dévorèrent les flammes de l'Andalousie et de la Castille ont ramassé parmi les tisons mal éteints quelques feuillets du livre de Dieu; ils en épèlent les caractères; ces lettres fumantes leur brûlent le cœur; l'un après l'autre ils se lèvent et se mettent à dire : — Moi aussi, je suis de ces gens-là! — Jésus les a comptés, son armée se forme; ce n'est plus une croix de feu qu'elle portera sur ses bannières; elle y mettra la liberté divine, ailes déployées; car il faut à Dieu des hommes de franche volonté.

Reviendrons-nous la visiter un jour, l'austère Espagne, solitaire au bout de l'Europe, derrière son rempart neigeux, ceinte de l'azur des mers, l'Afrique devant elle, échauffée du même soleil! Et sur les deux rives, des palmiers pareils balancent leurs frondes, soulevées des mêmes haleines.

Le train qui nous emporte se précipite dans les tunnels. Nous venons de passer l'Èbre. Nous l'avions franchie à Tortose, alors que nous courions en avant. Victoria, que nous laissons dans la plaine, a vu le roi Joseph se heurter contre Wellington, et l'Espagne se débarrasser du joug de l'étranger. Les belles señoras portent encore la mantille; elles ont conservé leur carnation pâle, leur chevelure opulente et leurs grands yeux noirs.

Mais bientôt la Castille vieille a disparu. Nous sommes entrés dans les provinces Basques; une lande couverte de genêts et de campanules, s'étend jusqu'aux montagnes qui ferment l'horizon. De moment en moment le cirque s'avoisine, les vallées croisent leurs courbes, des rochers dressent leurs murailles, des gorges abruptes sillonnent le pays. Olaza Gutia, un nom basque, étend à nos pieds ses vertes prairies que sillonnent des courants d'eau vive. Les parois écorchées de quelque pic en démolition opposent leurs éclatantes déchiru es à l'ombre assoupie des bois de châtaigniers; de jeunes pousses répandent l'odeur des séves nouvelles; le vent qui a passé sur les neiges, et sur les *Fueros* aussi, ces antiques garants de l'indépendance basque, nous apportent un bon parfum de liberté.

Que je leur trouve de fraîcheur, à ces verdures naissantes! qu'ils sont vigoureux les rouges bourgeons du noyer, et bien portants les jets plus clairs des chênes ! Comme la lumière glisse ambrée sous la feuille du châtaignier, que ces beaux troncs vêtus de mousse ont de puissance, comme les aulnes s'argentent le long des eaux froides, qu'ils me plaisent ces cirques aux rudes brisures, et que ce piton est altier qui nous regarde, portant plus haut son aiguille que les flèches de Burgos ! D'une montagne à l'autre, des profils sauvages ont jeté leur grande ombre. C'est librement que les forêts tordent leurs branches et que vont les ramées; les gaves commencent de bouillonner. Nous montons toujours, aspirés, on le dirait, par les gueules noires des souterrains. Cependant les vallons se font plus étroits, les dents se lèvent plus formidables, des tours de granit lancées à mi-ciel portent au sommet quelque pin échevelé : Quatre ou cinq plans de montagnes bleu sombre qui ferment les passages, vont noyer leurs lignes dans les clartés de l'éther; alors, sur les pelouses fleurit la grande marguerite blanche, amie des lieux humides; deux ou trois masures noirâtres s'assoient au bord du gave, qui les voile de son écume. La civilisation passe emportée au train de la vapeur; elle a jeté derrière nous, de l'autre côté des Pyrénées, son flot d'idées : découvertes, réveils de l'âme, émotions qui font vibrer les peuples, et sur nos têtes les neiges éblouissantes qu'illumine le soleil, mais qu'il ne vaincra pas, redisent l'âpre vigueur de quiconque sait monter assez haut pour rester maître de soi.

L'autre versant, celui qui nous ramène en France, a plus de sourires. La terre s'est réchauffée, les jets s'emportent, la végétation en une heure a fait les progrès d'un mois. Toutes sortes de verdures dans la splendeur de leur énergie première et dans l'éclat de leurs teintes infiniment variées semblent défier, vives et jeunes comme les voilà, le front sourcilleux des roches qui surplombent, condamnées à d'éternelles stérilités. De gris et de tristes qu'ils étaient, les hameaux se font coquets. Des maisons blanches se mirent dans les eaux calmées, de petits chemins agrestes et satinés tantôt relient un vallon à l'autre, tantôt grimpent la montagne, pendant que de hautes fabriques hérissent leurs engins le long des courants soumis. Et le peuple basque : gaillards solidement plantés, le front ouvert, l'œil loyal et le béret sur l'oreille, fourmille aux abords de chaque station. Ceux-ci sont maîtres chez eux, cela se devine rien qu'à les voir. Ils maintiendront leurs *fueros*. Chacun de leurs villages forme un tout complet, presque un État indépendant, gouverné par l'alcade que nomment les citoyens, et par le curé dont pas un évêque diocésain ne vient gêner l'action.

Les Basques, exempts de la conscription, nous a-t-on dit, possèdent leur milice qui se recrute d'elle-même par une loi spéciale, et forme un des corps de l'armée. Je vous donne ce détail comme il m'est venu, sans me porter garant de son exactitude. En attendant, les habitants de la province, une race à part, se proclament les vrais Espagnols d'Espagne. A les en croire, ni sang goth ni sang arabe n'entra jamais dans leurs veines. Tous nobles autant que le roi, il leur suffit d'être Basques pour être gentilshommes. Regardez-les, ces francs visages; gais et dégourdis, gens éveillés qui rient aux éclats, les clercs aussi bien que les laïques. Nous, après le sérieux castillan, nous restons ébahis, comme si la caverne de Montésinos nous eût retenu cent ans prisonniers dans ses retraites silencieuses.

Zumarragua, bien d'autres noms basques ont fui derrière nous. Chaque fois que notre convoi s'arrête en une des jolies bourgades cachées sous les vergers, appuyées contre la roche ou penchées vers la rivière; les soldats du pays, en tunique, en béret rouge, leurs officiers la plaque au bonnet, les jeunes filles souriantes et leurs mains pleines de fleurs, les curés non moins fleuris et non moins allègres, toute cette race contente et joviale devise, gesticule, monte à l'assaut des wagons. Alors notre souvenir retourne aux déserts de la Castille, il erre aux steppes de la Manche, il se perd dans les solitudes sans mesure; nous les contemplons, ces belles mortes étendues sous le ciel dont elles ont pris l'ampleur; un mirage d'Afrique venu des lisières du Sahara promène nos pensées le long des sables, sous les dattiers. Et les mules en file qui portent leurs sacoches rouges, gravissant le sentier que bordent les mélèzes, nous réveillent du carillon de leurs clochettes; le pic déchiqueté qui avance une tête chauve par-dessus les montagnes force nos regards de lutter avec lui; quatre croix de bois plantées en ce lieu sinistre nous disent qu'ici les *Navajas* travaillèrent: par là l'Espagne nous tient encore.

Mais les vallées se sont élargies, les courants naguère pressés des deux bords s'étalent au milieu des prés, les villas blanches se couronnent d'arceaux, elles ouvrent leurs ogives au vent qui vient de la mer, les figuiers commencent d'étendre leurs grandes feuilles blondes, les roches disparaissent sous les églantiers, des ruisseaux descendus des cimes laissent leur flot jaseur clapoter sur les cailloux; la spirée, le glaïeul, l'églantier s'épanouissent dans les jardins, la digitale rose dresse ses longues hampes aux abords des forêts, la bruyère en couvre les allées d'un tapis incarnat; du côté de l'Océan qu'on ne voit pas encore, une lumière s'est faite; les pentes des deux côtés rentrent dans le sol; derrière nous les contreforts ont reculé, leurs profils s'atténuent, le rempart lointain va bleuissant, le soleil qui flamboie jette une pluie d'or sur les prairies, il embrase la petite ville d'Hernani, il réchauffe sa vieille église romane, il encadre l'*Urumea*, une eau profonde où l'on sent monter le flux; et voici l'Océan !

Tranquille sous les clartés qu'il noie en ses abîmes, le dieu rêve ou sommeille, semblable à l'impassible destin; les vaisseaux posés sur la surface unie, dessinent leurs fins gréements dans les pâleurs du ciel, tandis que Saint-Sébastien, massé contre le cap qui projette au nord sa croupe, considère l'Espagne dont elle se sent exilée. Des hommes aux vives allures couvrent les chemins, des femmes à l'œil plus étincelant, aux lèvres plus souriantes encore que les señoras de Madrid, promènent sur la chaussée leurs robes à traîne avec leurs schalls éclatants. Quand nous avons bien contemplé ces prunelles veloutées, ce front royal, ces lèvres frémissantes, ces belles joues pâles où passent de fugitives rougeurs, nous allons errer au bord de la mer et frôler de nos pas le galet abandonné du flot.

Là des jeunes filles, jambes nues, le jupon court, les

cheveux couverts du mouchoir dont la pointe qui se relève par derrière laisse flotter une natte soyeuse, ramassent les morceaux de minerai mis à découvert par le reflux[1]; quelques enfants les pieds dans l'eau recueillent des moules ; toute cette onde assoupie présente des tons glacés de lumière, inusités et doux à l'œil.

Nous avons pris sous les grands arbres, nous sommes montés au promontoire d'Orgull par des sentiers pleins de fraîcheur.

L'anse, à mesure qu'elle s'abat vers notre gauche, s'accuse en contours plus précis. Un rocher noir, détaché des terres, porte son phare au sommet, il défend le port contre les fureurs de l'Océan; à peine si la lame qui vient du large en argente les flancs ardus, tandis que plus loin ce bras tout velouté de verdure projette un autre luminaire sur les eaux. Cependant les maisonnettes ont grimpé le long des collines; derrière nous s'étend le mur dentelé des Pyrénées, dont les ondulations plus sombres vont mourir à l'ouest, vers Bilbao. Nous avons tourné le cap. L'Océan sans bornes, immobile, semé çà et là de voiles qui s'allument aux derniers feux du jour, répète en sa grandeur les immensités du ciel. Sous nos pieds des écueils émiettent le remous; il vient briser avec des phosphorescences d'aigue marine; les roches lavées et noires dressent leurs pentes lisses le long de notre sentier; dès qu'un peu de terre se niche entre leurs cassures, quelque lin bleuâtre y frissonne, quelque camomille jaune y rend son parfum, quelque bruyère y secoue ses grelots sous les souffles salés qui ont caressé la vague.

[1] Elles gagnent à ce métier une *pesata*, un peu plus d'un franc par jour, et ne travaillent qu'aux heures où le reflux a dégagé la grève.

Et rien n'arrête cette grande eau. Elle va chercher les banquises du pôle nord, elle va charrier les glaces flottantes du pôle sud, le Nouveau-Monde qu'elle rencontre en son chemin à peine l'infléchit, elle l'enveloppe de ses plis gigantesques, elle trouve d'autres flots sur son passage, un autre Océan vient au-devant d'elle : tous deux mêlés se jouent autour des continents. Un gonflement de leur sein, un plus fort soupir de leurs fortes poitrines, la terre disparaîtrait. Mais celui-là même qui sema sur la roche un lin chétif et qui prend soin de ses fleurettes, celui dont la volonté s'interpose entre les fureurs des vents, ses messagers, et la coque du navire en perdition, celui qui jeta le globe dans les gouffres de l'air et qui l'y tient suspendu, celui qui jeta l'homme dans les déserts de l'inconnu, et sa main le guide ; Dieu, notre souverain, est le dompteur des océans. Peuples, rois, despotismes, anarchies, les tourmentes de la vie, les frissons du sépulcre, les révoltes du cœur, les doutes de l'esprit, ce qui monte, ce qui descend, les emportements avec les défaillances, rien ne lui échappe, rien ne lui résiste, et je trouve à contempler sa puissance une paix qui abat toutes les houles de mon incrédulité. Je ne les crains plus, ces lames soulevées tantôt dans le passé, tantôt dans l'avenir ; je n'ai plus peur de vous, murailles enflées, grondeuses, envahissantes ; Dieu fait un signe, vos flots reculent ; Dieu dit un mot, vous vous taisez.

15 mai 186...

La nuit nous a laissés hier sur le cap, en face de l'Océan qui s'éteignait ; le matin nous y retrouve, en face de la pâle étendue qui blanchit au soleil levant.

Les rues de Saint-Sébastien, toutes modernes (car la vieille cité fut brûlée pendant la guerre de l'Indépendance), droites, sombres et pareilles, entre leurs mornes habitations à cinq étages, ne nous retiennent pas longtemps.

Nous voilà lancés du côté de France.

Une lumière fraîche comme l'aurore a jeté ses clartés sur le château de *los Pasages*, dont les tours épaisses regardent miroiter je ne sais quel courant, ondes paresseuses qui tracent languissamment leurs méandres sur le sol. Tantôt nous perdons, tantôt nous retrouvons la grande mer. A peine si l'on démêle Irun parmi les vergers ; Hendaye, vis-à-vis de Fontarabie, sert de tête à la ligne française qui prend ici les voyageurs.

Je me souviens d'une autre excursion en pays espagnol, il y a bien des années, au printemps de ma vie; quand Christinos et Carlistes échangeaient des canonnades que nous entendions gronder, mon mari et moi, du fond de notre canot qui filait sur la Bidassoa.

A l'une des extrémités du pont par où la Gaule est séparée de l'Ibérie, le soldat français, gaillard et dispos, promenait ses guêtres blanches, son uniforme irréprochable, ses armes fourbies à outrance, avec sa bonne humeur d'homme bien tenu et bien nourri. L'autre bout, la frontière ibérienne, avait sa pauvre garnison hâve et malmenée; figures blêmes, en guenilles, toujours le front haut. Ces hidalgos, qui raccommodaient leurs souliers avec des ficelles, remuaient au fond d'une chaudière quelques os dégarnis. Le long de la rivière on voyait passer les *Chapel gorris;* une fusillade éclatait, c'était quelque escarmouche; nous, insouciants comme on l'est à vingt ans, nous glissions toujours. L'île des Faisans, où Mazarin signa le traité des Pyrénées, ne nous inquiétait guère ; nous étions bien plus intéressés par cette histoire vivante que le canon racontait à nos oreilles.

Nous descendîmes devant Irun. Le gouverneur de la ville, un caballero à qui don Quichotte avait prêté son profil et sa chevalerie, nous accueillit en vrai gentilhomme qu'il était. Il ne recevait guère de visites, l'orage grondait trop fort. Baise-main, force révérences, *el chocolate*, rien ne manqua. Puis le général nous mena voir les travaux qu'il faisait exécuter ; car d'une heure à l'autre les carlistes pouvaient investir la place ; il fallait bien leur ménager une surprise.

Je n'oublierai jamais les visages de ces volontaires, tous hidalgos, pieds nus, vêtements en loques, brûlés de poudre, des yeux à mettre le feu aux mortiers ; ceux-ci maniant la pioche, ceux-là poussant l'écouvillon ; grands seigneurs par la dignité comme par la courtoisie. Et le gouverneur nous présentait tour à tour ce soldat, qui la nuit même avait *défait* plus d'un rebelle ; cet officier, que la dernière action avait vu s'élancer sur une pièce ennemie, pour en tourner la bouche contre les servants.

Notre hôte proposa de nous donner une escorte ; il offrit de nous faire convoyer par monts et par vaux jusqu'à Saint-Sébastien. Un instant cette belle équipée nous tint en suspens, puis la raison qui grommelait tout bas nous ramena vers le rivage ; elle nous poussa dans notre barque ; nous échangeâmes de vifs adieux avec les défenseurs d'Irun, et pour nous consoler d'être si sages nous laissâmes dériver notre bachot, au bruit des fusillades, tant et si bien que nous prîmes terre devant Fuentarabia.

Justement, le colonel, suivi du train d'artillerie qui passait tout à l'heure, rentrait dans la ville en tête de son escadron. Un autre gouverneur, jovial et disert, nous promena dans ses défenses à moitié démolies, le long des pans de murs qui achevaient de crouler ; il nous fit voir ses soldats, braves gens moins seigneurs peut-être, non moins valeureux que les héros d'Irun. Ici nous entendîmes vibrer la mandoline et résonner les castagnettes ; notre premier *Puchero*, c'est là que nous l'avons mangé ; notre première *olla podrida*, où l'huile de lampe faisait tout le ragoût, c'est là que nous l'avons savourée. Dès lors la vie a marché.

Le train aussi avance. Voici la Bidassoa, majestueuse et fière d'avoir porté des rois. LO'céan, que le soleil en montant a laissé bleuir, la ferme de son azur ; une roche sort toute rouge de ces limpidités ; Saint-Jean-de-Luz découpe sur le ciel les arceaux avec les colonnettes de son hôtel de ville écarlate ; tantôt ce sont des cerisiers, des figuiers, des vignes et des jardins qu'on voit, tantôt la grande lame qui frange d'argent ces plaines sans bornes, d'un ton à la fois sévère et radieux.

Maintenant les rochers de Biarritz ont levé leurs piliers au milieu des aridités du sable.

Et savez-vous pourquoi, marchant à cette heure sur la plage, reculant à mesure que monte le flux, nos regards perdus vers les profondeurs lointaines, sous le soleil splendide, en face de l'infini plein d'azur comme le ciel est plein d'espérance, notre bouche reste muette ; savez-vous pourquoi notre cœur, entre la tristesse et la gratitude, palpite hésitant, pourquoi des larmes gonflent nos yeux tandis que nos lèvres essayent de sourire ? C'est que nous allons nous séparer ; notre doux pèlerinage a pris fin. Vers le

www.ingramcontent.com/pod-product-compliance
Ingram Content Group UK Ltd.
Pitfield, Milton Keynes, MK11 3LW, UK
UKHW022323190726
13856UKWH00001B/168